U0180706

TEPIN MEIKUANG ANQUAN
QUNZHONG JIANDUYUAN
GONGZUO SHOUCE

特聘煤矿安全
群众监督员

工作手册

山西省煤矿工会 ◎ 著

中国工人出版社

人民对美好生活的向往
讲好中国故事系列丛书（第二部）
编委会

《特聘煤矿安全群众监督员工作手册》
编委会

▍总　序▍

讲好中国故事　传播工会声音

习近平总书记指出，全党同志一定要永远与人民同呼吸、共命运、心连心，永远把人民对美好生活的向往作为奋斗目标。在党的十九大报告中，"人民美好生活"先后出现 14 次，关乎民生，亦关乎党的使命、宗旨与愿景。这样的大众化、平民化、生活化表述，让新思想、新战略和新蓝图变得生动而具体，承接地气、充满生气、富有底气，直抵人们内心，温暖你我，感动世界。

今天，中国改革开放的历史航船，正处在承前启后、继往开来的新起点。回顾 40 多年来尤其是党的十八大以来发生在企业的巨大变化，梳理涌现在职工身边的先进事迹和感人故事，汇集精湛的技能技术培育更多大国工匠，总结有效的工作方式方法提升职工整体素质，为即将开启的新的改革探索积累更多可供借鉴的典型经验，有助于激励广大职工群众在岗敬业，努力奋斗。

进入新时代、踏上新征程，为中国工会赋予了新的使命和担当。各级工会组织要把学习贯彻习近平新时代中国特色社会主义思想和党的十九大精神作为首要政治任务，进一步团结动员广大职工拼搏奋进，推进产业工人队伍建设，提升职工素质，为实现中华民族伟大复兴的中国梦不懈奋斗。

为了贯彻落实习近平新时代中国特色社会主义思想和党的十九大精神，坚定中国特色社会主义道路自信、理论自信、制度自信和文化自信，讲好中国故事，传播好中国工会声音，中国能源化学地质工会策划组织了《人民对美好生活的向往——讲好中国故事系列丛书》，并由中国工人出版社出版。这套丛书以我国能源化学地质系统劳动模范、大国工匠和普通职工为对象，生动讲述生产一线劳动者创业、创效、创新、创优的故事，记录新时代产业工人生产生活发生的可喜变化，把产业工人队伍建设作为实施科教兴国战略、人才强国战略、创新驱动发展战略的重要支撑和基础保障，梳理工会工作中的先进经验和做法，传播先进的科学方法，展现工会组织忠诚党的事业、服务职工群众的创新作为，弘扬好声音、传播正能量、传授新知识，引领广大职工形成价值共识，造就一支有理想守信念、懂技术会创新、敢担当讲奉献的宏大的产业工人队伍。

我们相信，通过动员组织广大职工讲好中国故事、传播工会声音，可以让劳动最光荣、劳动最崇高、劳动最伟大、劳动最美丽的观念深入人心，让诚实劳动、勤勉工作、爱岗敬业、科学管理蔚然成风，激励广大职工激情唱响新时代劳动者之歌，争做新时代的奋斗者，在各自平凡的岗位上，通过辛勤劳动、诚实劳动、创造性劳动，做出不平凡的业绩，实现对美好生活的向往！

《人民对美好生活的向往——讲好中国故事系列丛书》
编辑委员会

▌前　言▐

近年来，山西省能源行业坚持以习近平总书记"四个革命、一个合作"能源安全新战略思想为指导，认真落实山西省委、山西省政府决策部署，坚持"巩固、增强、提升、畅通"八字方针，以供给侧结构性改革为主线，以"打造能源革命排头兵"为目标，以开展能源革命综合改革试点为抓手，以提高发展质量和效益为中心，以狠抓项目落地见效为重点，以基础设施建设补短板为突破，构建清洁低碳、安全高效的现代能源体系，全省煤炭转型发展呈现出新局面。重点在"七新五提升"上下功夫，开启煤炭"减""优""绿"发展新征程，构建煤层气产业开发利用新格局，打造电力产业健康发展新态势，集聚能源发展新动能，落实绿色低碳发展新要求，探索能源颠覆性技术新突破，提升能源革命合作共赢新高度。

山西省能源行业能够取得良好的发展态势，离不开扎实的安全生产基础工作的保驾护航，安全生产是能源企业的生命线、幸福线。没有安全，就没有生产，就没有效益，就没有企业的稳定发展和职工个人的家庭幸福。党的十九大报告指出，树立安全发展理念，弘扬生命至上、安全第一的思想，健全公共安全体系，完善安全生产责任制，坚决遏制重特大安全事故，提升防灾减灾救灾能力。山西省能源行业认真贯彻落实习近平新时代中国特色社会主义思想以及中华全国总工会十七大精神，牢固树立"四个意识"，坚定安全发展理念，弘扬生命至上、安全第一的思想，坚守发展决不能以牺牲安全为代价这条不可逾越的红线，坚持"安全第一、预防为主、综合治理"的方针，按照省委、省政府"三条底线"（不发生重大安全生产事故、不发生重大群体性事件、不发生重大金融风险）和"四铁"（铁的担当尽责、铁的手腕治患、铁的心肠问责、铁的办法治本）重要要求，积极推进山西省能源企业安全生产工作。

山西省各级煤矿工会准确把握当前安全生产工作面临的新形势新任务，

不断加强对做好群众安全生产工作重要性的认识，努力做到思想到位、组织到位和行动到位；深刻理解煤矿工会组织在安全生产中肩负的职责，不断增强维护职工安全健康权益的责任感和使命感。切实抓好煤矿群众安全生产工作，认真履行安全生产的群众监督职能，敢于监督、善于监督，切实维护好广大职工群众安全健康权益。加强对企业安全生产一线重点部位、场所的监督检查；各基层工会组织紧盯本单位安全生产重点岗位和薄弱环节，发挥好职工代表大会在安全生产中的重要作用，组织职工代表开展安全生产巡视检查和专项检查活动，及时发现安全生产中存在的问题；发挥好群监员的作用，调动群监员的积极性，开展群众性的安全监督检查活动；深入组织职工开展安全生产隐患的排查治理活动，切实做好群众安全生产工作。

群监员是在工会领导下，促进煤矿安全发展、实现长治久安的一支重要力量。群监员具有身处生产第一线，情况明、行动快的优势，既是生产者，又是安全生产的监督者，能第一时间发现安全隐患等问题，比事后检查更有针对性和时效性。群监员要不断学习煤矿专业知识、煤炭行业标准、劳动保护技能等，通过学习提高自身素质，为更好地开展群监工作奠定扎实的知识基础。群监员工作还应该与时俱进，进一步完善功能，拓展范围，并运用人工智能进行研判、预警，早发现、早处置。全面推进"互联网＋监督"在群监员工作中的应用，要切实发挥信息化，特别是大数据、人工智能先进技术对安全生产的推动作用。

编　者
2020 年 3 月 1 日　于龙城太原

目 录

第五部分　特聘煤矿安全群众监督员职业病危害防治

第六部分　特聘煤矿安全群众监督员监督检查先进实例

第一部分

新时期产业工人队伍建设

　　党的十九大对新时代党和国家事业作出全面部署，为产业工人在决胜全面建成小康社会、开启全面建设社会主义现代化国家新征程中发挥主力军作用提供了广阔舞台。从概念上、理论上弄清什么是产业职工、产业的划分、产业工会的作用，是我们面对新形势新任务，抓好发展机遇，创造新时代产业工人新业绩，展现新时代产业工人新作为，提高产业工人队伍整体素质的基本要求。

第一章　新时期产业工人队伍建设

第一节　产业工会

一、产业与行业

（一）产业

在不同的历史时期，不同的组织和国家，对产业有着不同的分类标准。我国有农业、工业、服务业三大产业。

第一产业主要指生产食材以及其他一些生物材料的产业，包括种植业、林业、畜牧业、水产养殖业等直接以自然物为生产对象的产业。

第二产业主要指加工制造产业，利用自然界和第一产业提供的基本材料进行加工处理，包括采矿业、制造业、电力、燃气及水的生产和供应业、建筑业。

第三产业是指第一、第二产业以外的其他行业，范围比较广泛，主要包括交通运输业、邮电通信业、商业餐饮业、金融业、教育产业、公共服务等非物质生产部门。

（二）行业

行业一般是指按生产同类产品或具有相同工艺过程或提供同类劳动服务划分的经济活动类别。

概括地说，是指一个部门和一个产业内，按照共同的、相对固定的生产方式、职业观念、技能特长、生产经营范围等要素而进行的生产、工作分类和分工。

一个或多个行业组成了产业，一个产业可以分为若干个行业。

二、产业工会

在我国，产业工会专指依照有关法律法规，由同一产业或性质相近的几个产业的职工自愿结合组成的工人阶级群众组织。

行业工会则是按照行业原则把行业职工组织起来的工会组织，是行业职工自愿结合的工人阶级群众组织。根据行业和产业的隶属关系，行业工会实际上是产业工会的一种组织形式。

产业工会的主要作用是参与国家产业政策法规的制定，推进产业改革发展，参与产业劳动关系的协调，贯彻落实中华全国总工会的工作方针和任务。

三、山西省煤矿工会

1980年1月，山西省总工会根据中华全国总工会第九次全国代表大会精神，设置山西省煤矿工会工作委员会作为山西省总工会的行业工作部门，指导全省煤矿工会工作；同时，接受全国煤矿工会的业务指导。

1985年3月，山西省机构编制委员会下发了《关于恢复省煤矿工会和编制的通知》（晋编字〔1985〕6号）。

1986年9月，山西省总工会下发了《关于恢复山西省煤矿工会的通知》（晋工发〔1986〕60号），决定撤销原山西省煤矿工会工作委员会，山西省煤矿工会筹备场所从山西省总工会迁到山西煤炭工业管理局。

1987年8月，山西省煤矿工会首届代表大会在太原召开，大会选举产生了山西省煤矿工会首届委员会和经费审查委员会。

第二节　产业工人

党的十八大以来，在习近平新时代中国特色社会主义思想的指引下，在习近平关于工人阶级和工会工作系列重要论述的指导下，新时代我国工人阶级的地位得到了显著提高，工人阶级围绕统筹推进"五位一体"总体布局和协调推进"四个全面"战略布局，在实现中华民族伟大复兴中国梦的征程中充分发挥了主力军作用。

《中华人民共和国宪法》规定，"中华人民共和国是工人阶级领导的、以工农联盟为基础的人民民主专政的社会主义国家"。我们国家的国体，从根本上确立了工人阶级的领导地位。我国工人阶级作为党所依靠的坚实的阶级基础，是不容置疑的，是我们认识工人阶级地位的根本依据，也是中国特色社会主义制度的本质要求。

产业工人是工人阶级的主体力量。从 2018 年职工就业单位来看，企业职工占 70.6%，事业单位占 12.6%，机关占 7%，个体经营户占 5.9%，其他占 3.8%。

一、产业职工

产业职工是指在各个产业部门及其行业中从事劳动并由此获得工资报酬的劳动者的统称。

产业职工必须具备两个要素：一是必须在国民经济和社会事业的某个产业或行业工作；二是必须以自己的劳动（体力劳动或者脑力劳动）获得工资报酬。

只有同时具备这两个要素的劳动者才能称之为产业职工。产业职工构成工人阶级的主体，是工人阶级最重要的组成部分。

二、产业工人

产业工人主要是指在第一产业的农场、林场，第二产业的采矿业、制造业、建筑业和电力、热气、燃气及水生产和供应业，以及第三产业的交通运输、仓储及邮政业和信息传输、软件和信息技术服务业等行业中从事集体生产劳动，以工资收入为生活来源的工人。

产业工人是产业职工的主体、先进生产力的代表者和工人阶级的主力和骨干，他们最富有组织性、纪律性和革命性，最能代表工人阶级的特性。

三、新时期产业工人的地位

党的十八大以来，工人阶级的政治民主权利进一步得到了实现。在党的十九大代表中，工人党员代表有 198 人，占 8.7%。截至 2016 年底，全国有515.4 万家单位建立职工代表大会制度，有 504.7 万家单位建立厂务公开制度，有 17 万家企业建立职工董事制度，有 16.5 万家企业建立职工监事制度。

2017 年，中共中央、国务院印发的《新时期产业工人队伍建设改革方案》中明确提出，要把产业工人队伍建设作为实施科教兴国战略、人才强国战略、创新驱动发展战略的重要支撑和基础保障，纳入国家和地方经济社会发展规划，造就一支有理想守信念、懂技术会创新、敢担当讲奉献的宏大的产业工人队伍。

工人阶级的劳动经济权益得到了有效保障和落实。表现在：就业数量稳中有升，职工收入水平持续提高，职工群众的社会保障权益实现程度不断提高，城乡社会保障一体化逐步推进，职工劳动安全卫生权益得到了较好维护。

职工文化服务体系不断健全。中华全国总工会第八次全国职工队伍状况调查数据显示，58.8% 的职工所在单位有职工文体活动场所。

创造新业绩，展现新作为，充分发挥主力军作用。一方面，工人阶级整体的科学文化素质进一步提升，中华全国总工会第八次全国职工队伍状况调查数据显示，职工平均受教育年限为 13.6 年，大学本科及以上学历达到了31.9%，国有企业职工平均受教育年限为 15.2 年；另一方面，工人阶级整体的技术技能素质进一步提高，77.8% 的职工参加过单位组织的技术培训，国有企业技术工人占 39.3%，国有企业职工参加职业技能培训的占 84.3%，私营企业占 75.4%，工人阶级的整体素质得到了大幅度提升。

四、新时期产业工人的作用

在经济建设中不断创造人间奇迹。在中国特色社会主义建设的伟大征程中，广大职工在各个行业、不同领域发挥着主人翁精神，创造出中国速度、中国品牌和一个又一个中国奇迹，赢得了全世界的高度赞誉。

在政治建设中体现领导阶级本色。广大职工不断加强理论学习，认真学习习近平新时代中国特色社会主义思想，用先进思想武装头脑，追求进步，始终与社会主义现代化事业同心同向，在实现中华民族伟大复兴中国梦的征程中充分发挥了示范引领作用。

在文化建设中发挥示范带头作用。广大职工积极投身文化建设，踊跃参加"中国梦·劳动美"等群众性精神文明建设活动，使"劳动最光荣，劳动最崇高，劳动最伟大，劳动最美丽"成为时代最强音，推动形成良好的企业文化，打造昂扬向上的职工文化，为全面建成小康社会、实现中华民族伟大复兴的中国梦发挥了示范带头作用。

在社会建设中展示中坚力量。党的十八大以来，广大职工以国家主人翁的姿态，识大体、顾大局，大力支持党和国家的各项决策部署，爱岗敬业、遵守纪律、诚实守信，切实发挥了坚决维护社会稳定的中流砥柱作用。

在生态文明建设中发挥带动作用。党的十八大以来，广大职工积极参加节能减排，淘汰落后产能，推动新技术、新设备、新工艺的推广应用，在生态文明建设中发挥了带动作用，为建设美丽中国做出了重要贡献。

第三节 新时期产业工人队伍建设改革方案

2017 年 2 月 6 日，习近平总书记主持召开中央全面深化改革领导小组第三十二次会议，审议通过了《新时期产业工人队伍建设改革方案》（以下简称《改革方案》）。《改革方案》明确了新时期产业工人队伍建设改革的指导思想、基本原则、目标任务以及改革举措。

《改革方案》强调，产业工人是工人阶级中发挥支撑作用的主体力量，是创造社会财富的中坚力量，是创新驱动发展的骨干力量，是实施制造强国战略的有生力量；要按照政治上保证、制度上落实、素质上提高、权益上维护的总体思路，改革不适应产业工人队伍建设要求的体制机制，充分调动广大产业工人的积极性、主动性、创造性，为实现"两个一百年"奋斗目标、实现中华民族伟大复兴的中国梦，更好地发挥产业工人队伍的主力军作用。

《改革方案》围绕加强和改进产业工人队伍思想政治建设、构建产业工人技能形成体系、运用互联网促进产业工人队伍建设、创新产业工人发展制度、强化产业工人队伍建设支撑保障等 5 个方面，提出 25 条改革举措，涉及产业工人思想引领、技能提升、作用发挥、支撑保障等方面的体制机制，为推进产业工人队伍建设提供了重要保障。

习近平总书记关于产业工人队伍建设的重要论述，站在党和国家工作全局的战略高度，深刻回答了推进产业工人队伍建设中一系列重大理论和实践问题，集中体现在以下方面：一是重申坚持全心全意依靠工人阶级方针，指出坚持和发展中国特色社会主义必须全心全意依靠工人阶级，不论时代怎样变迁、社会怎样变化，全心全意依靠工人阶级的根本方针都不能忘记、不能淡化。二是肯定产业工人的地位作用，指出工人阶级始终是我国的领导阶级，是我们党最坚实最可靠的阶级基础，产业工人是工人阶级的主体力量。三是提出产业工人队伍建设的总体思路和目标任务，指出按照"政治上保证、制度上落实、素质上提高、权益上维护"的总体思路，造就一支有理想守信念、懂技术会创新、敢担当讲奉献的宏大的产业工人队伍。四是明确产业工人的精神追求，指出要大力弘扬劳模精神、劳动精神、工匠精神，营造尊重劳动、崇尚技能、鼓励创造的社会氛围，奏响"工人伟大、劳动光荣"的时代主旋律。五是重视产业工人的素质提升，指出要始终高度重视提高劳动者素质，培养宏大的高素质劳动者大军。六是强调产业工人的权益维护，指出要实现好、维护好、发展好广大普通劳动者的根本利益。

第四节　产业工会在加强产业工人队伍建设中的作用

一、参与制定产业政策法规

在我国，以产业职工为主体的工人阶级是国家的领导阶级。国家制定政策和法律法规应当充分反映和实现工人阶级的意志。不同产业的劳动关系主要是由不同的产业政策法规来调整和规范的，要使这些产业政策法规更好地体现和保障产业职工的合法权益，产业工会的参与是一个重要的方面。

产业工会与产业职工的联系最直接、最密切，最了解产业职工的各种利益诉求。虽然代表和维护产业职工合法权益的途径和方法是多样的，但最重要的途径和方法，就是参与产业政策法规的制定，从而使产业职工的合法权益从源头上就具有法律依据和法律保障。

二、团结带领产业工人建功立业

产业的改革发展是产业职工的根本利益。充分调动产业职工的生产积极性、主动性、创造性，围绕党和国家工作大局，围绕产业中心任务，组织广大产业职工开展具有行业特点的职工经济技术创新活动和行业职工技能竞赛，促进企业和产业提高经济效益是产业工会的中心任务。

当前，产业工会要重点关注构建产业工人技能形成体系，打通产业工人发展通道，深入实施职工素质工程建设，发挥工会职工教育阵地优势，发展职工线上教育和网上练兵，加大"五小六化"创新活动，发挥职工创新工作室、劳模工作室的示范带动作用，加速培育更多的"大国工匠"。

三、引导产业工人践行社会主义核心价值观

产业工会作为中国工会的重要组成部分，同样肩负着引领广大产业工人听党话、跟党走的政治责任。同时，作为产业职工合法权益的代表者和维护者，必然要把协调产业劳动关系作为自身的重要职责，为维护和稳定劳动关系发挥产业工会的重要作用。

产业工会要从产业职工和企业实际出发，创新工作方法，拓展工作载体，把群众性精神文明创建活动引导成为产业工人自觉践行社会主义核心价值观的内生动力，通过对产业工人合法权益的维护，加强思想政治引领，不断增强中国特色社会主义道路自信、理论自信、制度自信、文化自信，坚决做到听党话、跟党走，使产业工人成为党执政的坚实依靠力量。当前，要主动占领网上舆论阵地，发出工会声音，表明工会立场，加强职业道德培养，大力弘扬劳模精神、劳动精神、工匠精神，积极开展社会公德、家庭美德、个人品德教育，在产业工人队伍中弘扬主旋律，传播正能量，打造健康文明、昂扬向上的职工文化。

四、维护产业工人合法权益

产业工会在协调产业劳动关系中具有独特的作用。要充分代表和维护广

大职工的利益诉求，必须建立健全联系产业工人的长效机制，使产业工会干部下基层深入一线、面对职工常态化、制度化。要加强调查研究和反映产业改革发展重大问题和职工特殊利益的力度，充分利用"互联网＋"开展网上服务职工活动，帮助职工解决实际困难。

产业工会要重点监督和维护产业工人的劳动就业权利、产业工人取得劳动报酬的权利、产业工人参加社会保险并依法享受社会待遇的权利、产业工人劳动保护的权利，让改革成果惠及更多的产业工人。

五、贯彻落实中华全国总工会工作方针任务

产业工会的工作既要体现出鲜明的时代特征和产业特点，又能符合党的要求、政府的希望和职工的期盼，就必须要求各级产业工会在组织领导、发展方向、工作的指导思想与基本目标等方面自觉与中华全国总工会的方针任务相统一，使其既符合本产业具体情况及职工诉求的实际，又比较全面地体现中华全国总工会作出的各项重大决定和决议的基本精神及地方总工会的工作要求。这是由我国产业工会在中国工会组织体系中的地位决定的。

第五节　山西煤炭产业发展

新中国成立 70 年来，山西煤炭产业走过了光辉的历程，为国家能源保障、经济建设、社会事业做出了巨大贡献。

山西煤炭资源具有储量大、煤层厚、埋藏浅的特点，已累计探明储量 2664 亿吨，占全国储量的 22.6%。全省含煤面积 6.5 万 km^2，占国土面积的 40%。全省赋存有 9 种煤炭资源，其中，气煤、肥煤、焦煤、无烟煤储量占全国同煤种储量的 50% 以上。山西焦煤是世界最优的焦煤，储量 1491 亿吨，占全省煤炭资源总量的 55%，占全国焦煤储量的 55%。

70 年来，山西共生产煤炭 192 亿吨，占全国 1/4 以上，其中 70% 外调，累计外调煤炭 135 亿吨，覆盖全国 2/3 以上省份，焦煤产量和外调量分别占全国的 40% 和 60%。目前，山西煤炭总产能 13.6 亿吨，产量稳定在 10 亿吨左右。

70 年来，山西煤矿安全生产状况不断好转，在瓦斯治理、水害防治、顶板防治等方面从被动防御到主动治理，煤矿事故起数、死亡人数、百万吨死亡率分别从 2001 年的最多 185 起事故、1960 年的最多死亡 1219 人、1950 年的百万吨死亡率最高 28.42，下降到 2018 年的 28 起事故、30 人死亡、百万吨死亡率 0.032。

2017 年 9 月 1 日，国务院发布了《国务院关于支持山西省进一步深化改革促进资源型经济转型发展的意见》（国发〔2017〕42 号），明确提出山西要"打造能源革命排头兵"。

2019 年 5 月 29 日，中央全面深化改革委员会第八次会议审议通过了《关于在山西开展能源革命综合改革试点的意见》。这是党中央从世界能源大势和新时代能源战略全局出发，赋予山西的国家使命，是党中央对山西省改革发展的又一次顶层设计和大力支持，对于实现从"煤老大"到"排头兵"的历史跨越，带动全省高质量转型发展，为全国能源革命提供示范引领作用，具有重大而深远的意义。

第二章　关于产业工人的相关政策

第一节　岗位补贴类项目

一、公益性岗位补贴

享受公益性岗位补贴的人员范围为就业困难人员，重点是 40~50 岁大龄失业人员和零就业家庭人员。对在由各级人民政府开发管理的公益性岗位中安置就业困难人员的单位给予公益性岗位补贴。岗位补贴标准参照当地最低工资标准执行。企业（单位）招用原属国有企业大龄就业困难人员并签订 2 年以上期限劳动合同的，以及街道社区开发公益性岗位的，补贴标准不超过当地最低工资标准的 50%。

二、小微企业吸纳劳动者就业岗位补贴

小微企业新招用就业困难人员并签订 1 年以上期限劳动合同的，补贴标准为每人每月 300 元。该岗位补贴期限，除对距法定退休年龄不足 5 年的就业困难人员可延长至退休外，其余人员最长不超过 3 年（以初次核定其享受岗位补贴时的年龄为准）。

三、小微企业一次性吸纳就业补助

对小微企业新吸纳城乡各类劳动者且稳定就业半年以上的，根据吸纳就业人数给予一次性就业补助，补助标准为每人不超过 1000 元。

四、一次性创业补贴

对首次创办小微企业或从事个体经营，且所创办企业或个体工商户自工

商登记注册之日起正常运营 1 年以上的毕业年度和离校 2 年内高校毕业生、就业困难人员，根据带动就业人数给予一次性创业补贴。补助标准为每人不超过 1000 元，最高不超过 3000 元。

第二节　社会保险补贴类项目

一、公益性岗位社保补贴

对通过公益性岗位安置就业困难人员并缴纳社会保险费的单位，按其为就业困难人员实际缴纳的基本养老保险费、基本医疗保险费、失业保险费、生育保险费和工伤保险费给予补贴，不包括就业困难人员个人应缴纳的部分。

二、用人单位招用劳动者社会保险补贴

对用人单位招用就业困难人员以及小微企业招用就业困难人员、招用毕业年度和毕业 2 年内高校毕业生，与之签订 1 年以上劳动合同并足额为其缴纳社会保险费的，可按单位为招用符合条件人员实际缴纳的基本养老保险费、基本医疗保险费、失业保险费、生育保险费和工伤保险费给予补贴。

三、自主创业社会保险补贴

对毕业 5 年内高校毕业生以及毕业学年高校毕业生、残疾人、就业困难人员从事个体经营或者创办小微企业的，给予一定数额的社会保险补贴。补贴标准原则上不超过其实际缴纳的基本养老保险费、基本医疗保险费、失业保险费、生育保险费和工伤保险费的 2/3。

四、灵活就业人员社会保险补贴

对就业困难人员实现灵活就业的、创业失败的人员以灵活就业人员身份继续缴纳社会保险费的、离校 1 年未就业的高校毕业生实现灵活就业后缴纳社会保险费的，给予一定数额的社会保险补贴，补贴数额原则上不超过其实

际缴纳的基本养老保险费、基本医疗保险费、失业保险费、生育保险费和工伤保险费的 2/3。

第三节　职业技能培训类补贴项目

一、职业技能培训补贴

承担政府培训任务的各类培训机构，组织对贫困家庭子女、毕业年度高校毕业生（含技工院校高级工班、预备技师班和特殊教育院校职业教育类毕业生，下同）、城乡未继续升学的应届高中毕业生、农村转移就业劳动者、城镇登记失业人员（以下简称五类人员），参加职业技能培训的，给予培训补贴。

二、开发区招商引资项目培训补贴

开发区招商引资项目、入驻企业自行或委托社会培训机构，对拟招聘人员开展通用技术技能培训和适应不同岗位需求的"订单式培训"，并与之签订 1 年以上期限劳动合同的，给予培训补贴。

三、企业（小微企业）新招用人员岗前培训和技能培训补贴

企业新吸纳五类人员就业，与之签订 1 年以上期限劳动合同，并于签订劳动合同之日起 1 年内参加由企业所属培训机构或委托有资质的培训机构开展岗位技能培训，取得相应职业资格证书或职业技能等级证书的，按每人 300 元标准给予企业或职工个人培训补贴。小微企业新吸纳五类人员并与之签订 6 个月以上期限劳动合同的，按每人 300 元标准给予企业岗前培训补贴，履行合同 1 年以内取得相应职业技能等级证书或提升一个等级技能的，再给予 300 元职业培训补贴。

四、劳动预备制培训补贴

对为城乡未继续升学的应届初高中毕业生垫支劳动预备制培训费的培训

机构给予一定标准的职业培训补贴。其中农村学员和城市低保家庭学员参加劳动预备制培训的，同时给予一定标准的生活费补贴。

对城乡未继续升学的应届初高中毕业生参加劳动预备制培训达到 12 个月的，按技工学校免学费补贴标准，每人给予培训补贴 2500 元；达到 6 个月的，每人给予培训补贴 1300 元。对其中农村学员和城市低保家庭的学员，给予一定的生活费补贴。生活费补贴标准参照中等职业学校国家助学金补助标准确定，每人每月 200 元。培训补贴可由职业培训机构向机构所在地人社部门代为申请。

第四节　职业技能鉴定及就业创业服务补贴项目

一、职业技能鉴定补贴

对五类人员通过初次职业技能鉴定并取得职业资格证书或专项职业能力证书的，由本人直接向常住地登记所在的县（市、区）级人社部门，或委托职业技能鉴定机构向对其实施业务主管的同级人社部门申请一次性职业技能鉴定补贴。

二、就业创业服务补贴项目

1. 职业介绍补贴

对具有合法资质且在工商行政部门注册登记的人力资源服务企业、职业培训机构、家政服务企业以及经认定的劳务经纪人等市场主体为城镇登记失业人员、进城求职的农村劳动者开展公益性就业服务或有组织劳务输出的，可按经其就业服务后实际就业的人数向当地人社部门申请补贴。

2. 创业服务补贴

对企业和社会组织为劳动者提供创业服务的，为劳动者创业提供创业指导、项目开发、注册登记、投资融资、风险评估、法律咨询、帮扶落实创业扶持政策等服务的，可通过政府购买服务的方式，根据其提供创业服务的数量和创业服务的效果，给予就业创业服务补贴。

第五节　高技能人才培养补助类项目

一、技师和高级技师培训补助

根据培训组织和对象的实际情况，由具备培训条件的企业或高级技工学校、技师学院等高技能人才培训机构组织开展技师和高级技师培训。对经培训取得技师职业资格证书、职业技能等级证书的，省级财政按照每人 2500 元标准给予补贴；对经培训取得高级技师职业资格证书、职业技能等级证书和高级技师通过岗位技能提升培训取得培训合格证的，按每人 3000 元标准给予补贴。

二、技能大师工作室补助

2020 年之前，中央财政每年支持我省建设国家级技能大师工作室项目 6～8 个，对每年评选确定的技能大师工作室给予每个一次性 20 万元的建设补助。省级财政每年支持建设省级技能大师工作室 10～15 个，对每年评选确定的省级技能大师工作室给予每个一次性 10 万元的建设补助。

三、企业新型学徒制培训补助

采取"先支后补、按年事后结算"的办法，对开展企业新型学徒制的企业给予培训补助。

四、职业技能竞赛获奖补助

对进入世界技能大赛全国集训的选手以及在世界技能大赛、国家级技能大赛、省级技能大赛中获奖的选手给予一定补助。

对进入世界技能大赛全国集训的项目给予 2 万元的补助；对在世界技能大赛中获得金牌、银牌、铜牌和优胜奖的项目，分别给予 50 万元、30 万元、20 万元、10 万元的补助；对获得国家级一类大赛一、二、三等奖和优胜奖的项目分别给予 8 万元、5 万元、3 万元、1 万元的补助，对获奖项目的教练团队按相同对应标准给予补助，对获得国家级二类大赛一、二、三等奖和优胜奖的项目分别给予 3 万元、1 万元、5000 元、3000 元的补助，对获奖项目的教练团队按相同对应标准给予补助，对通过参加省级技能大赛获得"三晋技术能手"荣誉称号的优秀选手给予 2000 元的补助。以上奖项不重复补助。

第二部分

特聘煤矿安全群众监督员队伍建设

特聘煤矿安全群众监督员（以下简称群监员）是工会对煤矿井下作业现场、工作岗位的安全进行监督检查的排头兵、直接参与者，及时发现、排查、报告各类事故隐患，督促整改，跟踪落实，做好班组安全的参谋是群监员在煤矿安全生产工作中的职责所在。煤矿（井）必须建立群监员的选聘、使用、培养、考核等制度和机制，创新群监员工作方法及能力提升途径，建设一支敢说、敢管、敢查，敢于制止现场"三违"，敢于排查现场隐患，敢于坚持原则、实事求是的群监员队伍。

第三章 特聘煤矿安全群众监督员地位和作用

群监员的地位是指群监员在组织体系社会关系中所处的位置。地位决定了群监员的组织管理与职权。群监员代表群体的特殊性及工作的重要性决定其在安全生产工作中的地位与作用具有不可替代性及复制性。

第一节 特聘煤矿安全群众监督员的地位

一、群监员在国家安全生产工作机制中的体现

"生产经营单位负责、职工参与、政府监管、行业自律和社会监督"是《中华人民共和国安全生产法》规定的安全生产工作的机制。社会监督是指工会、共青团、妇联以及其他人民团体对国家行政管理活动所进行的监督，在国家安全生产工作机制中占有重要的不可替代的位置。工会监督是指各级工会组织依法维护劳动者的合法权益，对用人单位遵守劳动法律法规的情况所进行的监督，是社会监督的具体应用，在国家安全生产工作机制中处于基础地位。

班组是煤矿企业最基层的组织单元，是煤矿安全生产的前哨、任务完成的主体、职工技能提升的基地和贯彻落实煤矿企业安全生产管理规章制度的基础，在国家安全生产管理体系中处于基础地位。

群监员作为班组安全生产的直接参与者，批评、检举、控告和监督是履行《宪法》《劳动法》《工会法》《安全生产法》《煤矿安全规程》《煤炭法》《矿山安全法》《国务院关于预防煤矿生产安全事故的特别规定》等法律法规赋予其对班组安全生产进行群众监督的基本形式。不言而喻，其在煤矿井下设备设施、作业环境及工作岗位的监督对班组安全生产具有举足轻重的作用。

群监员具有丰富的现场生产经验，较强的风险辨识评估和隐患排查能力，群众威信较高，熟悉煤矿安全生产法律、法规、规章、标准及本企业安全生产规章制度，在企业安全管理上讲真话，在监督检查上有针对性和发言权。群监员的工作是扼守住班组安全生产、群众监督的最后一道关口。

二、群监员在煤矿企业安全管理中的体现

煤矿企业安全生产管理是劳动组织管理、经营管理、财务管理、技术管理、质量管理、物资管理、设备管理和信息化管理等融合现代化管理、科学化管理、民主化管理为一体的新型管理体制。班组管理是企业劳动组织、财务、技术、物资、设备和信息化等管理的一个缩影，是企业安全管理之基。群监员是监督企业安全管理的基本力量。

安全管理体系经过多年的发展，逐渐趋于健全，企业安全管理逐渐由少数人管安全、抓安全向煤矿企业主要负责人、安全生产管理人员、班组长等人按照风险分级管控、隐患排查治理双重预防机制管安全、抓安全转化，趋于"全员管理、自主管理"，但"少数人管多数人"的本质未发生根本性变化，安全管理工作的"安全"在班组落地仍需抓住"多数人"。

群监员是人民群众集思广益，抓住"多数人"，维护劳动者合法权益，参与安全生产工作的代表。群监员通过履行本人岗位安全生产责任制，能有机结合"专职管理"和"全员管理"，实现企业由"少数人"管理向"全员"管理的实质性转变，使得班组安全管理稳步落地；通过履行本人岗位安全生产责任制，把自上而下和自下而上有机结合，改变"以会代管，以罚代管"，现场管理不到位，安全生产缺少坚实的现场管理基础等现状，实现企业由"要我安全"向"双向并重，要我安全，我要安全"转变。

习近平总书记关于安全生产工作的论述指出，"正确处理安全和发展的关系""要始终把人民生命安全放在首位""安全生产是民生大事，一丝一毫不能放松，要以对人民极端负责的精神抓好安全生产工作""完善安全监管体制，强化依法治理"。"推动安全生产关口前移"指明了企业安全管理的发展方向，"关口前移"要求"重心下移"，班组管理是企业管理的重中之重，群监员作为人民群众参与安全生产工作、监督安全生产状况的代言人，通过履行群众监督的责任和使命，真正实现企业安全管理重心向基层安全管理、班组全员自主管理的转变。

三、群监员在安全生产群众监督中的体现

加强安全生产群众监督是我国安全生产工作机制的重要组成部分，是强化安全生产工作的重要举措，是维护人民群众安全健康权益的重要途径。

企业生产经营建设等各项活动与人民群众的生产生活息息相关，人民群众对安全生产状况最为关心，参与和监督安全生产工作的愿望最为迫切。工会组织从维护职工最大的切身利益着手，把安全群众监督工作放在工会工作的首位。工会安全群众监督工作具有群众性、科学性、系统性、监督性、协作性，与企业专业安全管理相辅相成，形成新型安全管理长效机制。

群监员是每个基层生产班组配置的安全群众监督员，是职工群众参加安全管理、安全监督的职工代表，是工会安全群众监督工作的主体力量，是企业搞好安全生产的生力军。群监员一岗双责，行政、工会两位一体管理，形成专、群管理合力，使工会群监管理工作由自我循环融入企业安全管理大循环。这种新型安全管理长效机制增强了群监员新形势下安全生产群众监督工作的责任感和使命感，为群监员作用的发挥注入新的活力。

第二节　特聘煤矿安全群众监督员的作用

群监员的作用是指群监员对煤矿安全生产与职业病危害防治工作的影响和效果。群监员的作用与地位密不可分，群监员地位的不可替代性及不可复制性决定了群监员对煤矿安全生产与职业病危害防治工作的贡献和价值。

一、示范作用

群监员现场生产经验丰富，群众威信较高，熟悉煤矿安全生产法律、法规、规章、标准及本企业安全生产规章制度，具有群众优势、现场优势和实践优势，通过带头遵法守纪，服从管理，为企业班组安全管理实现无违章、无事故、无伤工，实现由"自我安全"向"全员安全"发展，起到

示范作用。

二、纽带作用

群监员扎根于基层，是职工群众参加安全管理、安全监督的职工代表，从业人员对安全生产、安全管理的呼声可通过群监员传递至工会，融入企业安全管理大循环。同时，群监员可以上情下达，把国家、行业、地方、企业等安全生产法律法规等政策进行传达，夯实基层安全管理水平，起到纽带作用。

三、监督检查作用

（1）监督井下作业现场安全生产管理人员及班组长按照岗位安全生产责任制开展生产工作情况，对违章指挥的行为及时予以制止。

（2）监督井下作业现场从业人员按照岗位安全生产责任制操作相应设备设施，检查作业环境情况，对违章作业的行为及时予以制止。

（3）监督井下作业场所和工作岗位存在的危险因素、防范措施以及应急措施现场执行情况。

（4）监督煤矿安全法律法规、规章、规范性文件、企业规章制度在井下作业现场落实情况。

四、整改作用

对井下作业现场存在的问题和发现的事故隐患，不能现场整改和处理的，建立隐患整改台账，督促整改。

五、建议作用

（1）针对井下作业存在的安全隐患进行专门性的检查，排查现场、设备、设施的隐患，提出安全整改意见。

（2）对设备、设施或系统在生产过程中的安全性是否符合有关技术标准、规范以及相关规定进行评议，进而提出应采取的安全对策措施建议。

第四章　特聘煤矿安全群众监督员聘任、职权和组织管理

第一节　特聘煤矿安全群众监督员聘任范围及条件

一、聘任范围

煤矿企业从业人员包括煤矿企业主要负责人、安全生产管理人员、特种作业人员和其他从业人员。

煤矿特种作业人员包括煤矿井下电气作业、爆破作业、瓦斯检查作业、安全检查作业、提升机操作作业、采煤机（掘进机）操作作业、瓦斯抽采作业、防突作业和探放水作业9类人员。

煤矿其他从业人员，是指除煤矿主要负责人、安全生产管理人员和特种作业人员以外，从事生产经营活动的其他从业人员，包括煤矿其他负责人、其他管理人员、技术人员和各岗位的工人、使用的被派遣劳动者和临时聘用人员。

特聘煤矿安全群众监督员聘任范围为煤矿井下从事生产的煤矿其他从业人员。煤矿特种作业人员不得兼任特聘群监员；采煤、掘进、机电、运输、通风、防治水等班组长不得兼任特聘群监员。

二、聘任条件

特聘煤矿安全群众监督员聘任应具备下列条件。

（1）身体健康，无职业禁忌征；

（2）年满18周岁且不超过国家法定退休年龄；

（3）熟悉煤矿安全生产法律、行政法规、部门规章、地方行政法规、地

方部门规章、国家标准、行业标准、地方标准，掌握企业安全生产规章、标准和制度；

（4）敢于坚持原则，群众威信较高，热心安全群众监督工作，有较强的事业心和责任感；

（5）具有煤矿相关专业中专及以上学历，2 年以上煤矿安全生产相关工作经历；

（6）具有丰富的现场生产经验，有较强的隐患排查能力，能胜任煤矿安全群众监督工作；

（7）法律、行政法规规定的其他条件。

第二节　特聘煤矿安全群众监督员聘任程序

特聘煤矿安全群众监督员聘任程序为区（队）工会推荐，煤矿企业工会审核和安检部门审查，省（区、市）总工会审核、统计汇总，中华全国总工会聘任。

煤矿企业区（队）工会按照特聘群监员聘任条件，组织职工民主推荐，提出特聘群监员人选报煤矿工会。建议有条件的煤矿企业开展群监员竞聘制。

经煤矿企业工会审核，征求煤矿安检部门意见后，报上级工会。

省（区、市）总工会负责辖区内特聘群监员聘任材料的审核、统计、汇总，经考核合格后，及时上报中华全国总工会，并抄送驻地煤矿安全监察机构。

中华全国总工会会同国家煤矿安全监察局及时审核聘任，颁发《特聘煤矿安全群众监督员》聘任证书，持证上岗。

第三节　特聘煤矿安全群众监督员职责、权利和义务

一、职责

（1）认真学习煤矿企业安全生产和管理能力知识，掌握煤矿风险分级管

控、隐患排查治理要求，主动参加安全教育培训，提高业务能力，遵守煤矿企业规章制度，以身作则，做好自主保安，制止违章指挥、违章作业和违反劳动纪律等三违行为。

（2）督促和协助班组长宣传、贯彻煤矿安全生产法律法规和安全生产管理制度，当好班组安全参谋，组织本班组职工开展安全合理化建议活动，认真做好安全记录，对井下作业现场人员进行安全教育培训，提高职工安全生产素质和技能，共创安全生产标准化班组。

（3）监督检查井下安全生产设备设施运行情况，职业危害及相应防范措施等作业环境落实情况，工作岗位操作情况。发现一般事故隐患及时向井口工作站、班组长或当班值班领导汇报，督促及时处理；发现重大事故隐患，汇报后得不到及时处理，可越级向上级工会、安全生产主管部门、煤矿安全监察部门报告。

（4）积极参加事故处置、急救工作，协助保护事故现场以及相关证据，并立即向上级工会报告。

（5）每个工作日向井口接待站汇报现场安全情况，认真填写《煤矿安全检查表》，做好工作范围内事故隐患排查治理的监督整改工作。

（6）有权向行政部门提出改善劳动条件和作业环境的建议，发现发放的劳动保护用品、用具不符合国家标准和行业标准，及时向群监会报告。

（7）对阻挠或打击报复群监员履行安全职责的行为，有权向上级工会或行政部门举报或投诉。

（8）法律、法规规定的其他职责。

二、权利

（1）安全生产知情权。有权熟知井下作业现场的安全生产情况，包括现场设备设施运行情况、作业环境、安全操作要求、工作岗位存在的危险因素、相应的防范措施及事故应急处置措施。

（2）安全生产管理参与权。有权参与班组安全生产管理工作，参与班组建设规章制度的修订，参与安全生产情况的分析和研究，参与伤亡事故的调查处理，反映职工对劳动安全卫生工作的意见、建议和要求等。协助班组完善安全管理方式，提高安全管理水平。

（3）安全生产监督检查权。有权监督企业配备符合国家或行业标准的生产设备、设施，有权监督企业按规定为井下作业人员发放个体防护用品，有权督促企业提供符合国家规定的劳动条件和工作环境。

（4）安全生产教育培训权。有接受企业安全教育培训的权利，而且有权优先参加企业职业安全教育培训，并有权参加上级工会组织的群众监督员的岗位培训。

（5）停止作业、组织职工避险权。发现危及职工生命安全的紧急情况，必须立即报告班组长或当班值班领导，要求停止作业，撤离现场。当遭到拒绝时，有权当机立断，按照法律赋予的权利组织职工迅速撤离危险现场，保障职工生命安全。

（6）拒绝违章指挥、制止违章作业权。在任何时间、任何地点发现任何人违章指挥、违章作业，都有权依法拒绝和制止。

（7）批评、检举、控告权。有权对井下作业安全生产管理提出批评、建议，有权对违反煤矿安全生产法律法规的行为进行举报，有权对正常开展监督检查活动而遭受打击报复的行为向上级有关部门进行控告。

（8）享有心理咨询权。有权享受规范化、标准化的心理咨询。

三、义务

（1）亮明身份。群监员在井下开展监督检查工作时，要主动佩戴标识，出示证件，向被监督检查对象亮明身份。

（2）带头遵章守纪、服从管理。《安全生产法》规定，"生产经营单位应当教育和督促从业人员严格执行本单位的安全生产规章制度和安全操作规程""监督、教育从业人员按照使用规则佩戴、使用劳动防护用品"。

企业安全生产规章制度和安全操作规程是国家政策、法律法规等在企业中的具体应用，有较强的实用性、针对性和有效性。群监员作为井下作业现场的"前沿哨兵"，有义务带头遵守企业安全生产规章制度，严格执行安全操作规程，服从企业安全管理，发挥表率作用。

（3）协助班组长做好安全管理工作。群监员是班组安全生产的骨干，负有保护职工安全的责任。因此，群监员有义务当好班组长的安全参谋，协助做好职工的安全教育工作。

（4）汇报当班安全情况。群监员是工会实施群众监督的眼睛，有义务将生产作业现场的安全信息如实地反馈到工会劳动保护监督检查委员会及企业安全管理信息系统。因此，群监员应做好每班安全情况汇报，按要求填写《煤矿安全检查表》，并保证所提供信息的真实准确。

（5）提高业务素质、法律意识和监督检查能力。群监员要履行职责就必须提高相应的业务知识，认真学习国家现行劳动安全、卫生、法律、法规知识，做到学法、懂法、守法、执法、依法监督。

（6）及时报告危险情况。发现危及企业安全生产的情况及时报告是群监员的第一要务。群监员对工作应当具有高度的责任心和敏锐的洞察力，无论是在检查生产设备、防护措施、工作环境时，还是在现场作业及上下班途中，一旦发现异常现象或事故征兆及事故隐患，都有义务及时报告。

（7）参加伤亡事故抢险。群监员工作在作业现场，是本班组安全生产的第一知情人。一旦作业现场发生事故，有义务在第一时间参加伤亡事故的抢险救助工作，并应当按有关规定的要求，协助保护好事故现场，为企业下一步调查处理事故提供有力的证据，同时应立即将事故情况向井口工作站报告。

第四节　特聘煤矿安全群众监督员组织管理

一、日常管理

（一）区（队）工会对群监员的日常管理

区（队）工会对群监员的日常管理主要包括落实群监员职责的监督、推荐优秀群监员候选人员、组织群监员参加安全教育培训等。

（1）区（队）工会需监督群监员遵守煤矿企业规章情况，协助班组长宣传、贯彻煤矿安全生产法律法规和安全生产管理制度情况，检查井下安全生产设备设施运行情况、职业危害及相应防范措施等作业环境落实情况、工作岗位操作情况。

（2）群监员队伍人员的更替工作是群监员队伍建设的重要工作之一，区（队）工会需按照群监员管理规章制度及时推荐优秀群监员候选人员，保证群监员队伍血液的补给。

（3）安全教育培训是群监员安全生产和管理能力知识提升的关键途径，区（队）工会需按照群监员管理规章制度组织群监员参加安全教育培训，提高其业务能力。

（二）企业工会对群监员的日常管理

企业工会对群监员的日常管理包括制定群监员的管理规章制度，举办群监员安全教育培训活动，解决群监员工作难题，保持群监员队伍的稳定，总结、推广群监员先进事迹及工作经验等。

（1）建立健全群监员组织建设、聘任条件、任用程序、上岗管理、考核与奖励等规章制度，按照规章制度开展相关考核工作。

（2）加强群监员安全教育培训活动，每年对群监员进行不少于48学时的教育培训，教育培训内容包括煤矿安全生产知识、安全生产管理能力、实际操作技能、心理咨询等。

（3）积极创造良好的井上井下工作条件，及时解决群监员在工作中遇到的实际困难和问题。

（4）保持群监员队伍的相对稳定，按照规章制度对不符合聘任条件变动调整的群监员及时增补，按照程序及时上报。

（5）总结、推广群监员在示范带头、隐患排查、事故处置、急救工作等方面的先进事迹及工作经验。

（三）地方工会及行政主管部门对群监员的日常管理

（1）建立健全特聘群监员动态管理档案，指导企业日常管理工作，督促落实企业特聘群监员各项规章制度。

（2）制订特聘群监员培训计划，定期或不定期开展教育培训。

（3）总结、交流、推广特聘群监员先进工作经验。

二、权益保障

（1）特聘群监员在履职期间，享受岗位特殊津贴，津贴标准由各企业自行制定，津贴费用由企业行政部门列支。

（2）特聘群监员聘任证书和标识由中华全国总工会和国家煤矿安全监察局统一监制。

（3）各级工会、煤矿安全监察机构及煤炭安全生产监督管理部门要维护特聘群监员的合法权益；对特聘群监员因正常开展监督检查工作受到打击报复的，要严肃追究有关人员责任。

三、奖励与处罚

（一）奖励

企业在组织从业人员休（疗）养时，优先选派优秀群监员参加；晋升提拔后备班组长及安全生产管理人员时，优先考虑优秀群监员。

企业工会应根据国家、省级部门要求，结合企业实际情况，制定具体的奖励办法。

依据《全国煤炭系统工会群众安全工作条例》，按井下一线、生产辅助、地面服务岗位，分别不低于 10 元/人班 、5 元/ 人班、3 元/人班设立群众安全监督检查员岗位补贴。其中，特聘煤矿安全群众监督检查员享有待遇为不低于 10 元/ 人班。岗位补贴每月一次考核兑现，由企业行政列支。

企业每年按照规章制度对群监员监督检查工作开展情况进行总结、考核、表彰和奖励。

省（市、区）总工会及行政管理部门定期或不定期对做出突出贡献的群监员进行表彰和奖励。

中华全国总工会及行业管理部门结合班组建设工作，对做出突出贡献的群监员进行表彰和奖励。

（二）处罚

群监员未尽职尽责履行岗位安全生产职责，出现下列情况之一者，应予以相应处罚，情节严重者，建议清退出群监员队伍。

（1）出现重伤、死亡事故、质量标准化不达标的班组，群监员不得享受当月补贴。

（2）对现场管理违章指挥不制止、不上报的，免发群监员当班补贴。

（3）群监员上井后汇报不及时的，免发群监员当班补贴。

（4）对群监员监督检查不到位、作用发挥不好的，减发当月岗位补贴。

（5）对本班组当班发生事故不及时上报或隐瞒事件真相的，免发当月岗位补贴。

（6）群监员出现"三违"的，免发当月岗位补贴。

煤矿企业由井口群众安全工作站负责具体考核工作，日结日清、月底汇总，报煤矿企业工会主席审查签章，然后交工资部门兑现。

第五章　特聘煤矿安全群众监督员
工作方法及能力提升途径

工作方法是指人们在实践的过程中为达到一定目的和效果所采取的办法和手段，工作方法的核心要素包括目的、范围、内容、办法和手段。群监员工作方法包括确定工作目的、范围和内容，以及采取的办法和手段。

第一节　特聘煤矿安全群众监督员工作目的、范围和内容

一、工作目的

群监员工作目的包括制止违章指挥、违章作业和违反劳动纪律等"三违"行为，宣传、贯彻煤矿安全生产法律法规和安全生产管理制度，当好班组安全参谋，检查井下安全生产设备设施运行情况、职业危害及相应防范措施等作业环境落实情况、工作岗位操作情况，创建安全生产标准化班组，提出改善劳动条件和作业环境的建议。

二、工作范围

群监员聘任的范围及条件、履行的职责和权利决定了群监员工作的范围为井下作业现场。

按照作业地点划分，井下作业现场包括井筒、井底车场、主要大巷、采掘工作面等进行采煤、掘进、提升运输、通风、测量、防治水等作业的地点。

本手册所述采掘作业地点，按照工艺划分，仅涉及综采和综掘，不涉及水力开采、普采、高档普采、炮掘等工艺。

三、工作内容

监督检查井筒、井底车场、主要大巷、采掘工作面等采煤、掘进、提升运输、通风、测量、防治水工作，制止上述地点设备设施、作业环境和工作岗位存在的违章指挥、违章作业和违反劳动纪律等行为。

督促和协助班组长实施班组安全管理规章制度、流程和标准，当好班组参谋，参与班组文化建设。

发现、督促及时处理事故隐患，对于汇报后得不到及时处理的重大事故隐患可越级向上级工会、安全生产主管部门、煤矿安全监察部门报告。

参加事故处置、急救工作，协助保护事故现场以及相关证据，填写《煤矿安全检查表》，向行政部门提出改善劳动条件和作业环境的建议，举报或投诉阻挠或打击报复群监员履行安全职责的行为。

第二节　特聘煤矿安全群众监督员工作办法和手段

一、工作办法

（一）现场监督检查

现场监督检查是煤矿工会实行群众监督的重要内容。群监员对作业现场监督检查时，要做到勤想、勤走、勤看、勤问、勤动手等"五勤"。

勤想。"勤于思考、善于思考"是对一名合格群监员的基本要求。群监员在日常工作中要养成思考的习惯，做到煤矿安全规程、作业规程、操作规程、安全措施等涉及设备设施、作业环境、工作岗位的要求熟记于心。在监督检查过程中，规程措施联系实际，做到精准监督检查。

勤走、勤看。井下作业现场设备设施、作业环境、工作岗位监督检查是一个动态过程，群监员应按照"人、机、料、法、环"要求，在保证完成安全生产任务的前提下，开展监督检查工作。

勤问。班前会上问一问，从源头上掌握职工思想状况；工作到岗问一问，掌握现场安全第一手资料；工作之中问一问，强化意识，确保监督不断线；交接班时间一问，从严、求细促安全。同时，对看到的隐患要勤交代、勤嘱咐，经常告诫职工，做到先安全后生产，不安全不生产。

勤动手。养成良好的工作习惯，带头将安全把握在自己的手上，进入作业场所遵章守纪，按章作业，发现"三违"及时制止，发现隐患及时汇报，并主动参与处理。

（二）提醒劝告

提醒劝告是从业人员减少违章指挥、违章作业、违反劳动纪律行为和防止重特大事故发生的有效方法。

群监员在班前、班中、班后生产准备的全过程中，要经常仔细观察设备设施、作业环境、工作岗位有无异常现象，监督检查发现"三违"行为时，应及时提醒，耐心说服，劝告阻止，并积极建议班组长及当班值班领导及时处理，做到把风险管控挺在隐患前，把隐患排查治理挺在事故前，防范发生人员涉险及伤亡事故。

（三）协调沟通

协调沟通是群监员开展安全监督检查活动时化解矛盾、解决问题的较好方法。群监员协调沟通处理各方面的关系时，应重点处理好与主要负责人、安全生产管理人员、班组长、安全检查员（工）和现场操作人员的关系。

（1）与主要负责人、安全生产管理人员、班组长协调沟通。企业主要负责人应督促检查安全生产工作，及时消除生产安全事故隐患；安全生产管理人员应检查本单位的安全生产状况，及时排查生产安全事故隐患，提出改进安全生产管理的建议，制止和纠正违章指挥、强令冒险作业、违反操作规程的行为；工会应对井下作业现场开展群众安全监督工作。三者的共同目的都是预防、减少事故的发生，保护职工的安全和健康，但是三者工作的范围、内容、办法、手段不同。

群监员立足"事故隐患排查"，侧重"针头线脑"的"小安全"，在监督检查工作中，既要坚持原则，出于公心，又要找准位置、谦虚谨慎、沟通关系、交流思想、主动汇报，依靠主要负责人、安全生产管理人员、班组长的支持，推动工会安全监督检查工作的开展。

（2）与安全检查员（工）协调沟通。安全检查员（工）是专职作业现场检查人员，专业知识和实践经验丰富，群监员在监督检查工作中，要虚心向安全检查员（工）学习，取长补短，专兼结合，融入企业安全管理大循环，加大安全生产的监督管理力度，遏止涉险、伤亡事故的发生。

（3）与现场操作人员的协调沟通。现场操作人员是企业安全生产的主体，更是事故的最大受害者和安全工作的直接受益者。只有联系群众、相信群众、依靠群众，充分调动现场操作人员的安全生产积极性，安全管理规章制度、流程和标准才能得到贯彻、落实。

群监员在作业现场监督检查时，要密切联系现场操作人员，支持现场操作人员正确行使自己的权利和义务，耐心沟通说服纠正违章作业，按章操作，帮助现场操作人员解决、反馈实际工作中的问题，为企业安全生产多增加一份保障。

（四）报告或举报

报告或举报是上下及时沟通信息、迅速整改排除事故隐患、防止事故发生的重要方法。

经常汇报。群监员开展监督检查工作时，要经常主动向工会及相关部门汇报工作情况，工作中存在的问题及困难，争取主要负责人、安全生产管理人员、班组长的重视和支持。

及时报告。群监员在对设备设施、工作环境和工作岗位进行监督检查时，发现隐患应及时报告，督促解决。发现危及职工生命安全的紧急情况时，必须立即报告班组长或当班值班领导，要求停止作业，撤离现场。当遭到拒绝时，有权当机立断，按照法律赋予的权利组织职工迅速撤离危险现场，保障职工生命安全。

立即举报。群监员发现《煤矿重大生产安全事故隐患判定标准》（国家安全生产监督管理总局令第 85 号）所列 15 个方面的重大事故隐患时，应立即举报，以防重特大事故的发生。

（五）督促落实

督促落实就是要持续跟进工会安全群众监督检查工作。群监员要经常研究分析企业安全生产的形势，总结分析安全监督检查工作的经验和问题，对于限期整改的问题进行及时跟进。

二、工作手段

工作手段是监督检查的具体应用，包括查现场、查资料以及查现场和资料三种情况。

煤矿井下不同作业地点设备设施、作业环境和工作岗位不尽相同，与之采用的工作手段大相径庭，因此，群监员在实际工作中，应结合企业实际，探索出适合实际工作的具体手段。

第三节　特聘煤矿安全群众监督员工作能力提升途径

一、提高工作要求

（一）加强自主学习

重视学习、勤于学习、善于学习，是群监员提高素质、提升能力的重要途径。

（1）要培养自主学习的良好习惯。培养良好的学习习惯，对群监员工作能力提升至关重要。哈佛大学有句名言："一个人的命运决定于晚上八点到十点之间。"这句话充分说明了加强学习的重要性。

群监员要胜任本职，必须把学习作为一种内在需要、一种生活习惯、一种人生追求、一种精神境界，静下心来坚持不懈地搞好自主学习。学习既是终身课题，更是紧迫任务。学习是伴随人一生的事情，正如古代雅典政治家梭伦讲的那样，要"活到老，学到老"。

学习重在自觉，贵在坚持。学习的态度和方法，决定学习质量和效果。古人讲："贵有恒，何必三更起五更睡；最无益，只怕一日曝十日寒。"在学习问题上，如果缺乏主观能动性，缺乏持之以恒的精神，就难以取得理想的效果。群监员要深刻认识新形势下加强自主学习的特殊重要性，牢固树立自主学习理念，充分发挥主观能动性，变"要我学"为"我要学"，在加强自主学习的过程中不断实现自我超越，提高思想理论水平和解决实际问题的能力。

（2）要掌握自主学习的正确方法。"事有所成，必是学有所成；学有所成，必是读有所得。"加强学习，既要有好学之心，更要有善学之策。只有掌握了正确的学习方法，学而有方、学而有法，才能事半功倍，取得实效。

向书本要知识，在打牢理论根基上下功夫。向实践讨学问，在推动工作的过程中提高素质、提升能力。实践出真知，实践长才干。向群众求智慧，在问学于民中汲取营养、增长才干。

（3）要切实做到学以致用。学习的目的全在于应用。大力发扬理论联系实际的学风，促进学习成果转化应用，把学习的过程作为认识和改造世界、推动工作实践、追求健康生活方式的过程，真正做到学以致用、用以促学、学用相长。

（二）精通监督检查工作

精业务是高标准、高质量、高效率地胜任群监工作的重要前提。

精业务，就是要具备扎实的理论功底，精湛的技术技艺，懂岗位标准，懂安全规程，懂操作技能，懂监督检查，成为群监工作的行家里手；就是要具备严谨的工作作风，精细的工作方法，立足本职、守土有责，切实发挥安全形势宣传员、服务职工勤务员、作业标准讲解员、现场安全指导员、岗位隐患排查员的作用，成为安全生产的坚强卫士。只有精业务，才能让自己更突出、更优秀、更有为。

（三）敢于监督作业现场隐患

从事群监工作，懂监督是基础、会监督是能力、敢监督是保证。懂监督、会监督、敢监督是高效履行群监职责的重要体现。

敢监督，就是要敢说、敢管、敢查，敢于制止现场"三违"，敢于排查现场隐患，敢于坚持原则、实事求是；就是要发扬铁心肠、铁面孔、铁手腕的"三铁"精神，不照顾情面，不迁就客观，不回避矛盾，不掩盖问题，不怕得罪人；就是要坚持眼勤、嘴勤、心勤、手勤、腿勤的"五勤"作风，大胆实施现场监督检查，使群监工作成为安全生产的坚强堡垒。只有敢监督，自己才能有威信、有作为、有地位。

（四）勤于同管理人员及现场从业人员沟通

沟通是监督员反馈信息、阐释真理、表达情感、引导行为的重要渠道。

勤沟通，就是要勤于向相关部门和人员反馈本岗位设备运行情况、员工思想状况和现场存在的安全隐患等信息，当好安全生产的信息员；就是要勤于走访、座谈，及时了解和掌握职工的工作状况、生活状况、思想状况，尽最大努力帮助职工解决实际困难，争做职工群众的贴心人；就是要勤于多方位的交流沟通，抱着对工作负责的态度，敞开心扉，畅所欲言，总结经验，批评不足，争做安全生产的促进者。只有勤沟通，才能多理解、少误会、强团结。

（五）善于解决操作人员工作中的疑难杂症

解疑释惑是监督员开展思想政治工作的重要方法。善解惑，就是要针对生产现场出现的故障，善于查根源、找特性、出点子，提出自己的解决方案，排除工作中的疑难问题；就是要针对职工的不安全行为，开展正确引导和教育，善于讲形势、谈危害、解疑惑，增强职工的安全意识；就是要针对职工思想中存在的疑点、难点、热点问题，善于翻译转化、解疑释惑，及时化解各类矛盾，维护安全生产的良好秩序。只有善解惑，才能融关系、聚人气、促工作。

二、强化业务指导

煤矿企业是群监员业务指导的责任主体，企业工会、安检部门是群监员业务指导的直接管理层。

煤矿企业开展各类安全检查时，要邀请群监员参加，为其创造监督检查实战经验积累的氛围；在开展安全警示教育及事故调查时，要邀请群监员参加，为其创造吸取事故教训、反思工作中不足的条件。同时，企业要畅通群监员监督检查汇报渠道、反馈渠道及举报渠道，为群监员建言献策畅通渠道。

企业工会要定期开展群监员工作例会或群监员安全分析会，总结工作，部署任务，交流工作经验，互通有无，定期举办群监员素质提升培训，及时更新知识，提高业务能力；要积极开展优秀群监员先进事迹和经验推广活动，充分发挥群监员示范作用，引导井下作业人员对标优秀，对标先进，逐渐实现由"要我安全"向"我要安全""我能安全"和"我会安全"转变。

三、加强系统教育培训

新入职的群监员安全生产知识相对较窄，管理能力相对较弱，缺乏监督检查方法的系统学习，在职群监员安全生产知识和管理能力需要持续保持，监督检查方法也需要与时俱进。因此，要成为一名素质过硬的群监员，必须经过系统的安全教育培训。

（一）安全教育培训主要内容

（1）煤矿安全生产理念、形势及法律法规。包括安全生产理念、全国安全生产形势、国家安全生产政策、《安全生产法》和《刑法》有关要求、安全生产行政法规等。

（2）煤矿安全生产管理。包括煤矿安全生产准入、煤矿安全生产责任制建立、煤矿安全生产规章制度制定、煤矿企业安全生产费用提取与使用、煤矿安全生产教育培训、煤矿安全生产风险辨识评估、煤矿重大安全生产风险分级管控措施、煤矿安全生产事故隐患排查治理、煤矿生产安全重大事故隐患排查治理、煤矿安全生产标准化体系建设、煤矿安全生产事故报告等。

（3）煤矿安全生产技术管理。包括地质保障、矿井地质、水文地质、隐蔽致灾地质因素普查或探测、矿井建设、开采、井巷掘进、支护、通风、瓦斯防治、煤尘爆炸防治、煤（岩）与瓦斯（二氧化碳）突出防治、冲击地压防治、防灭火、防治水、井下爆破、运输、提升和电气设备、安全监控系统、人员位置监测系统、有线调度通信系统等。

（4）煤矿应急救援管理。包括应急救援体系、煤矿安全生产事故应急救援预案、安全避险、救援队伍、装备及设施、灾变处理、自救互救以及应急处置等。

（5）煤矿职业卫生管理。包括煤矿职业病危害防治要点、煤矿建设项目职业病防护设施"三同时"管理工作要点、煤矿职业健康监护要求、煤矿劳动防护用品配备要求等。

（6）监督检查方法及心理咨询。包括监督检查类别、监督检查程序、监督检查信息反馈，精神健康、心理学等。

（二）安全教育培训主要形式

安全教育培训主要形式包括每天班前、班后会上说明安全注意事项，安全活动日，安全生产会议，各类安全生产业务培训班，事故现场会，张贴招贴画、宣传标语及标志，安全文化知识竞赛等。

（三）安全生产教育培训的方法

安全生产教育培训的方法包括讲授法、实际操作演练法、案例研讨法、读书指导法、宣传娱乐法等。从具体实现角度讲，大致可以分为报刊文字、各种法律法规文件、各种管理体系文本、视频、音频、网络平台等。

（四）安全生产培训时间

省、市总工会和煤矿安全监察机构按照职责范围，对新聘用的特聘煤矿安全群众监督员进行岗前培训，煤矿企业工会负责特聘煤矿安全群众监督员日常的业务学习和培训，每年集中业务培训不少于1次。

特聘煤矿安全群众监督员培训为脱产培训，不得以班前（后）会等形式代替，每年培训时间不少于48学时。

第三部分

特聘煤矿安全群众监督员现场监督检查及处理

现场监督检查是煤矿工会实行群众监督的重要内容。群监员对作业现场监督检查时，要做到勤想、勤走、勤看、勤问、勤动手。煤矿井下不同作业地点设备设施、作业环境和工作岗位不尽相同，与之采用的工作手段大相径庭。因此，群监员在现场监督检查时，应根据查资料、查现场以及查资料和现场等工作手段，结合企业实际情况，探索出适合实际工作的具体工作手段。

第六章　井筒及相关硐室现场监督检查及处理

第一节　罐笼立井井筒现场监督检查及处理

一、设备设施

序号	检查内容	标准要求	检查方法	检查依据
1	罐顶	乘人层顶部设置可以打开的铁盖或者铁门	查现场	《煤矿安全规程》第三百九十四条
2	罐底	（1）满铺钢板 （2）设孔时，设置牢固可靠的门	查现场	《煤矿安全规程》第三百九十四条
3	罐体	（1）两侧钢板不得有孔 （2）两侧装设扶手	查现场	《煤矿安全规程》第三百九十四条
4	罐门（罐帘）	（1）高度不小于1.2m （2）下部边缘至罐底的距离不得超过250mm （3）罐帘横杆间距不大于200mm （4）罐门不向外开，门轴防脱	查现场	《煤矿安全规程》第三百九十四条
5	罐笼防坠器	升降人员或者升降人员和物料的单绳提升罐笼设置可靠的防坠器	查现场	《煤矿安全规程》第三百九十三条
6	罐笼净高	（1）除带弹簧的主拉杆外，最上层净高不小于1.9m，其他各层不小于1.8m （2）带弹簧的主拉杆设保护套筒	查现场	《煤矿安全规程》第三百九十四条
7	阻车器	提升矿车的罐笼内装有阻车器	查现场	《煤矿安全规程》第三百九十四条

续表

序号	检查内容	标准要求	检查方法	检查依据
8	定车或锁车装置	升降无轨胶轮车设置专用定车或者锁车装置	查现场	《煤矿安全规程》第三百九十四条
9	提升信号装置	（1）装有从井底信号工发给井口信号工和从井口信号工发给司机的信号装置 （2）有备用信号装置 （3）井底车场与井口之间、井口与司机操控台之间装设直通电话 （4）1套装置服务多个水平时，从各水平发出的信号必须有区别	查资料和现场	《煤矿安全规程》第四百零三条
10	防撞梁和托罐装置	（1）防撞梁能挡住过卷后上升的容器或平衡锤，不兼作他用 （2）托罐装置能将撞击防撞梁后再下落的容器或配重托住，保证其下落的距离不超过0.5m	查现场	《煤矿安全规程》第四百零六条
11	钢丝绳	（1）有4根罐道绳时，每根绳最小刚性系数不小于500N/m；张紧力之差不小于平均张紧力的5%，内侧大，外侧小 （2）有2根罐道绳时，每根绳的刚性系数不小于1000N/m，各绳张紧力相等；单绳提升的2根主提升钢丝绳采用同捻向或者阻旋转钢丝绳 （3）单绳缠绕式提升装置 专为升降人员，安全系数不小于9 专为升降物料，安全系数不小于6.5 升降人员和物料。升降人员、混合提升时，安全系数不小于9；升降物料时，安全系数不小于7.5 （4）摩擦轮式提升装置 专为升降人员，安全系数不小于9.2－0.0005H 专为升降物料，安全系数不小于7.2－0.0005H 升降人员和物料。升降人员、混合提升时，安全系数不小于9.2－0.0005H；升降物料时，安全系数不小于7.2－0.0005H （5）罐道绳的钢丝绳安全系数不小于6	查资料	《煤矿安全规程》第三百九十八条 《煤矿安全规程》第四百零八条

续表

序号	检查内容	标准要求	检查方法	检查依据
12	电缆	（1）主线芯截面满足供电线路负荷要求 （2）有供保护接地用的足够截面的导体 （3）井筒内采用矿用粗钢丝铠装电力电缆	查资料	《煤矿安全规程》第四百六十三条

二、作业环境

序号	检查内容	标准要求	检查方法	检查依据
1	有害气体的浓度	（1）一氧化碳最高允许浓度 0.0024% （2）氧化氮最高允许浓度 0.00025% （3）二氧化硫最高允许浓度 0.0005% （4）硫化氢最高允许浓度 0.00066% （5）氨最高允许浓度 0.004%	查资料和现场	《煤矿安全规程》第一百三十五条
2	风流速度	（1）专为升降物料的井筒最高允许风速 12m/s （2）升降人员和物料的井筒最高允许风速 8m/s	查资料和现场	《煤矿安全规程》第一百三十六条
3	空气温度	进风井口以下的空气温度（干球温度）在 2℃ 以上	查资料和现场	《煤矿安全规程》第一百三十七条
4	罐座	（1）设置闭锁装置 （2）罐座未打开，发不出开车信号 （3）升降人员时，严禁使用罐座	查现场	《煤矿安全规程》第三百九十五条
5	提升速度（m·s^{-1}）	（1）升降人员 $v \leq 0.5\sqrt{H}$，且不超过 12 （2）升降物料 $v \leq 0.6\sqrt{H}$	查资料和现场	《煤矿安全规程》第四百二十二条
6	井筒金属装备固定和锈蚀情况	（1）井筒罐道梁和其他装备每年检查 1 次固定和锈蚀情况，发现松动及时加固，发现防腐层剥落及时补刷防腐剂 （2）检查和处理结果应当详细记录	查资料和现场	《煤矿安全规程》第三百九十九条
7	栅栏	（1）井筒与各水平的连接处必须设栅栏 （2）只在通过人员或者车辆时打开	查现场	《煤矿安全规程》第四百三十二条

续表

序号	检查内容	标准要求	检查方法	检查依据
8	井底和中间运输巷的安全门	（1）与罐位和提升信号联锁 （2）罐笼到位并发出停车信号后安全门才能打开 （3）安全门未关闭，只能发出调平和换层信号，但发不出开车信号 （4）安全门关闭后，才能发出开车信号 （5）发出开车信号后，安全门不能打开	查现场	《煤矿安全规程》第三百九十五条
9	井底和中间运输巷摇台或锁罐装置	（1）与罐笼停止位置、阻车器和提升信号系统联锁 （2）罐笼未到位，放不下摇台或者锁罐装置，打不开阻车器 （3）摇台或者锁罐装置未抬起，阻车器未关闭，发不出开车信号	查现场	《煤矿安全规程》第三百九十五条
10	罐耳和罐道的磨损量或者总间隙更换要求	（1）钢轨罐道轨头任一侧磨损量超过8mm （2）钢轨罐道轨腰磨损量超过原有厚度的25% （3）罐耳的任一侧磨损量超过8mm （4）在同一侧罐耳和罐道的总磨损量超过10mm （5）罐耳与罐道的总间隙超过20mm （6）矩形钢罐道任一侧的磨损量超过原有厚度的50% （7）钢丝绳罐道与滑套的总间隙超过15mm	查现场	《煤矿安全规程》第三百九十六条
11	在用缠绕式提升钢丝绳更换时的安全系数要求	（1）专为升降人员用的小于7 （2）升降人员和物料用的钢丝绳：升降人员时小于7，升降物料时小于6 （3）专为升降物料和悬挂吊盘用的小于5	查资料	《煤矿安全规程》第四百零八条
12	钢丝绳更换	（1）摩擦式提升机提升钢丝绳使用期限不超过2年，平衡钢丝绳不超过4年 （2）升降人员或者升降人员和物料用的钢丝绳断丝不超过5% （3）专为升降物料用的钢丝绳、平衡钢丝绳、防坠器的制动钢丝绳（包括缓冲绳）断丝不超过10% （4）罐道钢丝绳断丝不超过15%，直径缩小不超过15%	查资料	《煤矿安全规程》第四百一十二条

续表

序号	检查内容	标准要求	检查方法	检查依据
12	钢丝绳更换	（5）钢丝绳出现变黑、锈皮、点蚀麻坑等损伤不得升降人员 （6）钢丝绳锈蚀严重或点蚀麻坑形成沟纹，或外层钢丝松动时，立即更换 （7）更换摩擦式提升机钢丝绳时，同时更换全部钢丝绳	查现场	《煤矿安全规程》第四百一十二条
13	井筒与各水平的连接处防火要求	井筒与各水平的连接处前后两端各 20m 范围内用不燃性材料支护	查现场	《煤矿安全规程》第二百五十二条

三、工作岗位

序号	检查内容	标准要求	检查方法	检查依据
1	提升信号	井口信号装置必须与提升机的控制回路相闭锁，只有在井口信号工发出信号后，提升机才能启动	查现场	《煤矿安全规程》第四百零三条
2	信号工信号发送顺序	（1）井下各水平的总信号工收齐该水平各层信号工的信号后，方可向井口总信号工发出信号 （2）井口总信号工收齐井口各层信号工信号并接到井下水平总信号工信号后，才可向提升机司机发出信号	查现场	《煤矿安全规程》第四百零五条
3	提升人员	（1）每人占有的有效面积不小于 $0.18m^2$	查资料	《煤矿安全规程》第三百九十四条
		（2）每层内 1 次能容纳的人数符合规定 （3）超过规定人数提升时，把钩工制止 （4）同一层内人员和物料严禁混合提升	查资料和现场	
		（5）升降人员严禁使用罐座 （6）井口和井底车场有把钩工	查现场	《煤矿安全规程》第三百九十五条
		（7）上下井人员遵守乘罐制度，听从把钩工指挥 （8）开车信号发出后严禁进出罐笼		《煤矿安全规程》第四百零二条
		（9）多层罐笼升降时，井上、下各层出车平台设有信号工		《煤矿安全规程》第四百零五条

序号	检查内容	标准要求	检查方法	检查依据
4	提升物料	（1）同一层内人员和物料严禁混合提升 （2）升降无轨胶轮车时，仅限司机一人留在车内，且按提升人员要求运行	查现场	《煤矿安全规程》第三百九十四条
		（3）井口和井底车场有把钩工		《煤矿安全规程》第四百零二条
5	提升爆炸物品	（1）电雷管和炸药分开运送 （2）事先通知绞车司机和井上、下把钩工 （3）运送电雷管时，罐笼内只准放置1层爆炸物品箱，不得滑动 （4）运送炸药时，爆炸物品箱堆放的高度不得超过罐笼高度的2/3 （5）运送电雷管时，速度不得超过2m/s；运送其他类爆炸物品时，速度不得超过4m/s （6）交接班、人员上下井的时间内严禁运送爆炸物品 （7）司机在启动和停止绞车时，应当保证罐笼或者吊桶不震动	查现场	《煤矿安全规程》第三百三十九条
6	提升系统检查	（1）每天专职人员至少检查1次 （2）每月有关人员至少进行1次全面检查 （3）检查中发现问题，必须立即处理 （4）检查和处理结果都应当详细记录	查资料	《煤矿安全规程》第四百条
7	罐笼检修	（1）在罐笼顶上装设保险伞和栏杆 （2）检修人员系好保险带 （3）提升容器的速度一般为0.3～0.5m/s，最大不得超过2m/s。 （4）检修用信号安全可靠	查现场和资料	《煤矿安全规程》第四百零一条
8	在用钢丝绳的检验	（1）升降人员或者升降人员和物料用的缠绕式提升钢丝绳，自悬挂使用后每6个月进行1次性能检验（摩擦式提升钢丝绳除外） （2）升降物料用的缠绕式提升钢丝绳，悬挂使用12个月内进行第一次性能检验，以后每6个月检验1次（摩擦式提升钢丝绳除外）	查资料	《煤矿安全规程》第四百一十一条

续表

序号	检查内容	标准要求	检查方法	检查依据
9	在用钢丝绳的检查与维护	（1）提升钢丝绳必须每天检查1次 （2）平衡钢丝绳、罐道绳、防坠器制动绳（包括缓冲绳）每周至少检查1次	查资料和现场	《煤矿安全规程》第四百一十一条
		（3）易损坏和断丝或者锈蚀较多的一段应停车详细检查	查现场	
		（4）断丝的突出部分应当在检查时剪下，检查结果应当记入钢丝绳检查记录簿 （5）采取防腐措施 （6）摩擦提升钢丝绳的摩擦传动段应涂、浸专用的钢丝绳增摩脂 （7）圆形平衡钢丝绳有避免扭结的装置 （8）严禁平衡钢丝绳浸泡水中	查现场	
10	防坠器检修	（1）每6个月进行1次不脱钩试验 （2）每年进行1次脱钩试验	查资料	《煤矿安全规程》第四百一十五条
11	电缆敷设	（1）用夹子、卡箍或者其他夹持装置进行敷设；夹持装置应当能承受电缆重量，并不得损伤电缆 （2）电缆悬挂点间距不超过6m	查现场	《煤矿安全规程》第四百六十四条
		（3）设接头时，应当将接头设在中间水平巷道内。运行中需要增设接头而又无中间水平可以利用时，可以在井筒内设置接线盒。接线盒应当放置在托架上，不应使接头受力		《煤矿安全规程》第四百六十六条
12	罐笼载核	严禁超载和超最大载核荷差运行	查资料和现场	《煤矿安全规程》第三百九十三条
13	罐耳与罐道之间的间隙安装要求	（1）滑动罐耳刚性罐道每侧不超过5mm （2）钢丝绳罐道罐耳滑套直径与钢丝绳直径之差不大于5mm （3）滚轮罐耳矩形钢罐道的辅助滑动罐耳每侧间隙应保持10～15mm	查资料	《煤矿安全规程》第三百九十六条

续表

序号	检查内容	标准要求	检查方法	检查依据
14	井筒维修	（1）制定井巷维修制度，保证通风、运输畅通和行人安全	查资料和现场	《煤矿安全规程》第一百二十五条
		（2）井筒大修时编制施工组织设计 （3）维修井巷支护时有安全措施 （4）扩大和维修井巷时有冒顶堵塞井巷时保证人员撤退的出口 （5）维修锚网井巷时，施工地点有临时支护和防止失修范围扩大的措施		《煤矿安全规程》第一百二十五条
		（6）修复旧井巷时，首先检查瓦斯。瓦斯积聚时，必须按规定排放，只有在回风流中甲烷浓度不超过 1.0%、二氧化碳浓度不超过 1.5%、一氧化碳最高允许浓度 0.0024%、氧化氮最高允许浓度 0.00025%、二氧化硫最高允许浓度 0.0005%、硫化氢最高允许浓度 0.00066%、氨最高允许浓度 0.004% 时，才能作业		《煤矿安全规程》第一百二十七条
15	电焊、气焊和喷灯焊接作业	（1）制定安全措施，由矿长批准 （2）指定专人在场检查和监督 （3）地点的前后两端各 10m 的井巷范围内，应当是不燃性材料支护，有供水管路，有专人负责喷水，焊接前清理或者隔离焊渣飞溅区域内的可燃物 （4）至少备有 2 个灭火器 （5）在工作地点下方用不燃性材料设施接收火星 （6）工作地点的风流中甲烷浓度不得超过 0.5%，只有在检查证明作业地点附近 20m 范围内巷道顶部和支护背板后无瓦斯积存时，方可进行作业 （7）作业完毕后，作业地点应当再次用水喷洒，有专人在作业地点检查 1h，发现异常，立即处理	查资料和现场	《煤矿安全规程》第二百五十四条

第二节　箕斗立井井筒现场监督检查及处理

一、设备设施

序号	检查内容	标准要求	检查方法	检查依据
1	载重量	箕斗提升定重装载	查现场	《煤矿安全规程》第三百九十三条
2	钢丝绳	（1）每个提升容器（平衡锤）有4根罐道绳时，每根绳最小刚性系数不小于500N/m；张紧力之差不小于平均张紧力的5%，内侧张紧力大，外侧张紧力小 （2）每个提升容器（平衡锤）有2根罐道绳时，每根绳的刚性系数不小于1000N/m，各绳张紧力相等；单绳提升的2根主提升钢丝绳采用同捻向或者阻旋转钢丝绳	查资料	《煤矿安全规程》第三百九十八条
3	提升信号	（1）装有从井底信号工发给井口信号工和从井口信号工发给司机的信号装置 （2）有备用信号装置 （3）井底车场与井口之间、井口与司机操控台之间装设直通电话 （4）1套装置服务多个水平时，从各水平发出的信号必须有区别	查资料和现场	《煤矿安全规程》第四百零三条
4	防撞梁和托罐装置	（1）防撞梁能挡住过卷后上升的容器或平衡锤，不兼作他用 （2）托罐装置能将撞击防撞梁后再下落的容器或配重托住，保证其下落的距离不超过0.5m	查现场	《煤矿安全规程》第四百零六条
5	钢丝绳安全系数	（1）单绳缠绕式提升装置安全系数不小于6.5 （2）摩擦轮式提升装置安全系数不小于8.2 − 0.0005H （3）罐道绳的钢丝绳安全系数不小于6	查资料	《煤矿安全规程》第四百零八条

续表

序号	检查内容	标准要求	检查方法	检查依据
6	电缆	（1）主线芯截面满足供电线路负荷要求 （2）有供保护接地用的足够截面的导体 （3）井筒内采用矿用粗钢丝铠装电力电缆	查资料	《煤矿安全规程》第四百六十三条

二、作业环境

序号	检查内容	标准要求	检查方法	检查依据
1	有害气体的浓度	（1）一氧化碳最高允许浓度 0.0024% （2）氧化氮最高允许浓度 0.00025% （3）二氧化硫最高允许浓度 0.0005% （4）硫化氢最高允许浓度 0.00066% （5）氨最高允许浓度 0.004%	查资料和现场	《煤矿安全规程》第一百三十五条
2	风流速度	（1）专为升降物料的井筒最高允许风速 12m/s （2）升降人员和物料的井筒最高允许风速 8m/s	查资料和现场	《煤矿安全规程》第一百三十六条
3	空气温度	进风井口以下的空气温度（干球温度）在 2℃以上	查资料和现场	《煤矿安全规程》第一百三十七条
4	提升速度	升降物料 $v \leqslant 0.6\sqrt{H}$ m/s	查资料和现场	《煤矿安全规程》第四百二十二条
5	栅栏	（1）井筒与各水平的连接处必须设栅栏 （2）只在通过人员或者车辆时打开	查现场	《煤矿安全规程》第一百三十二条
6	阻车器	井底、井筒与各水平的连接处，设置阻车器	查现场	《煤矿安全规程》第一百三十二条
7	井筒兼作风井使用	（1）有防尘和封闭措施 （2）漏风率不超过 15%	查资料	《煤矿安全规程》第一百四十五条
		（3）风速不超过 6m/s	查现场	

序号	检查内容	标准要求	检查方法	检查依据
8	罐耳和罐道的磨损量或者总间隙更换要求	（1）钢轨罐道轨头任一侧磨损量超过 8mm （2）钢轨罐道轨腰磨损量超过原有厚度的 25% （3）罐耳的任一侧磨损量超过 8mm （4）在同一侧罐耳和罐道的总磨损量超过 10mm （5）罐耳与罐道的总间隙超过 20mm （6）矩形钢罐道任一侧的磨损量超过原有厚度的 50% （7）钢丝绳罐道与滑套的总间隙超过 15mm	查现场	《煤矿安全规程》第三百九十六条
9	井筒金属装备固定和锈蚀情况	（1）井筒罐道梁和其他装备每年检查 1 次固定和锈蚀情况，发现松动及时加固，发现防腐层剥落及时补刷防腐剂 （2）检查和处理结果应当详细记录	查资料和现场	《煤矿安全规程》第三百九十九条
10	在用缠绕式提升钢丝绳更换时的安全系数要求	专为升降物料和悬挂吊盘用的小于 5	查资料	《煤矿安全规程》第四百零八条
11	钢丝绳更换要求	（1）摩擦式提升机提升钢丝绳使用期限超 2 年，平衡钢丝绳超 4 年 （2）专为升降物料用的钢丝绳、平衡钢丝绳、防坠器的制动钢丝绳（包括缓冲绳）断丝超 10% （3）罐道钢丝绳断丝超 15%，直径缩小超过 15%	查资料	《煤矿安全规程》第四百一十二条
		（4）钢丝绳出现变黑、锈皮、点蚀麻坑等损伤不得升降人员 （5）钢丝绳锈蚀严重或点蚀麻坑形成沟纹，或外层钢丝松动时，立即更换 （6）更换摩擦式提升机钢丝绳时，更换全部钢丝绳	查现场	

续表

序号	检查内容	标准要求	检查方法	检查依据
12	井筒与各水平的连接处防火要求	井筒与各水平的连接处前后两端各 20m 范围内用不燃性材料支护	查现场	《煤矿安全规程》第二百五十二条

三、工作岗位

序号	检查内容	标准要求	检查方法	检查依据
1	箕斗载核	(1) 采用定重装载 (2) 严禁超载和超最大载核荷差运行	查资料和现场	《煤矿安全规程》第三百九十三条
2	罐耳与罐道之间的间隙安装要求	(1) 滑动罐耳刚性罐道每侧不超过 5mm (2) 钢丝绳罐道罐耳滑套直径与钢丝绳直径之差不大于 5mm (3) 滚轮罐耳矩形钢罐道的辅助滑动罐耳每侧间隙应保持 10～15mm	查资料	《煤矿安全规程》第三百九十六条
3	提升系统检查周期	(1) 每天专职人员至少检查 1 次 (2) 每月有关人员至少进行 1 次全面检查 (3) 检查中发现问题，必须立即处理 (4) 检查和处理结果都应当详细记录	查资料	《煤矿安全规程》第四百条
4	罐笼检修作业	(1) 在罐笼顶上装设保险伞和栏杆 (2) 检修人员系好保险带 (3) 提升容器的速度一般为 0.3～0.5m/s，最大不得超过 2m/s (4) 检修用信号安全可靠	查现场和资料	《煤矿安全规程》第四百零一条
5	提升信号装备	井口信号装置必须与提升机的控制回路相闭锁，只有在井口信号工发出信号后，提升机才能启动	查现场	《煤矿安全规程》第四百零三条
6	信号工信号发送顺序	(1) 井下各水平的总信号工收齐该水平各层信号工的信号后，方可向井口总信号工发出信号 (2) 井口总信号工收齐井口各层信号工信号并接到井下水平总信号工信号后，方可向提升机司机发出信号	查现场	《煤矿安全规程》第四百零五条

续表

序号	检查内容	标准要求	检查方法	检查依据
7	在用钢丝绳的检验	升降物料用的缠绕式提升钢丝绳，悬挂使用 12 个月内进行第一次性能检验，以后每 6 个月检验 1 次（摩擦式提升钢丝绳除外）	查资料	《煤矿安全规程》第四百一十一条
8	在用钢丝绳的检查与维护	（1）提升钢丝绳必须每天检查 1 次 （2）平衡钢丝绳、罐道绳、防坠器制动绳（包括缓冲绳）每周至少检查 1 次	查资料和现场	《煤矿安全规程》第四百一十一条
		（3）易损坏和断丝或者锈蚀较多的一段应停车详细检查 （4）断丝的突出部分应当在检查时剪下，检查结果应当记入钢丝绳检查记录簿 （5）采取防腐措施 （6）摩擦提升钢丝绳的摩擦传动段应涂、浸专用的钢丝绳增摩脂 （7）圆形平衡钢丝绳有避免扭结的装置 （8）严禁平衡钢丝绳浸泡水中	查现场	
9	防坠器检修	（1）每 6 个月进行 1 次不脱钩试验 （2）每年进行 1 次脱钩试验	查资料	《煤矿安全规程》第四百一十五条
10	电缆敷设	（1）用夹子、卡箍或者其他夹持装置进行敷设；夹持装置应当能承受电缆重量，并不得损伤电缆 （2）电缆悬挂点间距不超过 6m	查现场	《煤矿安全规程》第四百六十四条
		（3）设接头时，应当将接头设在中间水平巷道内。运行中需要增设接头而又无中间水平可以利用时，可以在井筒内设置接线盒。接线盒应当放置在托架上，不应使接头受力		《煤矿安全规程》第四百六十六条

续表

序号	检查内容	标准要求	检查方法	检查依据
11	井筒维修	（1）制定井巷维修制度，保证通风、运输畅通和行人安全	查资料和现场	《煤矿安全规程》第一百二十五条
		（2）井筒大修时编制施工组织设计 （3）维修井巷支护时有安全措施 （4）扩大和维修井巷时有冒顶堵塞井巷时，保证人员撤退的出口 （5）维修锚网井巷时，施工地点有临时支护和防止失修范围扩大的措施		《煤矿安全规程》第一百二十六条
		（6）修复旧井巷时，首先检查瓦斯。瓦斯积聚时，必须按规定排放，只有在回风流中甲烷浓度不超过 1.0%、二氧化碳浓度不超过 1.5%、一氧化碳最高允许浓度 0.0024%、氧化氮最高允许浓度 0.00025% 二氧化硫最高允许浓度 0.0005%、硫化氢最高允许浓度 0.00066%、氨最高允许浓度 0.004% 时，才能作业		《煤矿安全规程》第一百二十七条
12	电焊、气焊和喷灯焊接作业	（1）制定安全措施，由矿长批准 （2）指定专人在场检查和监督 （3）地点的前后两端各 10m 的井巷范围内，应当是不燃性材料支护，有供水管路，有专人负责喷水，焊接前清理或者隔离焊渣飞溅区域内的可燃物 （4）至少备有 2 个灭火器 （5）在工作地点下方用不燃性材料设施接收火星 （6）工作地点的风流中甲烷浓度不得超过 0.5%，只有在检查证明作业地点附近 20m 范围内巷道顶部和支护背板后无瓦斯积存时，方可进行作业 （7）作业完毕后，作业地点应当再次用水喷洒，有专人在作业地点检查 1h，发现异常，立即处理	查资料和现场	《煤矿安全规程》第二百五十四条

第三节　带式输送机斜井（平硐）井筒现场监督检查及处理

一、设备设施

序号	检查内容	标准要求	检查方法	检查依据
1	输送带、托辊和滚筒包胶材料	采用非金属聚合物制造	查资料	《煤矿安全规程》第三百七十四条
2	带式输送机保护装置	（1）装设防打滑、跑偏、堆煤、撕裂等保护装置，同时应当装设温度、烟雾监测装置和自动洒水装置 （2）具备沿线急停闭锁功能 （3）装设输送带张紧力下降保护装置 （4）上运时，装设防逆转装置和制动装置；下运时，装设软制动装置且必须装设防超速保护装置	查资料和现场	《煤矿安全规程》第三百七十四条
		（5）装有带式输送机的井筒兼作风井使用时，有自动报警灭火装置，敷设消防管路，有防尘措施		《煤矿安全规程》第一百四十五条
3	喷雾装置或除尘器	转载点安设喷雾装置或除尘器	查现场	《煤矿安全规程》第六百五十二条
4	照明设施	（1）机头、机尾及搭接处有照明	查现场	《煤矿安全规程》第三百七十四条
		（2）兼作人行道的集中带式输送机巷道照明灯的间距不得大于30m		《煤矿安全规程》第四百六十九条
5	照明和信号的配电装置	具有短路、过负荷和漏电保护的照明信号综合保护功能	查资料和现场	《煤矿安全规程》第四百七十四条
6	液力耦合器	严禁使用可燃性传动介质（调速型液力耦合器不受此限）	查资料	《煤矿安全规程》第三百七十四条

续表

序号	检查内容	标准要求	检查方法	检查依据
7	带式输送机安全防护设施	（1）机头、机尾、驱动滚筒和改向滚筒处，有防护栏及警示牌 （2）行人跨越处有过桥 （3）大于16°的倾斜井巷中设置防护网，采取防止物料下滑、滚落等的安全措施	查现场	《煤矿安全规程》第三百七十四条
		（4）架空乘人装置与带式输送机同巷布置时，采取可靠的隔离措施		《煤矿安全规程》第三百八十三条
8	电缆	（1）主线芯截面满足供电线路负荷要求 （2）有供保护接地用的足够截面的导体 （3）固定敷设的高压电缆，井筒倾角为45°及其以上时，采用矿用粗钢丝铠装电力电缆；倾角为45°以下时，采用煤矿用钢带或者细钢丝铠装电力电缆 （4）固定敷设的低压电缆，采用煤矿用铠装或者非铠装电力电缆或者对应电压等级的煤矿用橡套软电缆 （5）非固定敷设的高低压电缆，采用煤矿用橡套软电缆	查资料	《煤矿安全规程》第四百六十三条
9	护罩或遮栏	容易碰到的、裸露的带电体及机械外露的转动和传动部分加装护罩或遮栏	查现场	《煤矿安全规程》第四百四十四条
10	安全监控系统	（1）有安全监控系统	查资料和现场	《煤矿安全规程》第四百八十九条
		（2）主干线缆分设两条，从不同的井筒或者一个井筒保持一定间距的不同位置进入井下		《煤矿安全规程》第四百九十条
		（3）有故障闭锁、甲烷电闭锁和风电闭锁功能；断电、馈电状态监测和报警功能		《煤矿安全规程》第四百八十七条
11	人员位置监测系统	有人员位置监测系统	查资料和现场	《煤矿安全规程》第四百八十七条
12	有线调度通信系统	（1）有线调度通信系统	查资料和现场	《煤矿安全规程》第四百八十七条
		（2）有线调度通信电缆必须专用		《煤矿安全规程》第四百八十九条

续表

序号	检查内容	标准要求	检查方法	检查依据
13	消防管路系统	（1）每隔50m设置支管和阀门	查现场	《煤矿安全规程》第二百四十九条
		（2）装有带式输送机的井筒兼作风井使用时，有自动报警灭火装置、防尘措施，敷设消防管路	查资料和现场	《煤矿安全规程》第一百四十五条
		（3）机头前后两端各20m范围内，用不燃性材料支护	查现场	《煤矿安全规程》第二百五十二条
14	灭火器材	（1）有灭火器材，其数量、规格和存放地点，在灾害预防和处理计划中确定	查资料	《煤矿安全规程》第二百五十七条
		（2）每季度对消防器材的设置情况进行1次检查		《煤矿安全规程》第二百五十八条

二、作业环境

序号	检查内容	标准要求	检查方法	检查依据
1	有害气体的浓度	（1）一氧化碳最高允许浓度0.0024% （2）氧化氮最高允许浓度0.00025% （3）二氧化硫最高允许浓度0.0005% （4）硫化氢最高允许浓度0.00066% （5）氨最高允许浓度0.004%	查资料和现场	《煤矿安全规程》第一百三十五条
2	风流速度	（1）最低允许风速0.25m/s，最高允许风速6m/s	查资料和现场	《煤矿安全规程》第一百三十六条
		（2）装有带式输送机的井筒兼作风井使用时，风速不超过4m/s		《煤矿安全规程》第一百四十五条
3	空气温度	进风井口以下的空气温度（干球温度）在2℃以上	查资料和现场	《煤矿安全规程》第一百三十七条

续表

序号	检查内容	标准要求	检查方法	检查依据
4	井巷（包括管、线、电缆）与输送机最突出部分之间的最小间距	最小间距不小于 0.5m，机头和机尾处与巷帮支护的距离不得小于 0.7m	查现场	《煤矿安全规程》第九十条
5	甲烷传感器设置	滚筒上方设置甲烷传感器	查现场	《煤矿安全规程》第四百九十八条
6	安全监控设备检测试验	（1）每月至少调校、测试 1 次 （2）采用载体催化元件的甲烷传感器每 15 天使用标准气样和空气样在设备设置地点至少调校 1 次，并有调校记录 （3）甲烷电闭锁和风电闭锁功能每 15 天测试 1 次，其中，对可能造成局部通风机停电的，每半年测试 1 次，并有测试签字记录	查资料	《煤矿安全生产标准化基本要求及评分办法》
7	防尘供水系统	（1）吊挂平直，不漏水 （2）管路三通阀门便于操作 （3）运煤（矸）转载点设有喷雾装置	查现场	《煤矿安全生产标准化基本要求及评分办法》
8	风流净化水幕	（1）至少设置 2 道 （2）喷射混凝土时，在回风侧 100m 范围内至少安设 2 道净化水幕	查资料和现场	煤矿井下粉尘综合防治技术规范（AQ1020－2006）
		（3）距工作面 50m 范围内设置一道自动控制风流净化水幕		《煤矿安全生产标准化基本要求及评分办法》
9	巷道冲洗	（1）每月至少冲洗 1 次	查资料和现场	《煤矿安全生产标准化基本要求及评分办法》
		（2）距工作面 20m 范围的巷道每班至少冲洗一次，20m 外的每旬至少冲洗一次 （3）巷道中无连续长 5m、厚度超过 2mm 的煤尘堆积		煤矿井下粉尘综合防治技术规范（AQ1020－2006）

三、工作岗位

序号	检查内容	标准要求	检查方法	检查依据
1	个体防护	佩戴矿灯、自救器、橡胶安全帽（或玻璃钢安全帽）、防尘口罩、防冲击眼护具、布手套、胶面防砸安全靴、耳塞、耳罩等	查资料和现场	煤矿职业安全卫生个体防护用品配备标准(AQ1051)
2	岗位安全生产责任制	严格执行本岗位安全生产责任制，掌握本岗位相应的操作规程和安全措施，操作规范	查资料和现场	《煤矿安全生产标准化基本要求及评分办法》
3	安全确认	作业前进行安全确认	查现场	《煤矿安全生产标准化基本要求及评分办法》
4	带式输送机运输	（1）严禁用带式输送机等运输爆炸物品 （2）输送机运转时不能打开检查孔 （3）严禁在输送机运行时润滑 （4）输送机正常停机前，需将物料全部卸完，方可切断电源	查现场	《煤矿安全规程》第三百四十一条 煤矿用带式输送机安全规范（GB 22340-2008）
5	电缆敷设	（1）水平巷道或倾角在30°以下的井巷中，电缆采用吊钩悬挂 （2）倾角在30°以上的井巷中，电缆采用夹子、卡箍或者其他夹持装置进行敷设。夹持装置应当能承受电缆重量，并不得损伤电缆 （3）有适当的弛度，能在意外受力时自由坠落 （4）悬挂高度能保证电缆坠落时不落在输送机上 （5）电缆悬挂点间距不超过3m	查现场	《煤矿安全规程》第四百六十四条

续表

序号	检查内容	标准要求	检查方法	检查依据
5	电缆敷设	(6) 电缆不悬挂在管道上，不淋水，无悬挂任何物件 (7) 电缆与压风管、供水管在巷道同一侧敷设时，敷设在管子上方，保持0.3m以上的距离 (8) 瓦斯抽采管路巷道内，电缆（包括通信电缆）必须与瓦斯抽采管路分挂在巷道两侧 (9) 盘圈或者盘"8"字形的电缆不带电 (10) 通信和信号电缆与电力电缆分挂在井巷的两侧；条件不具备时，敷设在距电力电缆0.3m以外的地方 (11) 高、低压电力电缆敷设在巷道同一侧时，高、低压电缆之间的距离大于0.1m。高压电缆之间、低压电缆之间的距离不得小于50mm	查现场	《煤矿安全规程》第四百六十五条
		(12) 电缆穿过墙壁部分用套管保护，严密封堵管口		《煤矿安全规程》第四百六十七条
		(13) 橡套电缆接地芯线，除用作监测接地回路外，不得兼作他用		《煤矿安全规程》第四百八十条
6	电缆连接	(1) 电缆与电气设备连接时，电缆线芯使用齿形压线板（卡爪）、线鼻子或者快速连接器与电气设备进行连接 (2) 不同型电缆之间严禁直接连接，必须经过符合要求的接线盒、连接器或者母线盒进行连接。 (3) 橡套电缆的修补连接（包括绝缘、护套已损坏的橡套电缆的修补）采用阻燃材料进行硫化热补或者与热补有同等效能的冷补	查现场	《煤矿安全规程》第四百六十八条
7	安全监控系统	供电电源不接在被控开关的负荷侧	查现场	煤矿安全监控系统及检测仪器使用管理规范（AQ1029-2019）
8	电缆检查	(1) 高压电缆的泄漏和耐压试验每年1次 (2) 固定敷设电缆的绝缘和外部检查每季1次，每周由专职电工检查1次外部和悬挂情况	查资料和现场	《煤矿安全规程》第四百八十三条

序号	检查内容	标准要求	检查方法	检查依据
9	电气设备检查、维护和调整	（1）由电气维修工进行 （2）高压电气设备和线路的修理和调整工作，有工作票和施工措施 （3）高压停、送电的操作，根据书面申请或者其他联系方式，得到批准后，由专责电工执行	查资料和现场	《煤矿安全规程》第四百八十一条
		（4）防爆电气设备防爆性能遭受破坏时，立即处理或者更换		《煤矿安全规程》第四百八十二条
10	电气设备检查和调整周期	（1）使用中的防爆电气设备的防爆性能检查每月1次，每日应当由分片负责电工检查1次外部 （2）配电系统断电保护装置检查整定每6个月1次 （3）主要电气设备绝缘电阻的检查至少6个月1次	查资料和现场	《煤矿安全规程》第四百八十三条
11	安全监控系统检查及维修	（1）发生故障时，必须及时处理，在故障处理期间必须采用人工监测等安全措施，并填写故障记录	查资料和现场	《煤矿安全规程》第四百九十二条
		（2）每天检查安全监控设备及线缆是否正常		《煤矿安全规程》第四百九十三条
12	井筒维修	（1）制定井巷维修制度，保证通风、运输畅通和行人安全	查资料和现场	《煤矿安全规程》第一百二十五条
		（2）井筒大修时编制施工组织设计 （3）维修井巷支护时有安全措施 （4）扩大和维修井巷时有冒顶堵塞井巷时保证人员撤退的出口 （5）维修锚网井巷时，施工地点有临时支护和防止失修范围扩大的措施		《煤矿安全规程》第一百二十六条
		（6）修复旧井巷时，首先检查瓦斯。瓦斯积聚时，必须按规定排放，只有在回风流中甲烷浓度不超过1.0%、二氧化碳浓度不超过1.5%、一氧化碳最高允许浓度0.0024%、氧化氮最高允许浓度0.00025%、二氧化硫最高允许浓度0.0005%、硫化氢最高允许浓度0.00066%、氨最高允许浓度0.004%时，才能作业		《煤矿安全规程》第一百二十七条

序号	检查内容	标准要求	检查方法	检查依据
13	电焊、气焊和喷灯焊接作业	（1）制定安全措施，由矿长批准 （2）指定专人在场检查和监督 （3）地点的前后两端各 10m 的井巷范围内，应当是不燃性材料支护，有供水管路，有专人负责喷水，焊接前清理或者隔离焊渣飞溅区域内的可燃物 （4）至少备有 2 个灭火器 （5）在工作地点下方用不燃性材料设施接收火星 （6）工作地点的风流中甲烷浓度不得超过 0.5%，只有在检查证明作业地点附近 20m 范围内巷道顶部和支护背板后无瓦斯积存时，方可进行作业 （7）作业完毕后，作业地点应当再次用水喷洒，有专人在作业地点检查 1h，发现异常，立即处理	查资料和现场	《煤矿安全规程》第二百五十四条

第四节　串车斜井（平硐）井筒现场监督检查及处理

一、设备设施

序号	检查内容	标准要求	检查方法	检查依据
1	轨道	同一线路使用同一型号钢轨，道岔的钢轨型号不低于线路的钢轨型号	查资料	《煤矿安全规程》第三百八十条
2	跑车防护装置	（1）安设能够将运行中断绳、脱钩的车辆阻止住的跑车防护装置 （2）变坡点下方略大于 1 列车长度的地点，设置挡车栏 （3）挡车装置和跑车防护装置是常开状态并闭锁	查现场	《煤矿安全规程》第三百八十七条

续表

序号	检查内容	标准要求	检查方法	检查依据
3	提升信号装置	(1) 装有从井底信号工发给井口信号工和从井口信号工发给司机的信号装置 (2) 有备用信号装置 (3) 井底车场与井口之间、井口与司机操控台之间装设直通电话 (4) 1套装置服务多个水平时，从各水平发出的信号必须有区别	查资料和现场	《煤矿安全规程》第四百零三条
4	照明和信号的配电装置	具有短路、过负荷和漏电保护的照明信号综合保护功能	查资料和现场	《煤矿安全规程》第四百七十四条
5	安全监控系统	(1) 有安全监控系统	查资料和现场	《煤矿安全规程》第四百八十七条
		(2) 主干线缆分设两条，从不同的井筒或者一个井筒保持一定间距的不同位置进入井下		《煤矿安全规程》第四百八十九条
		(3) 有故障闭锁、甲烷电闭锁和风电闭锁功能；有断电、馈电状态监测和报警功能		《煤矿安全规程》第四百九十条
6	人员位置监测系统	有人员位置监测系统	查资料和现场	《煤矿安全规程》第四百八十七条
7	有线调度通信系统	(1) 有线调度通信系统	查资料和现场	《煤矿安全规程》第四百八十七条
		(2) 有线调度通信电缆必须专用		《煤矿安全规程》第四百八十九条
8	消防管路系统	每隔100m设置支管和阀门	查现场	《煤矿安全规程》第二百四十九条
9	灭火器材	(1) 有灭火器材，其数量、规格和存放地点，在灾害预防和处理计划中确定	查资料	《煤矿安全规程》第二百五十七条
		(2) 每季度对消防器材的设置情况进行1次检查		《煤矿安全规程》第二百五十八条

二、作业环境

序号	检查内容	标准要求	检查方法	检查依据
1	有害气体的浓度	(1) 一氧化碳最高允许浓度 0.0024% (2) 氧化氮最高允许浓度 0.00025% (3) 二氧化硫最高允许浓度 0.0005% (4) 硫化氢最高允许浓度 0.00066% (5) 氨最高允许浓度 0.004%	查资料和现场	《煤矿安全规程》第一百三十五条
2	空气温度	进风井口以下的空气温度（干球温度）在 2℃以上	查资料和现场	《煤矿安全规程》第一百三十七条
3	提升速度	速度小于等于 5m/s	查资料和现场	《煤矿安全规程》第四百二十二条
4	风流速度	专为升降物料的井筒最高允许风速 12m/s	查资料和现场	《煤矿安全规程》第一百三十六条
5	井筒与各水平的连接处防火要求	井筒与各水平的连接处前后两端各 20m 范围内用不燃性材料支护	查现场	《煤矿安全规程》第二百五十二条
6	物料运送要求	(1) 运送物料时，开车前把钩工必须检查牵引车数、各车的连接和装载情况 (2) 牵引车数超过规定，连接不良，或者装载物料超重、超高、超宽或者偏载严重有翻车危险时，严禁发出开车信号 (3) 提升时严禁蹬钩、行人	查现场	《煤矿安全规程》第三百八十八条
7	安全监控设备检测试验	(1) 每月至少调校、测试 1 次 (2) 采用载体催化元件的甲烷传感器每 15 天使用标准气样和空气样在设备设置地点至少调校 1 次，并有调校记录 (3) 甲烷电闭锁和风电闭锁功能每 15 天测试 1 次，其中，对可能造成局部通风机停电的，每半年测试 1 次，并有测试签字记录	查资料	《煤矿安全生产标准化基本要求及评分办法》
8	防尘供水系统	(1) 吊挂平直，不漏水 (2) 管路三通阀门便于操作 (3) 运煤（矸）转载点设有喷雾装置	查现场	《煤矿安全生产标准化基本要求及评分办法》

续表

序号	检查内容	标准要求	检查方法	检查依据
9	风流净化水幕	（1）至少设置2道 （2）喷射混凝土时，在回风侧100m范围内至少安设2道净化水幕	查资料和现场	《煤矿安全生产标准化基本要求及评分办法》
		（3）距工作面50m范围内设置一道自动控制风流净化水幕		煤矿井下粉尘综合防治技术规范（AQ1020-2006）
10	巷道冲洗	（1）每月至少冲洗1次	查资料和现场	《煤矿安全生产标准化基本要求及评分办法》
		（2）距工作面20m范围的巷道每班至少冲洗一次，20m外的每旬至少冲洗一次 （3）巷道中无连续长5m、厚度超过2mm的煤尘堆积		煤矿井下粉尘综合防治技术规范（AQ1020-2006）

三、工作岗位

序号	检查内容	标准要求	检查方法	检查依据
1	个体防护	佩戴矿灯、自救器、橡胶安全帽（或玻璃钢安全帽）、防尘口罩、防冲击眼护具、布手套、胶面防砸安全靴、耳塞、耳罩等	查资料和现场	煤矿职业安全卫生个体防护用品配备标准(AQ1051)
2	岗位安全生产责任制	严格执行本岗位安全生产责任制，掌握本岗位相应的操作规程和安全措施，操作规范	查资料和现场	《煤矿安全生产标准化基本要求及评分办法》
3	安全确认	作业前进行安全确认	查现场	《煤矿安全生产标准化基本要求及评分办法》
4	爆炸物品运送	（1）电雷管和炸药分开运送 （2）交接班、人员上下井的时间内严禁运送爆炸物品	查现场	《煤矿安全规程》第三百三十九条

续表

序号	检查内容	标准要求	检查方法	检查依据
4	爆炸物品运送	(3) 炸药和电雷管在同一列车内运输时，装有炸药与装有电雷管的车辆之间，以及装有炸药或者装有电雷管的车辆与机车之间，用空车分别隔开，隔开长度不小于 3m (4) 电雷管装在专用的、带盖的、有木质隔板的车厢内，车厢内部有胶皮或者麻袋等软质垫层，并只放置 1 层爆炸物品箱 (5) 炸药箱装在矿车内时，堆放高度不超过矿车上缘。 (6) 运输炸药、电雷管的矿车或者车厢有专门的警示标识 (7) 由井下爆炸物品库负责人或者经过专门培训的人员专人护送 (8) 跟车工、护送人员和装卸人员坐在尾车内，严禁其他人员乘车 (9) 行驶速度不得超过 2m/s (10) 不同时运送其他物品	查现场	《煤矿安全规程》第三百四十条
		(11) 钢丝绳牵引的车辆运送爆炸物品，炸药和电雷管分开运输，运输速度不超过 1m/s，运送电雷管的车辆加盖、加垫，车厢内以软质垫物塞紧		《煤矿安全规程》第三百四十一条
5	井筒维修	(1) 制定井巷维修制度，保证通风、运输畅通和行人安全	查资料和现场	《煤矿安全规程》第一百二十五条
		(2) 井筒大修时编制施工组织设计 (3) 维修井巷支护时有安全措施 (4) 扩大和维修井巷时有冒顶堵塞井巷时保证人员撤退的出口 (5) 维修锚网井巷时，施工地点有临时支护和防止失修范围扩大的措施		《煤矿安全规程》第一百二十六条
		(6) 修复旧井巷时，首先检查瓦斯。瓦斯积累时，必须按规定排放，只有在回风流中甲烷浓度不超过 1.0%、二氧化碳浓度不超过 1.5%、一氧化碳最高允许浓度 0.0024%、氧化氮最高允许浓度 0.00025%、二氧化硫最高允许浓度 0.0005%、硫化氢最高允许浓度 0.00066%、氨最高允许浓度 0.004% 时，才能作业		《煤矿安全规程》第一百二十七条

续表

序号	检查内容	标准要求	检查方法	检查依据
6	电焊、气焊和喷灯焊接作业	（1）制定安全措施，由矿长批准 （2）指定专人在场检查和监督 （3）地点的前后两端各 10m 的井巷范围内，应当是不燃性材料支护，有供水管路，有专人负责喷水，焊接前清理或者隔离焊渣飞溅区域内的可燃物 （4）至少备有 2 个灭火器 （5）在工作地点下方用不燃性材料设施接收火星 （6）工作地点的风流中甲烷浓度不得超过 0.5%，只有在检查证明作业地点附近 20m 范围内巷道顶部和支护背板后无瓦斯积存时，方可进行作业 （7）作业完毕后，作业地点应当再次用水喷洒，有专人在作业地点检查 1h，发现异常，立即处理	查资料和现场	《煤矿安全规程》第二百五十四条

第五节　架空乘人装置斜井（平硐）井筒现场监督检查及处理

一、设备设施

序号	检查内容	标准要求	检查方法	检查依据
1	架空乘人装置	(1) 设置乘人间距提示或者保护装置（除固定抱索器之外） (2) 设置调速装置(运行速度超过1.4m/s时) (3) 设置失效安全型工作制动装置和安全制动装置，安全制动装置设置在驱动轮上，制动力为额定牵引力的1.5～2倍 (4) 装设超速、打滑、全程急停、防脱绳、变坡点防掉绳、张紧力下降、越位等保护 (5) 有断轴保护措施 (6) 减速器设置油温检测装置 (7) 沿线设置延时启动声光预警信号 (8) 各上下人地点设置信号通信装置 (9) 设置电气闭锁，采取可靠的隔离措施（架空乘人装置与轨道提升系统同巷布置）	查现场	《煤矿安全规程》第三百八十三条

续表

序号	检查内容	标准要求	检查方法	检查依据
2	安全防护设施	有防止人员、物料坠落的设施	查资料和现场	《煤矿安全规程》第一百三十三条
3	电缆	(1) 主线芯截面满足供电线路负荷要求 (2) 有供保护接地用的足够截面的导体 (3) 固定敷设的高压电缆，井筒倾角为45°及其以上时，采用矿用粗钢丝铠装电力电缆；倾角为45°以下时，采用煤矿用钢带或者细钢丝铠装电力电缆 (4) 固定敷设的低压电缆，采用煤矿用铠装或者非铠装电力电缆或者对应电压等级的煤矿用橡套软电缆 (5) 非固定敷设的高低压电缆，采用煤矿用橡套软电缆	查资料	《煤矿安全规程》第四百六十三条
4	照明和信号的配电装置	具有短路、过负荷和漏电保护的照明信号综合保护功能	查资料和现场	《煤矿安全规程》第四百七十四条
5	安全监控系统	(1) 有安全监控系统	查资料和现场	《煤矿安全规程》第四百八十七条
		(2) 主干线缆分设两条，从不同的井筒或者一个井筒保持一定间距的不同位置进入井下		《煤矿安全规程》第四百八十九条
		(3) 有故障闭锁、甲烷电闭锁和风电闭锁功能；有断电、馈电状态监测和报警功能		《煤矿安全规程》第四百九十条
6	人员位置监测系统	有人员位置监测系统	查资料和现场	《煤矿安全规程》第四百八十七条
7	有线调度通信系统	(1) 有线调度通信系统	查资料和现场	《煤矿安全规程》第四百八十七条
		(2) 有线调度通信电缆必须专用		《煤矿安全规程》第四百八十九条
8	消防管路系统	井巷内每隔100m设置支管和阀门	查现场	《煤矿安全规程》第二百四十九条

序号	检查内容	标准要求	检查方法	检查依据
9	灭火器材	有灭火器材，其数量、规格和存放地点，在灾害预防和处理计划中确定	查资料	《煤矿安全规程》第二百五十七条
		每季度对消防器材的设置情况进行 1 次检查		《煤矿安全规程》第二百五十八条

二、作业环境

序号	检查内容	标准要求	检查方法	检查依据
1	人行道宽度	（1）高度不小于 1.8m	查现场	煤矿巷道断面和交岔点设计规范（GB 50419－2017）
		（2）宽度大于等于 1m；小于 1m 时，制定专项安全技术措施，严格执行"行人不行车，行车不行人"的规定		《煤矿安全规程》第九十一条
2	管道吊挂高度	不低于 1.8m	查现场	《煤矿安全规程》第九十一条
3	有害气体的浓度	（1）一氧化碳最高允许浓度 0.0024% （2）氧化氮最高允许浓度 0.00025% （3）二氧化硫最高允许浓度 0.0005% （4）硫化氢最高允许浓度 0.00066% （5）氨最高允许浓度 0.004%	查资料和现场	《煤矿安全规程》第一百三十五条
4	风流速度	允许风速不超过 8m/s	查资料和现场	《煤矿安全规程》第一百三十六条
5	空气温度	进风井口以下的空气温度（干球温度）在 2℃以上	查资料和现场	《煤矿安全规程》第一百三十七条
6	运输巷道与架空乘人装置突出部分之间的最小间距	（1）吊椅中心至巷道一侧突出部分的距离不小于 0.7m；双向同时运送人员时，钢丝绳间距不得小于 0.8m （2）固定抱索器的钢丝绳间距不小于 1.0m （3）吊椅距底板的高度不小于 0.2m，上下人站处不大于 0.5m	查资料和现场	《煤矿安全规程》第三百八十三条

续表

序号	检查内容	标准要求	检查方法	检查依据
7	乘坐间距	不小于牵引钢丝绳 5s 的运行距离，且不得小于 6m	查现场	《煤矿安全规程》第三百八十三条
8	运行坡度	固定抱索器最大运行坡度不超过 28°，可摘挂抱索器最大运行坡度不超过 25°	查资料	《煤矿安全规程》第三百八十三条
9	运行速度	（1）28≥θ>25，固定抱索器速度≤0.8m/s （2）25≥θ>20，固定抱索器速度≤1.2m/s，可摘挂抱索器速度≤1.2m/s （3）20≥θ>14，固定抱索器速度≤1.2m/s，可摘挂抱索器速度≤1.4m/s （4）θ≤14，固定抱索器速度≤1.2m/s，可摘挂抱索器速度≤1.7m/s （5）运行速度超过 1.4m/s 时，设置调速装置，实现静止状态上下人员，严禁人员在非乘人站上下	查资料和现场	《煤矿安全规程》第三百八十三条
10	乘人站	（1）设上下人平台 （2）乘人平台处钢丝绳距巷道壁不小于 1m （3）路面应当进行防滑处理	查资料和现场	《煤矿安全规程》第三百八十三条
11	照明设施	照明灯的间距不得大于 30m	查资料和现场	《煤矿安全规程》第四百六十九条
12	安全监控设备检测试验	（1）每月至少调校、测试 1 次 （2）采用载体催化元件的甲烷传感器每 15 天使用标准气样和空气样在设备设置地点至少调校 1 次，并有调校记录 （3）甲烷电闭锁和风电闭锁功能每 15 天测试 1 次，其中，对可能造成局部通风机停电的，每半年测试 1 次，并有测试签字记录	查资料	《煤矿安全生产标准化基本要求及评分办法》
13	防尘供水系统	（1）吊挂平直，不漏水 （2）管路三通阀门便于操作 （3）运煤（矸）转载点设有喷雾装置	查现场	《煤矿安全生产标准化基本要求及评分办法》
14	风流净化水幕	（1）至少设置 2 道 （2）喷射混凝土时，在回风侧 100m 范围内至少安设 2 道净化水幕	查资料和现场	《煤矿安全生产标准化基本要求及评分办法》

续表

序号	检查内容	标准要求	检查方法	检查依据
14	风流净化水幕	（3）距工作面 50m 范围内设置一道自动控制风流净化水幕	查资料和现场	煤矿井下粉尘综合防治技术规范（AQ1020－2006）
15	巷道冲洗	（1）每月至少冲洗 1 次	查资料和现场	《煤矿安全生产标准化基本要求及评分办法》
		（2）距工作面 20m 范围的巷道每班至少冲洗一次，20m 外的每旬至少冲洗一次 （3）巷道中无连续长 5m、厚度超过 2mm 的煤尘堆积		煤矿井下粉尘综合防治技术规范（AQ1020－2006）

三、工作岗位

序号	检查内容	标准要求	检查方法	检查依据
1	个体防护	佩戴矿灯、自救器、橡胶安全帽（或玻璃钢安全帽）、防尘口罩、防冲击眼护具、布手套、胶面防砸安全靴、耳塞、耳罩等	查资料和现场	煤矿职业安全卫生个体防护用品配备标准(AQ1051)
2	岗位安全生产责任制	严格执行本岗位安全生产责任制，掌握本岗位相应的操作规程和安全措施，操作规范	查资料和现场	《煤矿安全生产标准化基本要求及评分办法》
3	安全确认	作业前进行安全确认	查现场	《煤矿安全生产标准化基本要求及评分办法》
4	安全保护装置操作	安全保护装置发生保护动作后，需经人工复位，方可重新启动	查现场	《煤矿安全规程》第三百八十三条
5	安全监控系统	供电电源不接在被控开关的负荷侧	查现场	煤矿安全监控系统及检测仪器使用管理规范（AQ1029－2019）

续表

序号	检查内容	标准要求	检查方法	检查依据
6	架空乘人装置检查	（1）每日至少对整个装置进行1次检查	查现场	《煤矿安全规程》第三百八十三条
		（2）每年至少对整个装置进行1次安全检测检验	查资料	
7	电缆敷设	（1）水平巷道或倾角在30°以下的井巷中，电缆采用吊钩悬挂 （2）倾角在30°及以上的井巷中，电缆采用夹子、卡箍或者其他夹持装置进行敷设。夹持装置应当能承受电缆重量，并不得损伤电缆 （3）有适当的弛度，能在意外受力时自由坠落 （4）悬挂高度能保证电缆坠落时不落在输送机上 （5）电缆悬挂点间距不超过3m	查现场	《煤矿安全规程》第四百六十四条
		（6）电缆不悬挂在管道上，不淋水，无悬挂任何物件 （7）电缆与压风管、供水管在巷道同一侧敷设时，敷设在管子上方，保持0.3m以上的距离 （8）瓦斯抽采管路巷道内，电缆（包括通信电缆）必须与瓦斯抽采管路分挂在巷道两侧 （9）盘圈或者盘"8"字形的电缆不带电 （10）通信和信号电缆与电力电缆分挂在井巷的两侧；条件不具备时，敷设在距电力电缆0.3m以外的地方 （11）高、低压电力电缆敷设在巷道同一侧时，高、低压电缆之间的距离大于0.1m。高压电缆之间、低压电缆之间的距离不得小于50mm		《煤矿安全规程》第四百六十五条
		（12）电缆穿过墙壁部分用套管保护，严密封堵管口		《煤矿安全规程》第四百六十七条
		（13）橡套电缆接地芯线，除用作监测接地回路外，不得兼作他用		《煤矿安全规程》第四百八十条

序号	检查内容	标准要求	检查方法	检查依据
8	电缆连接	（1）电缆与电气设备连接时，电缆线芯使用齿形压线板（卡爪）、线鼻子或者快速连接器与电气设备进行连接 （2）不同型电缆之间严禁直接连接，必须经过符合要求的接线盒、连接器或者母线盒进行连接。 （3）橡套电缆的修补连接（包括绝缘、护套已损坏的橡套电缆的修补）采用阻燃材料进行硫化热补或者与热补有同等效能的冷补	查现场	《煤矿安全规程》第四百六十八条
9	电缆检查周期	（1）高压电缆的泄漏和耐压试验每年1次 （2）固定敷设电缆的绝缘和外部检查每季1次，每周由专职电工检查1次外部和悬挂情况	查资料和现场	《煤矿安全规程》第四百八十三条
10	电气设备检查、维护和调整	（1）由电气维修工进行 （2）高压电气设备和线路的修理和调整工作，有工作票和施工措施 （3）高压停、送电的操作，根据书面申请或者其他联系方式，得到批准后，由专责电工执行	查资料和现场	《煤矿安全规程》第四百八十一条
		（4）防爆电气设备防爆性能遭受破坏时，立即处理或者更换		《煤矿安全规程》第四百八十二条
11	电气设备检查和调整周期	（1）使用中的防爆电气设备的防爆性能检查每月1次，每日应当由分片负责电工检查1次外部 （2）配电系统断电保护装置检查整定每6个月1次 （3）主要电气设备绝缘电阻的检查至少6个月1次	查资料和现场	《煤矿安全规程》第四百八十三条
12	安全监控系统检查及维修	（1）发生故障时，必须及时处理，在故障处理期间必须采用人工监测等安全措施，并填写故障记录	查资料和现场	《煤矿安全规程》第四百九十二条
		（2）每天检查安全监控设备及线缆是否正常		《煤矿安全规程》第四百九十三条

序号	检查内容	标准要求	检查方法	检查依据
13	井筒维修	（1）制定井巷维修制度，保证通风、运输畅通和行人安全	查资料和现场	《煤矿安全规程》第一百二十五条
		（2）井筒大修时编制施工组织设计 （3）维修井巷支护时有安全措施 （4）扩大和维修井巷时有冒顶堵塞井巷时，保证人员撤退的出口 （5）维修锚网井巷时，施工地点有临时支护和防止失修范围扩大的措施		《煤矿安全规程》第一百二十六条
		（6）修复旧井巷时，首先检查瓦斯。瓦斯积聚时，必须按规定排放，只有在回风流中甲烷浓度不超过 1.0%、二氧化碳浓度不超过 1.5%、一氧化碳最高允许浓度 0.0024%、氧化氮最高允许浓度 0.00025%、二氧化硫最高允许浓度 0.0005%、硫化氢最高允许浓度 0.00066%、氨最高允许浓度 0.004% 时，才能作业		《煤矿安全规程》第一百二十七条
14	电焊、气焊和喷灯焊接作业	（1）制定安全措施，由矿长批准 （2）指定专人在场检查和监督 （3）地点的前后两端各 10m 的井巷范围内，应当是不燃性材料支护，有供水管路，有专人负责喷水，焊接前清理或者隔离焊渣飞溅区域内的可燃物 （4）至少备有 2 个灭火器 （5）在工作地点下方用不燃性材料设施接收火星 （6）工作地点的风流中甲烷浓度不得超过 0.5%，只有在检查证明作业地点附近 20m 范围内巷道顶部和支护背板后无瓦斯积存时，方可进行作业 （7）作业完毕后，作业地点应当再次用水喷洒，有专人在作业地点检查 1h，如发现异常，立即处理	查资料和现场	《煤矿安全规程》第二百五十四条

序号	检查内容	标准要求	检查方法	检查依据
15	人力运送爆炸物品	（1）电雷管由爆破工亲自运送，炸药由爆破工或者在爆破工监护下运送 （2）爆炸物品装在耐压和抗撞冲、防震、防静电的非金属容器内，不得将电雷管和炸药混装 （3）爆炸物品严禁装在衣袋内 （4）领到爆炸物品后，应当直接送到工作地点，严禁中途逗留 （5）在交接班、人员上下井的时间内，严禁携带爆炸物品人员沿井筒上下	查现场	《煤矿安全规程》第三百四十二条
16	架空乘人装置运送爆炸物品	严禁同时运送携带爆炸物品的人员	查现场	《煤矿安全规程》第三百八十三条
17	剩油、废油处置	（1）无存放汽油、煤油 （2）剩油、废油无泼洒在井巷内	查资料和现场	《煤矿安全规程》第二百五十五条

第六节　单轨吊乘人斜井（平硐）井筒
现场监督检查及处理

一、设备设施

序号	检查内容	标准要求	检查方法	检查依据
1	柴油机和蓄电池单轨吊车	（1）安全制动和停车制动装置为失效安全型，制动力为额定牵引力的1.5~2倍 （2）设置既可手动又能自动的安全闸 （3）具备2路以上相对独立回油的制动系统 （4）设置超速保护装置 （5）配备通信装置	查资料	《煤矿安全规程》第三百九十条
		（6）使用人车车厢 （7）两端设置制动装置，两侧设置防护装置	查现场	《煤矿安全规程》第三百九十一条

序号	检查内容	标准要求	检查方法	检查依据
2	绳牵引单轨吊车	（1）安全制动和停车制动装置为失效安全型，制动力为额定牵引力的 1.5～2 倍 （2）设置既可手动又能自动的安全闸 （3）设置越位、超速、张紧力下降等保护 （4）设有跟车工时，必须设置跟车工与牵引绞车司机联络用的信号和通信装置 （5）在驱动部设置行车报警和信号装置	查资料	《煤矿安全规程》第三百九十条
3	照明和信号的配电装置	具有短路、过负荷和漏电保护的照明信号综合保护功能	查资料和现场	《煤矿安全规程》第四百七十四条
4	安全监控系统	（1）有安全监控系统	查资料和现场	《煤矿安全规程》第四百八十七条
		（2）主干线缆分设两条，从不同的井筒或者一个井筒保持一定间距的不同位置进入井下		《煤矿安全规程》第四百八十九条
		（3）有故障闭锁、甲烷电闭锁和风电闭锁功能；断电、馈电状态监测和报警功能		《煤矿安全规程》第四百九十条
5	人员位置监测系统	有人员位置监测系统	查资料和现场	《煤矿安全规程》第四百八十七条
6	有线调度通信系统	（1）有线调度通信系统	查资料和现场	《煤矿安全规程》第四百八十七条
		（2）有线调度通信电缆必须专用		《煤矿安全规程》第四百八十九条
7	消防管路系统	井巷内每隔100m 设置支管和阀门	查现场	《煤矿安全规程》第二百四十九条
8	灭火器材	（1）有灭火器材，其数量、规格和存放地点，在灾害预防和处理计划中确定	查资料	《煤矿安全规程》第二百五十七条
		（2）每季度对消防器材的设置情况进行1次检查		《煤矿安全规程》第二百五十八条

二、作业环境

序号	检查内容	标准要求	检查方法	检查依据
1	有害气体的浓度	（1）一氧化碳最高允许浓度 0.0024% （2）氧化氮最高允许浓度 0.00025% （3）二氧化硫最高允许浓度 0.0005% （4）硫化氢最高允许浓度 0.00066% （5）氨最高允许浓度 0.004%	查资料和现场	《煤矿安全规程》第一百三十五条
2	风流速度	允许风速不超过 8m/s	查资料和现场	《煤矿安全规程》第一百三十六条
3	空气温度	进风井口以下的空气温度（干球温度）在 2℃以上	查资料和现场	《煤矿安全规程》第一百三十七条
4	运输巷道与单轨吊车最突出部分之间的最小间距	（1）顶部≥0.5m （2）两侧≥0.85m	查现场	《煤矿安全规程》第九十条
5	人行道宽度	（1）高度不小于 1.8m	查现场	煤矿巷道断面和交岔点设计规范（GB 50419－2017）
		（2）宽度大于等于 1m；小于 1m 时，制定专项安全技术措施，严格执行"行人不行车，行车不行人"的规定		《煤矿安全规程》第九十一条
6	管道吊挂高度	不低于 1.8m	查现场	《煤矿安全规程》第九十一条
7	对开两车最突出部分之间的距离	不小于 0.8m	查现场	《煤矿安全规程》第九十二条
8	运行坡度	（1）柴油机单轨吊车运行巷道坡度不大于25° （2）蓄电池单轨吊车运行巷道坡度不大于15° （3）钢丝绳单轨吊车运行巷道坡度不大于25°	查资料	《煤矿安全规程》第三百九十一条

续表

序号	检查内容	标准要求	检查方法	检查依据
9	安全监控设备检测试验	（1）每月至少调校、测试1次 （2）采用载体催化元件的甲烷传感器每15天使用标准气样和空气样在设备设置地点至少调校1次，并有调校记录 （3）甲烷电闭锁和风电闭锁功能每15天测试1次，其中，对可能造成局部通风机停电的，每半年测试1次，并有测试签字记录	查资料	《煤矿安全生产标准化基本要求及评分办法》

三、工作岗位

序号	检查内容	标准要求	检查方法	检查依据
1	个体防护	佩戴矿灯、自救器、橡胶安全帽（或玻璃钢安全帽）、防尘口罩、防冲击眼护具、布手套、胶面防砸安全靴、耳塞、耳罩等	查资料和现场	煤矿职业安全卫生个体防护用品配备标准（AQ1051）
2	岗位安全生产责任制	严格执行本岗位安全生产责任制，掌握本岗位相应的操作规程和安全措施，操作规范	查资料和现场	《煤矿安全生产标准化基本要求及评分办法》
3	安全确认	作业前进行安全确认	查现场	《煤矿安全生产标准化基本要求及评分办法》
4	绳牵引单轨吊车	（1）卡轨或者护轨装置采用具有制动功能的专用乘人装置，设置跟车工 （2）制动装置必须定期试验 （3）运行时绳道内严禁有人 （4）车辆脱轨后复轨时，必须先释放牵引钢丝绳的弹性张力。人员严禁在脱轨车辆的前方或者后方工作。 （5）运行速度超过额定速度30%时，能自动施闸；施闸时的空动时间不大于0.7s （6）在最大载荷最大坡度上以最大设计速度向下运行时，制动距离应当不超过相当于在这一速度下6s的行程	查资料和现场	《煤矿安全规程》第三百九十条
		（7）有防止淋水侵蚀轨道的措施 （8）严禁在巷道弯道内侧设置人行道	查现场	《煤矿安全规程》第三百九十一条

续表

序号	检查内容	标准要求	检查方法	检查依据
5	起吊下放作业	起吊或者下放设备、材料时,人员严禁在起吊梁两侧	查现场	《煤矿安全规程》第三百九十一条
6	机车运行	过风门、道岔、弯道时,必须确认安全,方可缓慢通过	查现场	《煤矿安全规程》第三百九十一条
7	单轨吊车检修	在平巷内进行	查现场	《煤矿安全规程》第三百九十一条
8	电缆敷设	(1) 水平巷道或倾角在30°以下的井巷中,电缆采用吊钩悬挂 (2) 倾角在30°及以上的井巷中,电缆采用夹子、卡箍或者其他夹持装置进行敷设。夹持装置应当能承受电缆重量,并不得损伤电缆 (3) 有适当的弛度,能在意外受力时自由坠落 (4) 悬挂高度能保证电缆坠落时不落在输送机上 (5) 电缆悬挂点间距不超过3m	查现场	《煤矿安全规程》第四百六十四条
		(6) 电缆不悬挂在管道上,不淋水,无悬挂任何物件 (7) 电缆与压风管、供水管在巷道同一侧敷设时,敷设在管子上方,保持0.3m以上的距离 (8) 瓦斯抽采管路巷道内,电缆(包括通信电缆)必须与瓦斯抽采管路分挂在巷道两侧 (9) 盘圈或者盘"8"字形的电缆不带电 (10) 通信和信号电缆与电力电缆分挂在井巷的两侧;条件不具备时,敷设在距电力电缆0.3m以外的地方 (11) 高、低压电力电缆敷设在巷道同一侧时,高、低压电缆之间的距离大于0.1m。高压电缆之间、低压电缆之间的距离不得小于50mm		《煤矿安全规程》第四百六十五条
		(12) 电缆穿过墙壁部用套管保护,严密封堵管口		《煤矿安全规程》第四百六十七条
		(13) 橡套电缆接地芯线,除用作监测接地回路外,不得兼作他用		《煤矿安全规程》第四百八十条

续表

序号	检查内容	标准要求	检查方法	检查依据
9	电缆连接	（1）电缆与电气设备连接时，电缆线芯使用齿形压线板（卡爪）、线鼻子或者快速连接器与电气设备进行连接 （2）不同型电缆之间严禁直接连接，必须用经过符合要求的接线盒、连接器或者母线盒进行连接。 （3）橡套电缆的修补连接（包括绝缘、护套已损坏的橡套电缆的修补）采用阻燃材料进行硫化热补或者与热补有同等效能的冷补	查现场	《煤矿安全规程》第四百六十八条
10	电缆检查周期	（1）高压电缆的泄漏和耐压试验每年1次 （2）固定敷设电缆的绝缘和外部检查每季1次，每周由专职电工检查1次外部和悬挂情况	查资料和现场	《煤矿安全规程》第四百八十三条
11	电气设备检查、维护和调整	（1）由电气维修工进行 （2）高压电气设备和线路的修理和调整工作，有工作票和施工措施 （3）高压停、送电的操作，根据书面申请或者其他联系方式，得到批准后，由专责电工执行	查资料和现场	《煤矿安全规程》第四百八十一条
		（4）防爆电气设备防爆性能遭受破坏时，立即处理或者更换		《煤矿安全规程》第四百八十二条
12	电气设备检查和调整周期	（1）使用中的防爆电气设备的防爆性能检查每月1次，每日应当由分片负责电工检查1次外部 （2）主要电气设备绝缘电阻的检查至少6个月1次 （3）配电系统断电保护装置检查整定每6个月1次	查资料和现场	《煤矿安全规程》第四百八十三条
13	安全监控系统安装	供电电源不接在被控开关的负荷侧	查现场	煤矿安全监控系统及检测仪器使用管理规范（AQ1029－2019）
14	安全监控系统检查及维修	（1）发生故障时，必须及时处理，在故障处理期间必须采用人工监测等安全措施，并填写故障记录	查资料和现场	《煤矿安全规程》第四百九十二条
		（2）每天检查安全监控设备及线缆是否正常		《煤矿安全规程》第四百九十三条

序号	检查内容	标准要求	检查方法	检查依据
15	井筒维修	（1）制定井巷维修制度，保证通风、运输畅通和行人安全	查资料和现场	《煤矿安全规程》第一百二十五条
		（2）井筒大修时编制施工组织设计 （3）维修井巷支护时有安全措施 （4）扩大和维修井巷时有冒顶堵塞井巷时，保证人员撤退的出口 （5）维修锚网井巷时，施工地点有临时支护和防止失修范围扩大的措施		《煤矿安全规程》第一百二十六条
		（6）修复旧井巷时，首先检查瓦斯。瓦斯积聚时，必须按规定排放，只有在回风流中甲烷浓度不超过 1.0%、二氧化碳浓度不超过 1.5%、一氧化碳最高允许浓度 0.0024%、氧化氮最高允许浓度 0.00025%、二氧化硫最高允许浓度 0.0005%、硫化氢最高允许浓度 0.00066%、氨最高允许浓度 0.004% 时，才能作业		《煤矿安全规程》第一百二十七条
16	电焊、气焊和喷灯焊接作业	（1）制定安全措施，由矿长批准 （2）指定专人在场检查和监督 （3）地点的前后两端各10m的井巷范围内，应当是不燃性材料支护，有供水管路，有专人负责喷水，焊接前清理或者隔离焊渣飞溅区域内的可燃物 （4）至少备有 2 个灭火器 （5）在工作地点下方用不燃性材料设施接收火星 （6）工作地点的风流中甲烷浓度不得超过0.5%，只有在检查证明作业地点附近20m范围内巷道顶部和支护背板后无瓦斯积存时，方可进行作业 （7）作业完毕后，作业地点应当再次用水喷洒，有专人在作业地点检查 1h，如发现异常，立即处理	查资料和现场	《煤矿安全规程》第二百五十四条

序号	检查内容	标准要求	检查方法	检查依据
17	人力运送爆炸物品	（1）电雷管由爆破工亲自运送，炸药由爆破工或者在爆破工监护下运送 （2）爆炸物品装在耐压和抗撞冲、防震、防静电的非金属容器内，不得将电雷管和炸药混装 （3）爆炸物品严禁装在衣袋内 （4）领到爆炸物品后，应当直接送到工作地点，严禁中途逗留 （5）在交接班、人员上下井的时间内，严禁携带爆炸物品人员沿井筒上下	查现场	《煤矿安全规程》第三百四十二条
18	架空乘人装置运送爆炸物品	严禁同时运送携带爆炸物品的人员	查现场	《煤矿安全规程》第三百八十三条
19	剩油、废油处置	（1）无存放汽油、煤油 （2）剩油、废油无泼洒在井巷内	查资料和现场	《煤矿安全规程》第二百五十五条

第七节　无轨胶轮车斜井（平硐）井筒现场监督检查及处理

一、设备设施

序号	检查内容	标准要求	检查方法	检查依据
1	无轨胶轮车	（1）矿用防爆型柴油动力装置具有发动机排气超温、冷却水超温、尾气水箱水位、润滑油压力等保护装置 （2）矿用防爆型柴油动力装置排气口的排气温度不得超过77℃，其表面温度不得超过150℃ （3）矿用防爆型柴油动力装置发动机壳体不采用铝合金制造；非金属部件具有阻燃和抗静电性能；油箱及管路采用不燃性材料制造；油箱最大容量不超过8h用油量 （4）矿用防爆型柴油动力装置冷却水温度不得超过95℃ （5）矿用防爆型柴油动力装置在正常运行条件下，尾气排放应满足规定	查资料	《煤矿安全规程》第三百七十八条

续表

序号	检查内容	标准要求	检查方法	检查依据
1	无轨胶轮车	（6）设置工作制动、紧急制动和停车制动，工作制动采用湿式制动器 （7）设置车前照明灯和尾部红色信号灯，配备灭火器和警示牌 （8）设置随车通信系统或者车辆位置监测系统	查现场	《煤矿安全规程》第三百九十二条
		（9）防爆、完好	查资料和现场	
2	照明和信号的配电装置	具有短路、过负荷和漏电保护的照明信号综合保护功能	查资料和现场	《煤矿安全规程》第四百七十四条
3	安全监控系统	（1）有安全监控系统	查资料和现场	《煤矿安全规程》第四百八十七条
		（2）主干线缆分设两条，从不同的井筒或者从一个井筒保持一定间距的不同位置进入井下		《煤矿安全规程》第四百八十九条
		（3）有故障闭锁、甲烷电闭锁和风电闭锁功能；有断电、馈电状态监测和报警功能		《煤矿安全规程》第四百九十条
4	人员位置监测系统	有人员位置监测系统	查资料和现场	《煤矿安全规程》第四百八十七条
5	有线调度通信系统	（1）有线调度通信系统	查资料和现场	《煤矿安全规程》第四百八十七条
		（2）有线调度通信电缆必须专用		《煤矿安全规程》第四百八十九条
6	消防管路系统	每隔100m设置支管和阀门	查现场	《煤矿安全规程》第二百四十九条
7	灭火器材	（1）有灭火器材，其数量、规格和存放地点，在灾害预防和处理计划中确定	查资料	《煤矿安全规程》第二百五十七条
		（2）每季度对消防器材的设置情况进行1次检查		《煤矿安全规程》第二百五十八条

续表

序号	检查内容	标准要求	检查方法	检查依据
8	防尘供水系统	（1）吊挂平直，不漏水 （2）管路三通阀门便于操作 （3）运煤（矸）转载点设有喷雾装置	查现场	《煤矿安全生产标准化基本要求及评分办法》
9	风流净化水幕	（1）至少设置2道 （2）喷射混凝土时，在回风侧100m范围内至少安设2道净化水幕	查资料和现场	《煤矿安全生产标准化基本要求及评分办法》
		（3）距工作面50m范围内设置一道自动控制风流净化水幕		煤矿井下粉尘综合防治技术规范（AQ1020-2006）
10	巷道冲洗	（1）每月至少冲洗1次	查资料和现场	《煤矿安全生产标准化基本要求及评分办法》
		（2）距工作面20m范围的巷道每班至少冲洗一次，20m外的每旬至少冲洗一次 （3）巷道中无连续长5m、厚度超过2mm的煤尘堆积		煤矿井下粉尘综合防治技术规范（AQ1020-2006）

二、作业环境

序号	检查内容	标准要求	检查方法	检查依据
1	有害气体的浓度	（1）一氧化碳最高允许浓度0.0024% （2）氧化氮最高允许浓度0.00025% （3）二氧化硫最高允许浓度0.0005% （4）硫化氢最高允许浓度0.00066% （5）氨最高允许浓度0.004%	查资料和现场	《煤矿安全规程》第一百三十五条
2	风流速度	允许风速不超过8m/s	查资料和现场	《煤矿安全规程》第一百三十六条
3	空气温度	进风井口以下的空气温度（干球温度）在2℃以上	查资料和现场	《煤矿安全规程》第一百三十七条

续表

序号	检查内容	标准要求	检查方法	检查依据
4	运输巷道与无轨胶轮车最突出部分之间的最小间距	顶部及两侧≥0.5m	查现场	《煤矿安全规程》第九十条
5	人行道宽度	（1）高度不小于1.8m	查现场	煤矿巷道断面和交岔点设计规范（GB 50419－2017）
		（2）宽度大于等于1m；小于1m时，制定专项安全技术措施，严格执行"行人不行车，行车不行人"的规定		《煤矿安全规程》第九十一条
6	管道吊挂高度	不低于1.8m	查现场	《煤矿安全规程》第九十一条
7	对开两车最突出部分之间的距离	（1）双车道会车时间距不小于0.5m（2）单车道根据运距、运量、运速及运输车辆特性，在巷道的合适位置设置机车绕行道或者错车硐室，并设置方向标识	查资料和现场	《煤矿安全规程》第九十二条
8	巷道和路面	（1）设置行车标识和交通管控信号（2）长坡段巷道内采取车辆失速安全措施（3）转弯处应当设置防撞装置（4）人员躲避硐室、车辆躲避硐室附近应当设置标识	查现场	《煤矿安全规程》第三百九十二条
9	照明设施	照明灯的间距不大于30m，巷道两侧安装有反光标识的不受此限	查现场	《煤矿安全规程》第四百六十九条
10	甲烷传感器（便携仪）的设置	矿用防爆型柴油机车、无轨胶轮车	查现场	《煤矿安全规程》第四百九十八条
11	安全监控设备检测试验	（1）每月至少调校、测试1次（2）采用载体催化元件的甲烷传感器每15天使用标准气样和空气样在设备设置地点至少调校1次，并有调校记录（3）甲烷电闭锁和风电闭锁功能每15天测试1次，其中，对可能造成局部通风机停电的，每半年测试1次，并有测试签字记录	查资料	《煤矿安全生产标准化基本要求及评分办法》

三、工作岗位

序号	检查内容	标准要求	检查方法	检查依据
1	个体防护	佩戴矿灯、自救器、橡胶安全帽（或玻璃钢安全帽）、防尘口罩、防冲击眼护具、布手套、胶面防砸安全靴、耳塞、耳罩等	查资料和现场	煤矿职业安全卫生个体防护用品配备标准(AQ1051)
2	岗位安全生产责任制	严格执行本岗位安全生产责任制，掌握本岗位相应的操作规程和安全措施，操作规范	查资料和现场	《煤矿安全生产标准化基本要求及评分办法》
3	安全确认	作业前进行安全确认	查现场	《煤矿安全生产标准化基本要求及评分办法》
4	驾驶员	持有"中华人民共和国机动车驾驶证"	查资料	《煤矿安全规程》第三百九十二条
5	核载人数	使用专用人车，严禁超员	查资料	《煤矿安全规程》第三百九十二条
6	运行区域	严禁进入专用回风巷和微风、无风区域	查现场	《煤矿安全规程》第三百九十二条
7	运行速度	（1）严禁空挡滑行 （2）运人时不超过25km/h （3）运送物料时不超过40km/h	查现场	《煤矿安全规程》第三百九十二条
8	安全运行距离	同向行驶车辆保持不小于50m的安全运行距离	查现场	《煤矿安全规程》第三百九十二条
9	甲烷传感器（便携仪)报警、断电、复电浓度和断电范围	矿用防爆型柴油机车和无轨胶轮车报警浓度、断电浓度≥0.5%，复电浓度0.5%	查资料	《煤矿安全规程》第四百九十八条

序号	检查内容	标准要求	检查方法	检查依据
10	电缆敷设	（1）水平巷道或倾角在30°以下的井巷中，电缆采用吊钩悬挂 （2）倾角在30°及以上的井巷中，电缆采用夹子、卡箍或者其他夹持装置进行敷设。夹持装置应当能承受电缆重量，并不得损伤电缆 （3）有适当的弛度，能在意外受力时自由坠落 （4）悬挂高度能保证电缆坠落时不落在输送机上 （5）电缆悬挂点间距不超过3m	查现场	《煤矿安全规程》第四百六十四条
		（6）电缆不悬挂在管道上，不淋水，无悬挂任何物件 （7）电缆与压风管、供水管在巷道同一侧敷设时，敷设在管子上方，保持0.3m以上的距离 （8）瓦斯抽采管路巷道内，电缆（包括通信电缆）必须与瓦斯抽采管路分挂在巷道两侧 （9）盘圈或者盘"8"字形的电缆不带电 （10）通信和信号电缆与电力电缆分挂在井巷的两侧；条件不具备时，敷设在距电力电缆0.3m以外的地方 （11）高、低压电力电缆敷设在巷道同一侧时，高、低压电缆之间的距离大于0.1m。高压电缆之间、低压电缆之间的距离不得小于50mm		《煤矿安全规程》第四百六十五条
		（12）电缆穿过墙壁部分用套管保护，严密封堵管口		《煤矿安全规程》第四百六十七条
		（13）橡套电缆接地芯线，除用作监测接地回路外，不得兼用他用		《煤矿安全规程》第四百八十条
11	电缆连接	（1）电缆与电气设备连接时，电缆线芯使用齿形压线板（卡爪）、线鼻子或者快速连接器与电气设备进行连接 （2）不同型电缆之间严禁直接连接，必须用经过符合要求的接线盒、连接器或者母线盒进行连接。 （3）橡套电缆的修补连接（包括绝缘、护套已损坏的橡套电缆的修补）采用阻燃材料进行硫化热补或者与热补有同等效能的冷补	查现场	《煤矿安全规程》第四百六十八条

续表

序号	检查内容	标准要求	检查方法	检查依据
12	电缆检查周期	（1）高压电缆的泄漏和耐压试验每年 1 次 （2）固定敷设电缆的绝缘和外部检查每季度 1 次，每周由专职电工检查 1 次外部和悬挂情况	查资料和现场	《煤矿安全规程》第四百八十三条
13	电气设备检查、维护和调整	（1）由电气维修工进行 （2）高压电气设备和线路的修理和调整工作，有工作票和施工措施 （3）高压停、送电的操作，根据书面申请或者其他联系方式，得到批准后，由专责电工执行	查资料和现场	《煤矿安全规程》第四百八十一条
		（4）防爆电气设备防爆性能遭受破坏时，立即处理或者更换		《煤矿安全规程》第四百八十二条
14	电气设备检查和调整周期	（1）使用中的防爆电气设备的防爆性能检查每月 1 次，每日应当由分片负责电工检查 1 次外部 （2）主要电气设备绝缘电阻的检查至少 6 个月 1 次 （3）配电系统断电保护装置检查整定每 6 个月 1 次	查资料和现场	《煤矿安全规程》第四百八十三条
15	安全监控系统安装	供电电源不接在被控开关的负荷侧	查现场	煤矿安全监控系统及检测仪器使用管理规范（AQ1029－2019）
16	安全监控系统检查及维修	（1）发生故障时，必须及时处理，在故障处理期间必须采用人工监测等安全措施，并填写故障记录	查资料和现场	《煤矿安全规程》第四百九十二条
		（2）每天检查安全监控设备及线缆是否正常		《煤矿安全规程》第四百九十三条
17	井筒维修	（1）制定井巷维修制度，保证通风、运输畅通和行人安全	查资料和现场	《煤矿安全规程》第一百二十五条

续表

序号	检查内容	标准要求	检查方法	检查依据
17	井筒维修	（2）井筒大修时编制施工组织设计 （3）维修井巷支护时有安全措施 （4）扩大和维修井巷时有冒顶堵塞井巷时保证人员撤退的出口 （5）维修锚网井巷时，施工地点有临时支护和防止失修范围扩大的措施	查资料和现场	《煤矿安全规程》第一百二十六条
		（6）修复旧井巷时，首先检查瓦斯。瓦斯积聚时，必须按规定排放，只有在回风流中甲烷浓度不超过 1.0%、二氧化碳浓度不超过 1.5%、一氧化碳最高允许浓度 0.0024%、氧化氮最高允许浓度 0.00025%、二氧化硫最高允许浓度 0.0005%、硫化氢最高允许浓度 0.00066%、氨最高允许浓度 0.004% 时，才能作业		《煤矿安全规程》第一百二十七条
18	电焊、气焊和喷灯焊接作业	（1）制定安全措施，由矿长批准 （2）指定专人在场检查和监督 （3）地点的前后两端各 10m 的井巷范围内，应当是不燃性材料支护，有供水管路，有专人负责喷水，焊接前清理或者隔离焊碴飞溅区域内的可燃物 （4）至少备有 2 个灭火器 （5）在工作地点下方用不燃性材料设施接收火星 （6）工作地点的风流中甲烷浓度不得超过 0.5%，只有在检查证明作业地点附近 20m 范围内巷道顶部和支护背板后无瓦斯积存时，方可进行作业 （7）作业完毕后，作业地点应当再次用水喷洒，有专人在作业地点检查 1h，发现异常，立即处理	查资料和现场	《煤矿安全规程》第二百五十四条
19	人力运送爆炸物品	（1）电雷管由爆破工亲自运送，炸药由爆破工或者在爆破工监护下运送 （2）爆炸物品装在耐压和抗撞冲、防震、防静电的非金属容器内，不得将电雷管和炸药混装 （3）爆炸物品严禁装在衣袋内 （4）领到爆炸物品后，应当直接送到工作地点，严禁中途逗留 （5）在交接班、人员上下井的时间内，严禁携带爆炸物品人员沿井筒上下	查现场	《煤矿安全规程》第三百四十二条

右上角：续表

序号	检查内容	标准要求	检查方法	检查依据
20	架空乘人装置运送爆炸物品	严禁同时运送携带爆炸物品的人员	查现场	《煤矿安全规程》第三百八十三条
21	剩油、废油处置	(1) 无存放汽油、煤油 (2) 剩油、废油无泼洒在井巷内	查资料和现场	《煤矿安全规程》第二百五十五条

第八节　井筒相关硐室现场监督检查及处理

一、躲避硐室

序号	检查内容	标准要求	检查方法	检查依据
1	有害气体的浓度	(1) 一氧化碳最高允许浓度 0.0024% (2) 氧化氮最高允许浓度 0.00025% (3) 二氧化硫最高允许浓度 0.0005% (4) 硫化氢最高允许浓度 0.00066% (5) 氨最高允许浓度 0.004%	查资料和现场	《煤矿安全规程》第一百三十五条
2	躲避硐间距	不超过 40m	查现场	《煤矿安全规程》第九十一条
3	躲避硐尺寸	(1) 宽度不小于 1.2m (2) 深度不小于 0.7m (3) 高度不小于 1.8m	查现场	《煤矿安全规程》第九十一条
4	物品存放	严禁堆积物料	查现场	《煤矿安全规程》第九十一条
5	标识	硐室附近设置标识	查现场	《煤矿安全规程》第三百九十二条
6	甲烷、二氧化碳和其他有害气体检查	有甲烷、二氧化碳和其他有害气体检查台账	查资料和现场	《煤矿安全规程》第一百八十条

序号	检查内容	标准要求	检查方法	检查依据
7	电焊、气焊和喷灯焊接作业	（1）制定安全措施，由矿长批准 （2）指定专人在场检查和监督 （3）地点的前后两端各 10m 的井巷范围内，应当是不燃性材料支护，有供水管路，有专人负责喷水，焊接前清理或者隔离焊渣飞溅区域内的可燃物 （4）至少备有 2 个灭火器 （5）在工作地点下方用不燃性材料设施接收火星 （6）工作地点的风流中甲烷浓度不得超过 0.5%，只有在检查证明作业地点附近 20m 范围内巷道顶部和支护背板后无瓦斯积存时，方可进行作业 （7）作业完毕后，作业地点应当再次用水喷洒，有专人在作业地点检查 1h，发现异常，立即处理	查资料和现场	《煤矿安全规程》第二百五十四条
8	剩油、废油处置	（1）无存放汽油、煤油 （2）剩油、废油无泼洒在井巷内	查资料和现场	《煤矿安全规程》第二百五十五条
9	爆炸物品存放	禁止将爆炸物品存放在硐室内	查现场	《煤矿安全规程》第三百三十九条

二、错车硐室

序号	检查内容	标准要求	检查方法	检查依据
1	标识	硐室附近设置方向标识	查现场	《煤矿安全规程》第九十二条
2	有害气体的浓度	（1）一氧化碳最高允许浓度 0.0024% （2）氧化氮最高允许浓度 0.00025% （3）二氧化硫最高允许浓度 0.0005% （4）硫化氢最高允许浓度 0.00066% （5）氨最高允许浓度 0.004%	查资料和现场	《煤矿安全规程》第一百三十五条

序号	检查内容	标准要求	检查方法	检查依据
3	甲烷、二氧化碳和其他有害气体检查	有甲烷、二氧化碳和其他有害气体检查台账	查资料和现场	《煤矿安全规程》第一百八十条
4	电焊、气焊和喷灯焊接作业	（1）制定安全措施，由矿长批准 （2）指定专人在场检查和监督 （3）地点的前后两端各 10m 的井巷范围内，应当是不燃性材料支护，有供水管路，有专人负责喷水，焊接前清理或者隔离焊渣飞溅区域内的可燃物 （4）至少备有 2 个灭火器 （5）在工作地点下方用不燃性材料设施接收火星 （6）工作地点的风流中甲烷浓度不得超过 0.5%，只有在检查证明作业地点附近 20m 范围内巷道顶部和支护背板后无瓦斯积存时，方可进行作业 （7）作业完毕后，作业地点应当再次用水喷洒，有专人在作业地点检查 1h，发现异常，立即处理	查资料和现场	《煤矿安全规程》第二百五十四条
5	爆炸物品存放	禁止将爆炸物品存放在硐室内	查现场	《煤矿安全规程》第三百三十九条
6	剩油、废油处置	（1）无存放汽油、煤油 （2）剩油、废油无泼洒在井巷内	查资料和现场	《煤矿安全规程》第二百五十五条

第七章　井底车场及主要硐室
现场监督检查及处理

第一节　井底车场现场监督检查及处理

一、设备设施

序号	检查内容	标准要求	检查方法	检查依据
1	输送带、托辊和滚筒包胶材料	采用非金属聚合物制造	查资料	《煤矿安全规程》第三百七十四条
2	带式输送机保护装置	（1）装设防打滑、跑偏、堆煤、撕裂等保护装置，温度、烟雾监测装置和自动洒水装置 （2）具备沿线急停闭锁功能 （3）装设输送带张紧力下降保护装置 （4）上运时装设防逆转装置和制动装置；下运时装设软制动装置且必须装设防超速保护装置	查资料和现场	《煤矿安全规程》第三百七十四条
		（5）装有带式输送机的井筒兼作风井使用时，有自动报警灭火装置，敷设消防管路，有防尘措施		《煤矿安全规程》第一百四十五条
3	带式输送机喷雾装置或除尘器	转载点安设喷雾装置或除尘器	查现场	《煤矿安全规程》第六百五十二条

续表

序号	检查内容	标准要求	检查方法	检查依据
4	带式输送机照明设施	（1）机头、机尾及搭接处有照明	查现场	《煤矿安全规程》第三百七十四条
		（2）兼作人行道的集中带式输送机巷道照明灯的间距不得大于 30m		《煤矿安全规程》第四百六十九条
5	照明和信号的配电装置	具有短路、过负荷和漏电保护的照明信号综合保护功能	查资料和现场	《煤矿安全规程》第四百七十四条
6	带式输送机安全防护设施	（1）机头、机尾、驱动滚筒和改向滚筒处，有防护栏及警示牌 （2）行人跨越处有过桥 （3）大于 16°的倾斜井巷中设置防护网，采取防止物料下滑、滚落等的安全措施	查现场	《煤矿安全规程》第三百七十四条
		（4）架空乘人装置与带式输送机同巷布置时，采取可靠的隔离措施		《煤矿安全规程》第三百八十三条
7	矿车轨道线路	（1）运行 3t 及以上矿车使用不小于 30kg/m 的钢轨；其他线路使用不小于 18kg/m 的钢轨 （2）同一线路必须使用同一型号钢轨，道岔的钢轨型号不低于线路的钢轨型号 （3）使用期间加强维护及检修	查资料和现场	《煤矿安全规程》第三百八十条
8	矿车连接装置	倾斜井巷运输时，矿车之间的连接、矿车与钢丝绳之间的连接，必须使用不能自行脱落的连接装置，并加装保险绳	查现场	《煤矿安全规程》第四百一十六条
9	无轨胶轮车	（1）矿用防爆型柴油动力装置具有发动机排气超温、冷却水超温、尾气水箱水位、润滑油压力等保护装置 （2）矿用防爆型柴油动力装置排气口的排气温度不得超过 77℃，其表面温度不得超过 150℃ （3）矿用防爆型柴油动力装置发动机壳体不采用铝合金制造；非金属部件具有阻燃和抗静电性能；油箱及管路采用不燃性材料制造；油箱最大容量不超过 8h 用油量 （4）矿用防爆型柴油动力装置冷却水温度不得超过 95℃ （5）矿用防爆型柴油动力装置在正常运行条件下，尾气排放应满足规定	查资料	《煤矿安全规程》第三百七十八条

续表

序号	检查内容	标准要求	检查方法	检查依据
9	无轨胶轮车	（6）设置工作制动、紧急制动和停车制动，工作制动采用湿式制动器 （7）设置车前照明灯和尾部红色信号灯，配备灭火器和警示牌 （8）设置随车通信系统或者车辆位置监测系统	查现场	《煤矿安全规程》第三百九十二条
		（9）防爆、完好	查资料和现场	
10	人车	（1）车辆设置可靠的制动装置 （2）设置使跟车工在运行途中任何地点都能发送紧急停车信号的装置 （3）多水平运输从各水平发出的信号必须有区别 （4）人员上下地点悬挂信号牌	查现场	《煤矿安全规程》第三百八十四条
11	电缆	（1）主线芯截面满足供电线路负荷要求 （2）有供保护接地用的足够截面的导体 （3）固定敷设的高压电缆，井筒倾角为45°及其以上时，采用矿用粗钢丝铠装电力电缆；倾角为45°以下时，采用煤矿用钢带或者细钢丝铠装电力电缆 （4）固定敷设的低压电缆，采用煤矿用铠装或者非铠装电力电缆或者对应电压等级的煤矿用橡套软电缆 （5）非固定敷设的高低压电缆，采用煤矿用橡套软电缆	查资料	《煤矿安全规程》第四百六十三条
12	照明和信号的配电装置	具有短路、过负荷和漏电保护的照明信号综合保护功能	查资料和现场	《煤矿安全规程》第四百七十四条
13	安全监控系统	（1）有安全监控系统	查资料和现场	《煤矿安全规程》第四百八十七条
		（2）主干线缆分设两条，从不同的井筒或者一个井筒保持一定间距的不同位置进入井下		《煤矿安全规程》第四百八十九条
		（3）有故障闭锁、甲烷电闭锁和风电闭锁功能；有断电、馈电状态监测和报警功能		《煤矿安全规程》第四百九十条

续表

序号	检查内容	标准要求	检查方法	检查依据
14	人员位置监测系统	有人员位置监测系统	查资料和现场	《煤矿安全规程》第四百八十七条
15	有线调度通信系统	(1) 有线调度通信系统	查资料和现场	《煤矿安全规程》第四百八十七条
		(2) 有线调度通信电缆必须专用		《煤矿安全规程》第四百八十九条
16	消防管路系统	(1) 井巷内每隔100m设置支管和阀门	查现场	《煤矿安全规程》第二百四十九条
		(2) 在带式输送机巷道中应当每隔50m设置支管和阀门	查资料和现场	《煤矿安全规程》第一百四十五条
17	灭火器材	(1) 有灭火器材，其数量、规格和存放地点，在灾害预防和处理计划中确定	查资料和现场	《煤矿安全规程》第二百五十七条
		(2) 每季度对消防器材的设置情况进行1次检查		《煤矿安全规程》第二百五十八条

二、作业环境

序号	检查内容	标准要求	检查方法	检查依据
1	有害气体的浓度	(1) 一氧化碳最高允许浓度 0.0024% (2) 氧化氮最高允许浓度 0.00025% (3) 二氧化硫最高允许浓度 0.0005% (4) 硫化氢最高允许浓度 0.00066% (5) 氨最高允许浓度 0.004%	查资料和现场	《煤矿安全规程》第一百三十五条
2	风流速度	最低允许风速 0.25m/s，最高允许风速 6m/s	查资料和现场	《煤矿安全规程》第一百三十六条
3	空气温度	进风井口以下的空气温度（干球温度）在 2℃以上	查资料和现场	《煤矿安全规程》第一百三十七条
4	巷道净高	(1) 轨道机车自轨面起不低于2m (2) 平巷不低于2m	查现场	《煤矿安全规程》第九十条

续表

序号	检查内容	标准要求	检查方法	检查依据
5	巷道断面	实际断面不小于设计断面的4/5	查资料和现场	《煤矿安全生产标准化基本要求及评分办法》
6	巷道（包括管、线、电缆）与运输设备最突出部分之间的最小间距	（1）输送机最小间距不小于0.5m，机头和机尾处与巷帮支护的距离不小于0.7m （2）平板车上最小间距不小于0.3m （3）单轨吊车最小间距顶部不小于0.5m，两侧不小于0.85m	查现场	《煤矿安全规程》第九十条
7	人行道	（1）高度不小于1.8m	查现场	煤矿巷道断面和交岔点设计规范（GB 50419－2017）
		（2）宽度大于等于1m；小于1m时，制定专项安全技术措施，严格执行"行人不行车，行车不行人"的规定		《煤矿安全规程》第九十一条
8	管道吊挂高度	不低于1.8m	查现场	《煤矿安全规程》第九十一条
9	对开两车最突出部分之间的距离	（1）轨道运输不小于0.2m （2）矿车摘挂钩地点不小于1m （3）轨吊车运输不小于0.8m （4）无轨胶轮车双车道行驶，会车时间距不得小于0.5m；单车道应当根据运距、运量、运速及运输车辆特性，在巷道的合适位置设置机车绕行道或者错车硐室，并设置方向标识	查现场	《煤矿安全规程》第九十二条
10	灭火器材	（1）数量、规格和存放地点，在灾害预防和处理计划中确定	查资料	《煤矿安全规程》第二百五十七条
		（2）每季度对消防器材的设置情况进行1次检查		《煤矿安全规程》第二百五十八条

续表

序号	检查内容	标准要求	检查方法	检查依据
11	路标和警标	（1）交岔点设置路标，标明所在地点，指明通往安全出口的方向	查现场	《煤矿安全规程》第八十八条
		（2）巷道内应当装设路标和警标		《煤矿安全规程》第三百七十七条
12	甲烷传感器（便携仪）的设置	（1）矿用防爆型柴油机车、无轨胶轮车设置甲烷传感器 （2）带式输送机滚筒上方设置甲烷传感器	查现场	《煤矿安全规程》第四百九十八条
13	电焊、气焊和喷灯焊接作业	（1）制定安全措施，由矿长批准 （2）指定专人在场检查和监督 （3）地点的前后两端各10m的井巷范围内，应当是不燃性材料支护，有供水管路，有专人负责喷水，焊接前清理或者隔离焊渣飞溅区域内的可燃物 （4）至少备有2个灭火器 （5）在工作地点下方用不燃性材料设施接收火星 （6）工作地点的风流中甲烷浓度不得超过0.5%，只在检查证明作业地点附近20m范围内巷道顶部和支护背板后无瓦斯积存时，方可进行作业 （7）作业完毕后，作业地点应当再次用水喷洒，有专人在作业地点检查1h，发现异常，立即处理	查资料和现场	《煤矿安全规程》第二百五十四条
14	爆炸物品存放	禁止将爆炸物品存放在井底车场内	查现场	《煤矿安全规程》第三百三十九条
15	剩油、废油处置	（1）无存放汽油、煤油 （2）剩油、废油无泼洒在井巷内	查资料和现场	《煤矿安全规程》第二百五十五条
16	无轨胶轮车巷道和路面	（1）设置行车标识和交通管控信号 （2）长坡段巷道内采取车辆失速安全措施 （3）转弯处应当设置防撞装置 （4）人员躲避硐室、车辆躲避硐室附近应当设置标识	查现场	《煤矿安全规程》第三百九十二条

序号	检查内容	标准要求	检查方法	检查依据
17	无轨胶轮车照明设施	照明灯的间距不大于30m，巷道两侧安装有反光标识的不受此限	查现场	《煤矿安全规程》第四百六十九条
18	通风设施	（1）及时构筑通风设施（指永久密闭、风门、风窗和风桥），设施墙（桥）体采用不燃性材料构筑，其厚度不小于0.5m（防突风门、风窗墙体不小于0.8m），严密不漏风 （2）密闭、风门、风窗墙体周边按规定掏槽，墙体与煤岩接实，四周有不少于0.1m的裙边，周边及围岩不漏风；墙面平整、无裂缝、重缝和空缝，并进行勾缝或者抹面或者喷浆，抹面的墙面1m² 内凸凹深度不大于10mm （3）设施5m范围内支护完好，无片帮、漏顶、杂物、积水和淤泥 （4）设施统一编号，每道设施有规格统一的施工说明及检查维护记录牌	查现场	《煤矿安全生产标准化基本要求及评分办法》
19	密闭	（1）密闭位置距全风压巷道口不大于5m，设有规格统一的瓦斯检查牌板和警标，距巷道口大于2m的设置栅栏 （2）密闭前无瓦斯积聚。所有导电体在密闭处断开（在用的管路采取绝缘措施除外） （3）密闭内有水时设有反水池或者反水管；采空区密闭设有观测孔、措施孔，且孔口设置阀门或者带有水封结构	查现场	《煤矿安全生产标准化基本要求及评分办法》
20	风门、风窗	（1）每组风门不少于2道，其间距不小于5m（通车风门间距不小于1列车长度），主要进、回风巷之间的联络巷设具有反向功能的风门，其数量不少于2道；通车风门按规定设置和管理，并有保护风门及人员的安全措施 （2）风门能自动关闭，并连锁，使2道风门不能同时打开；门框包边沿口，有衬垫，四周接触严密，门扇平整不漏风；风窗有可调控装置，调节可靠 （3）风门、风窗水沟处设有反水池或者挡风帘，轨道巷通车风门设有底槛，电缆、管路孔堵严，风筒穿过风门（风窗）墙体时，在墙上安装与胶质风筒直径匹配的硬质风筒	查现场	《煤矿安全生产标准化基本要求及评分办法》

续表

序号	检查内容	标准要求	检查方法	检查依据
21	风桥	（1）风桥两端接口严密，四周为实帮、实底，用混凝土浇灌填实；桥面规整不漏风 （2）风桥通风断面不小于原巷道断面的4/5，呈流线型、坡度小于30°；风桥上、下不安设风门、调节风窗等	查现场	《煤矿安全生产标准化基本要求及评分办法》
22	安全监控设备检测试验	（1）每月至少调校、测试1次 （2）采用载体催化元件的甲烷传感器每15天使用标准气样和空气样在设备设置地点至少调校1次，并有调校记录 （3）甲烷电闭锁和风电闭锁功能每15天测试1次，其中，对可能造成局部通风机停电的，每半年测试1次，并有测试签字记录	查资料	《煤矿安全生产标准化基本要求及评分办法》
23	防尘供水系统	（1）吊挂平直，不漏水 （2）管路三通阀门便于操作 （3）运煤（矸）转载点设有喷雾装置	查现场	《煤矿安全生产标准化基本要求及评分办法》
24	风流净化水幕	（1）至少设置2道 （2）喷射混凝土时，在回风侧100m范围内至少安设2道净化水幕	查资料和现场	《煤矿安全生产标准化基本要求及评分办法》
		（3）距工作面50m范围内设置一道自动控制风流净化水幕		煤矿井下粉尘综合防治技术规范（AQ1020－2006）
25	巷道冲洗	（1）每月至少冲洗1次	查资料和现场	《煤矿安全生产标准化基本要求及评分办法》
		（2）距工作面20m范围的巷道每班至少冲洗一次，20m外的每旬至少冲洗一次 （3）巷道中无连续长5m、厚度超过2mm的煤尘堆积		煤矿井下粉尘综合防治技术规范（AQ1020－2006）

三、工作岗位

序号	检查内容	标准要求	检查方法	检查依据
1	个体防护	佩戴矿灯、自救器、橡胶安全帽（或玻璃钢安全帽）、防尘口罩、防冲击眼护具、布手套、胶面防砸安全靴、耳塞、耳罩等	查资料和现场	煤矿职业安全卫生个体防护用品配备标准（AQ1051）

序号	检查内容	标准要求	检查方法	检查依据
2	岗位安全生产责任制	严格执行本岗位安全生产责任制，掌握本岗位相应的操作规程和安全措施，操作规范	查资料和现场	《煤矿安全生产标准化基本要求及评分办法》
3	安全确认	作业前进行安全确认	查现场	《煤矿安全生产标准化基本要求及评分办法》
4	带式输送机运输	（1）严禁用带式输送机等运输爆炸物品	查现场	《煤矿安全规程》第三百四十一条
		（2）输送机运转时不能打开检查孔 （3）严禁在输送机运行时润滑 （4）输送机正常停机前，需将物料全部卸完，方可切断电源		煤矿用带式输送机安全规范（GB 22340－2008）
5	矿车连接装置	矿车连接装置，必须至少每年进行 1 次 2 倍于其最大静荷重的拉力试验	查资料	《煤矿安全规程》第四百一十六条
6	矿车运送爆炸物品	（1）炸药和电雷管同一列车内运输时，装有炸药与装有电雷管的车辆之间，以及装有炸药或者电雷管的车辆与机车之间，用空车分别隔开，隔开长度不得小于3m （2）电雷管装在专用的、带盖的、有木质隔板的车厢内，车厢内部铺有胶皮或者麻袋等软质垫层，并只准放置 1 层爆炸物品箱 （3）炸药箱装在矿车内，堆放高度不得超过矿车上缘 （4）运输炸药、电雷管的矿车或者车厢有专门的警示标识 （5）跟车工、护送人员和装卸人员坐在尾车内，严禁其他人员乘车	查资料和现场	《煤矿安全规程》第四百零四条

续表

序号	检查内容	标准要求	检查方法	检查依据
7	人力推车	（1）1次只准推1辆车 （2）严禁在矿车两侧推车 （3）同向推车的间距，在轨道坡度小于或者等于5‰时，不小于10m；坡度大于5‰时，不小于30m。 （4）推车时必须时刻注意前方 （5）在开始推车、停车、掉道、发现前方有人或者有障碍物，从坡度较大的地方向下推车以及接近道岔、弯道、巷道口、风门、硐室出口时，推车人必须及时发出警号 （6）严禁放飞车和在巷道坡度大于7‰时人力推车 （7）不在能自动滑行的坡道上停放车辆，确需停放时必须用可靠的制动器或者阻车器将车辆稳住	查资料和现场	《煤矿安全规程》第三百八十九条
8	无轨胶轮车运送爆炸物品	（1）悬挂或者安装符合国家标准的易燃易爆危险物品警示标志 （2）按照规定的路线行驶，途中经停应当有专人看守，并远离建筑设施和人口稠密的地方，不得在许可以外的地点经停 （3）按照安全操作规程装卸爆炸物品，在装卸现场设置警戒，禁止无关人员进入	查资料和现场	《民用爆破物品安全管理条例》
9	人车运输人员	（1）每班发车前，检查各车的连接装置、轮轴、车门（防护链）和车闸等 （2）严禁同时运送易燃易爆或者腐蚀性的物品，或者附挂物料车 （3）列车行驶速度不得超过4m/s （4）人员上下车地点应当有照明，架空线设置分段开关或者自动停送电开关，人员上下车时必须切断该区段架空线电源 （5）双轨巷道乘车场设置信号区间闭锁，人员上下车时，严禁其他车辆进入乘车场 （6）设跟车工，遇有紧急情况时立即向司机发出停车信号 （7）两车在车场会车时，驶入车辆应当停止运行，让驶出车辆先行	查资料和现场	《煤矿安全规程》第三百八十五条

序号	检查内容	标准要求	检查方法	检查依据
10	人车乘车人员	（1）听从司机及跟车工的指挥，开车前关闭车门或者挂上防护链 （2）人体及所携带的工具、零部件，严禁露出车外 （3）列车行驶中及尚未停稳时，严禁上、下车和在车内站立 （4）严禁在机车上或者任意 2 车厢之间搭乘 （5）严禁扒车、跳车和超员乘坐	查资料和现场	《煤矿安全规程》第三百八十六条
11	电缆敷设	（1）水平巷道或倾角在 30° 以下的井巷中，电缆采用吊钩悬挂 （2）倾角在 30° 及以上的井巷中，电缆采用夹子、卡箍或者其他夹持装置进行敷设。夹持装置应当能承受电缆重量，并不得损伤电缆 （3）有适当的弛度，能在意外受力时自由坠落 （4）悬挂高度能保证电缆坠落时不落在输送机上 （5）电缆悬挂点间距不超过 3m	查现场	《煤矿安全规程》第四百六十四条
		（6）电缆不悬挂在管道上，不淋水，无悬挂任何物件 （7）电缆与压风管、供水管在巷道同一侧敷设时，敷设在管子上方，保持 0.3m 以上的距离 （8）瓦斯抽采管路巷道内，电缆（包括通信电缆）必须与瓦斯抽采管路分挂在巷道两侧 （9）盘圈或者盘"8"字形的电缆不带电 （10）通信和信号电缆与电力电缆分挂在井巷的两侧；条件不具备时，敷设在距电力电缆 0.3m 以外的地方 （11）高、低压电力电缆敷设在巷道同一侧时，高、低压电缆之间的距离大于 0.1m。高压电缆之间、低压电缆之间的距离不得小于 50mm		《煤矿安全规程》第四百六十五条
		（12）电缆穿过墙壁部分用套管保护，严密封堵管口		《煤矿安全规程》第四百六十七条
		（13）橡套电缆接地芯线，除用作监测接地回路外，不得兼作他用		《煤矿安全规程》第四百八十条

续表

序号	检查内容	标准要求	检查方法	检查依据
12	电缆连接	（1）电缆与电气设备连接时，电缆线芯使用齿形压线板（卡爪）、线鼻子或者快速连接器与电气设备进行连接 （2）不同型电缆之间严禁直接连接，必须经过符合要求的接线盒、连接器或者母线盒进行连接 （3）橡套电缆的修补连接（包括绝缘、护套已损坏的橡套电缆的修补）采用阻燃材料进行硫化热补或者与热补有同等效能的冷补	查现场	《煤矿安全规程》第四百六十八条
13	电缆检查周期	（1）高压电缆的泄漏和耐压试验每年1次 （2）固定敷设电缆的绝缘和外部检查每季1次，每周由专职电工检查1次外部和悬挂情况	查资料和现场	《煤矿安全规程》第四百八十三条
14	电气设备检查、维护和调整	（1）由电气维修工进行 （2）高压电气设备和线路的修理和调整工作，有工作票和施工措施 （3）高压停、送电的操作，根据书面申请或者其他联系方式，得到批准后，由专责电工执行	查资料和现场	《煤矿安全规程》第四百八十一条
14	电气设备检查、维护和调整	（4）防爆电气设备防爆性能遭受破坏时，立即处理或者更换	查资料和现场	《煤矿安全规程》第四百八十二条
15	电气设备检查和调整周期	（1）使用中的防爆电气设备的防爆性能检查每月1次，每日应当由分片负责电工检查1次外部 （2）主要电气设备绝缘电阻的检查至少6个月1次 （3）配电系统断电保护装置检查整定每6个月1次	查资料和现场	《煤矿安全规程》第四百八十三条
16	安全监控系统安装	供电电源不接在被控开关的负荷侧	查现场	煤矿安全监控系统及检测仪器使用管理规范（AQ1029-2019）
17	安全监控系统检查及维修	（1）发生故障时，必须及时处理，在故障处理期间必须采用人工监测等安全措施，并填写故障记录	查资料和现场	《煤矿安全规程》第四百九十二条

续表

序号	检查内容	标准要求	检查方法	检查依据
17	安全监控系统检查及维修	（2）每天检查安全监控设备及线缆是否正常	查资料和现场	《煤矿安全规程》第四百九十三条
18	巷道维修	（1）回风流中甲烷浓度不超过1.0%、二氧化碳浓度不超过1.5%、空气成分符合《煤矿安全规程》要求	查资料	《煤矿安全规程》第一百二十七条
		（2）锚网巷道维修施工地点有临时支护和防止失修范围扩大的措施 （3）维修倾斜巷道时，应当停止行车；需要通车作业时，制定行车安全措施。严禁上、下段同时作业 （4）更换巷道支护先加固邻近支护时，拆除原有支护后，及时除掉顶帮活矸和架设永久支护，必要时采取临时支护措施。在倾斜巷道中，必须有防止矸石、物料滚落和支架歪倒的安全措施	查资料和现场	《煤矿安全规程》第一百二十六条
19	测风	（1）每10天至少进行1次全面测风 （2）根据实际需要随时测风，每次测风结果应当记录并写在测风地点的记录牌上	查资料	《煤矿安全规程》第一百四十条
20	电焊、气焊和喷灯焊接作业	（1）制定安全措施，由矿长批准 （2）指定专人在场检查和监督 （3）地点的前后两端各10m的井巷范围内，应当是不燃性材料支护，有供水管路，有专人负责喷水，焊接前清理或者隔离焊渣飞溅区域内的可燃物 （4）至少备有2个灭火器 （5）在工作地点下方用不燃性材料设施接收火星 （6）工作地点的风流中甲烷浓度不得超过0.5%，只有在检查证明作业地点附近20m范围内巷道顶部和支护背板后无瓦斯积存时，方可进行作业 （7）作业完毕后，作业地点应当再次用水喷洒，有专人在作业地点检查1h，发现异常，立即处理	查资料和现场	《煤矿安全规程》第二百五十四条

序号	检查内容	标准要求	检查方法	检查依据
21	电气设备检修或搬迁	（1）不带电检修电气设备 （2）严禁带电搬迁非本安型电气设备、电缆 （3）检修或者搬迁前，切断上级电源，检查瓦斯，在其巷道风流中甲烷浓度低于1.0%时，再用与电源电压相适应的验电笔检验；检验无电后，进行导体对地放电	查现场	《煤矿安全规程》第四百四十二条
		（4）非专职人员或者非值班电气人员不得操作电气设备		《煤矿安全规程》第四百四十三条
		（5）操作高压电气设备主回路时，操作人员必须戴绝缘手套并穿电工绝缘靴或者站在绝缘台上		
22	测风	（1）每10天至少进行1次全面测风 （2）每次测风结果应当记录并写在测风地点的记录牌上	查资料和现场	《煤矿安全规程》第一百四十条

第二节　井底车场主要硐室现场监督检查及处理

一、闸门硐室

序号	检查内容	标准要求	检查方法	检查依据
1	防水闸门	（1）采用定型设计 （2）通过防水闸门墙体的各种管路和安设在闸门外侧的闸阀的耐压能力，都与防水闸门设计压力相一致 （3）每年进行2次关闭试验，其中1次在雨季前进行	查资料	《煤矿安全规程》第三百零八条

续表

序号	检查内容	标准要求	检查方法	检查依据
1	防水闸门	（4）不漏水 （5）硐室前、后两端，分别砌筑不小于5m的混凝土护碹，碹后用混凝土填实，不空帮、空顶 （6）来水一侧15～25m处，加设1道挡物算子门 （7）防水闸门与算子门之间，不停放车辆或者堆放杂物 （8）来水时先关算子门，后关防水闸门。 （9）采用双向防水闸门，应在两侧各设1道算子门 （10）通过防水闸门的轨道、电机车架空线、带式输送机等灵活易拆 （11）电缆、管道通过防水闸门墙体时，必须用堵头和阀门封堵严密，不得漏水 （12）安设观测水压的装置，有放水管和放水闸阀 （13）关闭闸门所用的工具和零配件专人保管，专地点存放，不得挪用丢失	查现场	《煤矿安全规程》第三百零八条
2	剩油、废油处置	（1）无存放汽油、煤油 （2）剩油、废油无泼洒在井巷内	查资料和现场	《煤矿安全规程》第二百五十五条
3	爆炸物品存放	禁止将爆炸物品存放在硐室内	查现场	《煤矿安全规程》第三百三十九条
4	测风	（1）每10天至少进行1次全面测风 （2）每次测风结果应当记录并写在测风地点的记录牌上	查资料和现场	《煤矿安全规程》第一百四十条

二、主排水泵房

序号	检查内容	标准要求	检查方法	检查依据
1	水泵	（1）有工作水泵、备用水泵和检修水泵	查现场	《煤矿安全规程》第三百一十一条
		（2）工作水泵的能力，能在20h内排出矿井24h的正常涌水量（包括充填水及其他用水）	查资料	

续表

序号	检查内容	标准要求	检查方法	检查依据
1	水泵	（3）备用水泵的能力，不小于工作水泵能力的70% （4）检修水泵的能力，不小于工作水泵能力的25% （5）工作和备用水泵的总能力，能在20h内排出矿井24h的最大涌水量 （6）经常检查和维护，每年雨季之前，全面检修1次，对全部工作水泵和备用水泵进行1次联合排水试验	查资料	《煤矿安全规程》第三百一十一条
		（7）水仓淤泥及时清理，每年雨季前必须清理1次	查现场	《煤矿安全规程》第三百一十四条
2	排水管路	（1）有工作和备用水管	查现场	《煤矿安全规程》第三百一十一条
		（2）工作排水管路的能力，能配合工作水泵在20h内排出矿井24h的正常涌水量 （3）工作和备用排水管路的总能力，能配合工作和备用水泵在20h内排出矿井24h的最大涌水量 （4）经常检查和维护，每年雨季之前，全面检修1次	查资料	《煤矿安全规程》第三百一十一条
		（5）经常检查和维护，每年雨季之前，全面检修1次		《煤矿安全规程》第三百一十四条
3	配电设备	（1）能力应当与工作、备用和检修水泵的能力相匹配，能够保证全部水泵同时运转	查资料	《煤矿安全规程》第三百一十一条
		（2）经常检查和维护，每年雨季之前，全面检修1次		《煤矿安全规程》第三百一十四条
4	水仓	（1）有主仓和副仓 （2）一个水仓清理时，另一个水仓能够正常使用 （3）进口处设置箅子 （4）空仓容量经常保持在总容量的50%以上	查现场	《煤矿安全规程》第三百一十一条

续表

序号	检查内容	标准要求	检查方法	检查依据
5	主要泵房出口	（1）至少有2个出口，一个出口用斜巷通到井筒，并高出泵房底板7m以上；另一个出口通到井底车场 （2）出口通路内，设置易于关闭的既能防水又能防火的密闭门 （3）泵房和水仓的连接通道，设置控制闸门 （4）排水系统集中控制的主要泵房可不设专人值守，但必须实现图像监视和专人巡检	查现场	《煤矿安全规程》第三百一十二条
6	硐室防火要求	（1）用不燃性材料支护	查现场	《煤矿安全规程》第二百五十二条
		（2）严禁使用灯泡取暖和使用电炉		《煤矿安全规程》第二百五十三条
7	电焊、气焊和喷灯焊接作业	（1）制定安全措施，由矿长批准 （2）指定专人在场检查和监督 （3）地点的前后两端各10m的井巷范围内，应当是不燃性材料支护，有供水管路，有专人负责喷水，焊接前清理或者隔离焊渣飞溅区域内的可燃物 （4）至少备有2个灭火器 （5）在工作地点下方用不燃性材料设施接收火星 （6）工作地点的风流中甲烷浓度不得超过0.5％，只有在检查证明作业地点附近20m范围内巷道顶部和支护背板后无瓦斯积存时，方可进行作业 （7）作业完毕后，作业地点应当再次用水喷洒，有专人在作业地点检查1h，发现异常，立即处理	查资料和现场	《煤矿安全规程》第二百五十四条
8	爆炸物品存放	禁止将爆炸物品存放在硐室内	查现场	《煤矿安全规程》第三百三十九条
9	剩油、废油处置	（1）无存放汽油、煤油 （2）剩油、废油无泼洒在井巷内	查资料和现场	《煤矿安全规程》第二百五十五条
10	有害气体的浓度	（1）一氧化碳最高允许浓度0.0024% （2）氧化氮最高允许浓度0.00025% （3）二氧化硫最高允许浓度0.0005% （4）硫化氢最高允许浓度0.00066% （5）氨最高允许浓度0.004%	查资料和现场	《煤矿安全规程》第一百三十五条

续表

序号	检查内容	标准要求	检查方法	检查依据
11	甲烷、二氧化碳和其他有害气体检查	有甲烷、二氧化碳和其他有害气体检查台账	查资料和现场	《煤矿安全规程》第一百八十条
12	消防设备检查	每季度对消防器材的设置情况进行 1 次检查	查资料	《煤矿安全规程》第二百五十八条
13	测风	（1）每 10 天至少进行 1 次全面测风 （2）每次测风结果应当记录并写在测风地点的记录牌上	查资料和现场	《煤矿安全规程》第一百四十条

三、井下消防材料库

序号	检查内容	标准要求	检查方法	检查依据
1	消防设备	（1）装备消防车辆 （2）消防材料和工具不得挪作他用	查现场	《煤矿安全规程》第二百五十六条
		（3）消防材料和工具的品种和数量符合有关要求，定期检查和更换	查资料	
2	灭火器材	数量、规格和存放地点，在灾害预防和处理计划中确定	查资料	《煤矿安全规程》第二百五十七条
3	消防设备检查	每季度对消防管路系统、防火门、消防材料库和消防器材的设置情况进行 1 次检查	查资料	《煤矿安全规程》第二百五十八条
4	硐室防火要求	（1）用不燃性材料支护	查现场	《煤矿安全规程》第二百五十二条
		（2）严禁使用灯泡取暖和使用电炉		《煤矿安全规程》第二百五十三条
5	电焊、气焊和喷灯焊接作业	（1）制定安全措施，由矿长批准 （2）指定专人在场检查和监督	查资料和现场	《煤矿安全规程》第二百五十四条

序号	检查内容	标准要求	检查方法	检查依据
5	电焊、气焊和喷灯焊接作业	(3) 地点的前后两端各 10m 的井巷范围内，应当是不燃性材料支护，有供水管路，有专人负责喷水，焊接前清理或者隔离焊渣飞溅区域内的可燃物 (4) 至少备有 2 个灭火器 (5) 在工作地点下方用不燃性材料设施接收火星 (6) 工作地点的风流中甲烷浓度不得超过 0.5%，只有在检查证明作业地点附近 20m 范围内巷道顶部和支护背板后无瓦斯积存时，方可进行作业 (7) 作业完毕后，作业地点应当再次用水喷洒，有专人在作业地点检查 1h，发现异常，立即处理	查资料和现场	《煤矿安全规程》第二百五十四条
6	爆炸物品存放	禁止将爆炸物品存放在硐室内	查现场	《煤矿安全规程》第三百三十九条
7	通风系统	(1) 硐室设在进风风流中 (2) 采用扩散通风，其深度不超过 6m、入口宽度不小于 1.5m，无瓦斯涌出	查现场	《煤矿安全规程》第一百六十八条
8	有害气体的浓度	(1) 一氧化碳最高允许浓度 0.0024% (2) 氧化氮最高允许浓度 0.00025% (3) 二氧化硫最高允许浓度 0.0005% (4) 硫化氢最高允许浓度 0.00066% (5) 氨最高允许浓度 0.004%	查资料和现场	《煤矿安全规程》第一百三十五条
9	甲烷、二氧化碳和其他有害气体检查	有甲烷、二氧化碳和其他有害气体检查台账	查资料和现场	《煤矿安全规程》第一百八十条
10	消防设备检查	每季度对消防器材的设置情况进行 1 次检查	查资料	《煤矿安全规程》第二百五十八条
11	剩油、废油处置	(1) 无存放汽油、煤油 (2) 剩油、废油无泼洒在井巷内	查资料和现场	《煤矿安全规程》第二百五十五条
12	测风	(1) 每 10 天至少进行 1 次全面测风 (2) 每次测风结果应当记录并写在测风地点的记录牌上	查资料和现场	《煤矿安全规程》第一百四十条

四、中央变电所

序号	检查内容	标准要求	检查方法	检查依据
1	电缆	（1）主线芯截面满足供电线路负荷要求 （2）有供保护接地用的足够截面的导体 （3）井筒内采用矿用粗钢丝铠装电力电缆	查资料	《煤矿安全规程》第四百六十三条
2	电缆敷设	（1）用夹子、卡箍或者其他夹持装置进行敷设；夹持装置应当能承受电缆重量，并不得损伤电缆	查现场	《煤矿安全规程》第四百六十四条
		（2）电缆悬挂点间距不超过6m		
		（3）设接头时，应当将接头设在中间水平巷道内。运行中需要增设接头而又无中间水平可以利用时，可以在井筒内设置接线盒。接线盒应当放置在托架上，不应使接头受力		《煤矿安全规程》第四百六十六条
3	供电电压	（1）井下配电系统同时存在2种或者2种以上电压时，配电设备上应当明显地标出其电压额定值	查现场	《煤矿安全规程》第四百四十六条
		（2）设备不超额定值运行		《煤矿安全规程》第四百三十七条
4	供电回路	（1）中央变（配）电所供电线路不少于两回路	查现场	《煤矿安全规程》第四百三十八条
		（2）向局部通风机供电的井下变（配）电所采用分列运行方式		
5	备用电源	井下电气设备的控制回路和辅助设备有与主要设备同等可靠的备用电源	查现场	《煤矿安全规程》第四百三十八条
6	供电区域	向采区供电的同一电源线路上串接的采区变电所数量不超过3个	查资料	《煤矿安全规程》第四百三十八条
7	电气设备检修或搬迁	（1）不带电检修电气设备 （2）严禁带电搬迁非本安型电气设备、电缆	查现场	《煤矿安全规程》第四百四十二条

续表

序号	检查内容	标准要求	检查方法	检查依据
7	电气设备检修或搬迁	（3）检修或者搬迁前，切断上级电源，检查瓦斯，在其巷道风流中甲烷浓度低于1.0%时，再用与电源电压相适应的验电笔检验；检验无电后，进行导体对地放电	查现场	《煤矿安全规程》第四百四十二条
		（4）非专职人员或者非值班电气人员不操作电气设备		《煤矿安全规程》第四百四十三条
		（5）操作高压电气设备主回路时，操作人员必须戴绝缘手套并穿电工绝缘靴或者站在绝缘台上		
8	保护装置	（1）由采区变电所、移动变电站或者配电点引出的馈电线上具有短路、过负荷和漏电保护	查资料	《煤矿安全规程》第四百五十一条
		（2）配电网路（变压器馈出线路、电动机等）具有过流、短路保护装置		《煤矿安全规程》第四百五十二条
		（3）变电所的高压馈电线上具有选择性的单相接地保护		《煤矿安全规程》第四百五十三条
		（4）向移动变电站和电动机供电的高压馈电线上，具有选择性动作跳闸的单相接地保护		
9	保护接地网络	（1）电气设备的金属外壳、构架，铠装电缆的钢带（钢丝）、铅皮（屏蔽护套）等必须有保护接地	查现场	《煤矿安全规程》第四百七十五条
		（2）主接地极在主、副水仓中各埋设1块	查资料	《煤矿安全规程》第四百七十七条
10	局部接地设置	（1）电气设备硐室和单独装设的高压电气设备设局部接地	查资料	《煤矿安全规程》第四百七十八条
		（2）连接高压动力电缆的金属连接装置设局部接地		

续表

序号	检查内容	标准要求	检查方法	检查依据
11	接地线	(1) 连接主接地极母线采用截面不小于 50mm² 的铜线或截面不小于 100mm² 的耐腐蚀铁线或者厚度不小于 4mm、截面不小于 100mm² 的耐腐蚀扁钢 (2) 电气设备的外壳与接地母线、辅助接地母线或者局部接地极的连接,电缆连接装置两头的铠装、铅皮的连接采用截面不小于 25mm² 的铜线或截面不小于 50mm² 的耐腐蚀铁线或厚度不小于 4mm、截面不小于 50mm² 的耐腐蚀扁钢	查资料	《煤矿安全规程》第四百七十九条
12	电气设备的检查、维护和调整	(1) 电气维修工进行电气设备的检查、维护和调整 (2) 高压电气设备和线路的修理和调整工作有工作票和施工措施 (3) 高压停、送电的操作可根据书面申请或者其他可靠的联系方式,批准后,由专责电工执行	查资料	《煤矿安全规程》第四百八十一条
13	电气设备检查	(1) 防爆电气设备的防爆性能检查每月 1 次,每日由分片负责电工检查 1 次外部 (2) 配电系统断电保护装置检查整定每 6 个月 1 次,负荷变化时及时整定 (3) 高压电缆的泄漏和耐压试验每年 1 次 (4) 主要电气设备绝缘电阻的检查至少 6 个月 1 次 (5) 固定敷设电缆的绝缘和外部检查每季 1 次,每周由专职电工检查 1 次外部和悬挂情况	查资料	《煤矿安全规程》第四百八十三条
14	防火铁门	(1) 装设向外开的防火铁门 (2) 全部敞开时,不妨碍运输 (3) 装设便于关严的通风孔	查现场	《煤矿安全规程》第四百五十六条
15	灭火器材	硐室内设置足够数量的扑灭电气火灾的灭火器材	查现场	《煤矿安全规程》第四百五十六条

续表

序号	检查内容	标准要求	检查方法	检查依据
16	支护	（1）采用砌碹或者其他可靠方式支护 （2）用不燃性材料支护 （3）从出口防火铁门起5m内的巷道用砌碹或者用其他不燃性材料支护	查现场	《煤矿安全规程》第四百五十六条
17	标高	地面标高比其出口与井底车场或者大巷连接处的底板标高高出0.5m	查现场	《煤矿安全规程》第四百五十六条
18	防水	无滴水	查现场	《煤矿安全规程》第四百五十六条
19	通道	保持畅通，严禁存放无关的设备和物件	查现场	《煤矿安全规程》第四百五十六条
20	出口	长度超过6m必须在硐室的两端设置2个出口	查现场	《煤矿安全规程》第四百五十八条
21	设备间隙	各种设备与墙壁之间留出0.5m以上的通道，各种设备相互之间留出0.8m以上的通道	查现场	《煤矿安全规程》第四百五十九条
22	警示牌	（1）硐室入口处悬挂"非工作人员禁止入内"警示牌 （2）硐室内有高压电气设备时，入口处和硐室内必须醒目悬挂"高压危险"警示牌	查现场	《煤矿安全规程》第四百六十条
23	设备编号及标志	硐室内的设备必须分别编号，标明用途，并有停送电的标志	查现场	《煤矿安全规程》第四百六十条
24	通风系统	（1）硐室设在进风风流中 （2）采用扩散通风，其深度不超过6m、入口宽度不小于1.5m，无瓦斯涌出	查现场	《煤矿安全规程》第一百六十八条
25	有害气体的浓度	（1）一氧化碳最高允许浓度0.0024% （2）氧化氮最高允许浓度0.00025% （3）二氧化硫最高允许浓度0.0005% （4）硫化氢最高允许浓度0.00066% （5）氨最高允许浓度0.004%	查资料和现场	《煤矿安全规程》第一百三十五条

序号	检查内容	标准要求	检查方法	检查依据
26	甲烷、二氧化碳和其他有害气体检查	有甲烷、二氧化碳和其他有害气体检查台账	查资料和现场	《煤矿安全规程》第一百八十条
27	消防设备检查	每季度对消防器材的设置情况进行 1 次检查	查资料	《煤矿安全规程》第二百五十八条
28	爆炸物品存放	禁止将爆炸物品存放在硐室内	查现场	《煤矿安全规程》第三百三十九条
29	测风	（1）每 10 天至少进行 1 次全面测风 （2）每次测风结果应当记录并写在测风地点的记录牌上	查资料和现场	《煤矿安全规程》第一百四十条

三、充电硐室

序号	检查内容	标准要求	检查方法	检查依据
1	电气设备	电气设备必须采用矿用防爆型	查资料	《煤矿安全规程》第三百七十九条
2	通风系统	（1）有独立的通风系统，回风风流引入回风巷	查资料	《煤矿安全规程》第一百六十七条
		（2）硐室设在进风风流中 （3）采用扩散通风，其深度不超过 6m、入口宽度不小于 1.5m，无瓦斯涌出		《煤矿安全规程》第一百六十八条
3	氢气浓度	风流中以及局部积聚处不超过 0.5%	查资料	《煤矿安全规程》第一百六十七条
4	剩油、废油处置	（1）无存放汽油、煤油 （2）剩油、废油无泼洒在井巷内	查资料和现场	《煤矿安全规程》第二百五十五条
5	爆炸物品存放	禁止将爆炸物品存放在硐室内	查现场	《煤矿安全规程》第三百三十九条

续表

序号	检查内容	标准要求	检查方法	检查依据
6	充电要求	蓄电池动力装置充电必须在充电硐室内进行	查现场	《煤矿安全规程》第三百七十九条
7	测定电压	检修在车库内进行，测定电压时在揭开电池盖10min后测试	查现场	《煤矿安全规程》第三百七十九条
8	有害气体的浓度	（1）一氧化碳最高允许浓度0.0024% （2）氧化氮最高允许浓度0.00025% （3）二氧化硫最高允许浓度0.0005% （4）硫化氢最高允许浓度0.00066% （5）氨最高允许浓度0.004%	查资料和现场	《煤矿安全规程》第一百三十五条
9	甲烷、二氧化碳和其他有害气体检查	有甲烷、二氧化碳和其他有害气体检查台账	查资料和现场	《煤矿安全规程》第一百八十条
10	消防设备检查	每季度对消防器材的设置情况进行1次检查	查资料	《煤矿安全规程》第二百五十八条
11	测风	（1）每10天至少进行1次全面测风 （2）每次测风结果应当记录并写在测风地点的记录牌上	查资料	《煤矿安全规程》第一百四十条

第八章　水平（采、盘区）巷道现场监督检查及处理

第一节　轨道运输（大）巷现场监督检查及处理

一、设备设施

序号	检查内容	标准要求	检查方法	检查依据
1	轨道机车	机车的两端装置碰头或每端突出的长度小于100mm	查现场	《煤矿安全规程》第三百七十六条
2	路标和警标	巷道内装设路标和警标	查现场	《煤矿安全规程》第三百七十七条
3	轨道线路	（1）使用不小于30kg/m的钢轨 （2）同一线路必须使用同一型号钢轨，道岔的钢轨型号不得低于线路的钢轨型号	查资料和现场	《煤矿安全规程》第三百八十条
4	无极绳绞车	（1）绞车的外露旋转零部件（除摩擦轮、制动器外）应有防护装置 （2）绞车应设置总停开关 （3）制动器动作灵敏，制动平稳、可靠、无卡阻现象 （4）制动闸瓦与制动轮的接触面积应不少于70%；制动闸瓦与制动轮无缺损，无断裂，表面无油迹；无影响使用性能的龟裂、起泡、分层等缺陷 （5）减速器密封处不应有渗油现象 （6）绞车运转应平稳、可靠、无异常声响，各紧固件及联结部分不应有松动现象 （7）操纵机构应灵活可靠，操作方便、安全 （8）绞车各润滑部位应润滑良好	查资料和现场	煤矿用无极绳绞车安全检验规范（AQ 1037-2007）

续表

序号	检查内容	标准要求	检查方法	检查依据
5	电缆	（1）主线芯截面满足供电线路负荷要求 （2）有供保护接地用的足够截面的导体 （3）固定敷设的高压电缆，井筒倾角为45°及其以上时，采用矿用粗钢丝铠装电力电缆；倾角为45°以下时，采用煤矿用钢带或者细钢丝铠装电力电缆 （4）固定敷设的低压电缆，采用煤矿用铠装或者非铠装电力电缆或者对应电压等级的煤矿用橡套软电缆 （5）非固定敷设的高低压电缆，采用煤矿用橡套软电缆	查资料	《煤矿安全规程》第四百六十三条
6	消防管路	井巷内每隔 100m 设置支管和阀门	查现场	《煤矿安全规程》第二百四十九条

二、作业环境

序号	检查内容	标准要求	检查方法	检查依据
1	有害气体的浓度	（1）一氧化碳最高允许浓度 0.0024% （2）氧化氮最高允许浓度 0.00025% （3）二氧化硫最高允许浓度 0.0005% （4）硫化氢最高允许浓度 0.00066% （5）氨最高允许浓度 0.004%	查资料和现场	《煤矿安全规程》第一百三十五条
2	风流速度	允许风速不超过 8m/s	查资料和现场	《煤矿安全规程》第一百三十六条
3	空气温度	进风井口以下的空气温度（干球温度）在 2℃以上	查资料和现场	《煤矿安全规程》第一百三十七条
4	巷道净高	（1）轨道机车自轨面起不低于 2m （2）平巷不低于 2m	查现场	《煤矿安全规程》第九十条
5	巷道断面	实际断面不小于设计断面的 4/5	查资料和现场	《煤矿安全生产标准化基本要求及评分办法》

序号	检查内容	标准要求	检查方法	检查依据
6	巷道（包括管、线、电缆）与运输设备最突出部分之间的最小间距	（1）平板车上最小间距不小于0.3m （2）单轨吊车最小间距顶部不小于0.5m，两侧不小于0.85m	查现场	《煤矿安全规程》第九十条
7	人行道	（1）高度不小于1.8m	查现场	煤矿巷道断面和交岔点设计规范（GB 50419-2017）
		（2）宽度不低于1m；小于1m时，必须在巷道一侧设置躲避硐，2个躲避硐的间距不得超过40m。躲避硐宽度不得小于1.2m，深度不得小于0.7m，高度不得小于1.8m。躲避硐内严禁堆积物料		《煤矿安全规程》第九十一条
8	管道吊挂高度	不低于1.8m	查现场	《煤矿安全规程》第九十一条
9	对开两车最突出部分之间的距离	（1）轨道运输不小于0.2m （2）矿车摘挂钩地点不小于1m	查现场	《煤矿安全规程》第九十二条
10	运输巷道与架空乘人装置突出部分之间的最小间距	（1）吊椅中心至巷道一侧突出部分的距离不小于0.7m；双向同时运送人员时，钢丝绳间距不得小于0.8m （2）固定抱索器的钢丝绳间距不小于1.0m （3）吊椅距底板的高度不小于0.2m，上下人站处不大于0.5m	查资料和现场	《煤矿安全规程》第三百八十三条
11	架空乘人装置乘坐间距	不小于牵引钢丝绳5s的运行距离，且不得小于6m	查现场	《煤矿安全规程》第三百八十三条

序号	检查内容	标准要求	检查方法	检查依据
12	架空乘人装置运行坡度	固定抱索器最大运行坡度不超过28°，可摘挂抱索器最大运行坡度不超过25°	查资料	《煤矿安全规程》第三百八十三条
13	架空乘人装置运行速度 θ/(°)	（1）28≥θ>25，固定抱索器速度≤0.8m/s （2）25≥θ>20，固定抱索器速度≤1.2m/s，可摘挂抱索器速度≤1.2m/s （3）20≥θ>14，固定抱索器速度≤1.2m/s，可摘挂抱索器速度≤1.4m/s （4）θ≤14，固定抱索器速度≤1.2m/s，可摘挂抱索器速度≤1.7m/s （5）运行速度超过1.4m/s时，设置调速装置，实现静止状态上下人员，严禁人员在非乘人站上下	查资料和现场	《煤矿安全规程》第三百八十三条
14	架空乘人装置乘人站	（1）设上下人平台 （2）乘人平台处钢丝绳距巷道壁不小于1m （3）路面应当进行防滑处理	查资料和现场	《煤矿安全规程》第三百八十三条
15	测风	（1）每10天至少进行1次全面测风 （2）每次测风结果应当记录并写在测风地点的记录牌上	查资料和现场	《煤矿安全规程》第一百四十条
16	灭火器材	（1）数量、规格和存放地点，在灾害预防和处理计划中确定	查资料	《煤矿安全规程》第二百五十七条
		（2）每季度对消防器材的设置情况进行1次检查		《煤矿安全规程》第二百五十八条
17	路标和警标	（1）交岔点设置路标，标明所在地点，指明通往安全出口的方向	查现场	《煤矿安全规程》第八十八条
		（2）巷道内应当装设路标和警标		《煤矿安全规程》第三百七十七条
18	避灾路线标识	巷道交叉口设置避灾路线标识，大巷巷道内设置标识的间隔距离不大于300m，采区内巷道设置标识的间隔距离不大于200m	查现场	《煤矿安全规程》第六百八十四条

续表

序号	检查内容	标准要求	检查方法	检查依据
19	甲烷传感器（便携仪）的设置	带式输送机滚筒上方设置甲烷传感器	查现场	《煤矿安全规程》第四百九十八条
20	剩油、废油处置	（1）无存放汽油、煤油 （2）剩油、废油无泼洒在井巷内	查资料和现场	《煤矿安全规程》第二百五十五条
21	爆炸物品存放	禁止将爆炸物品存放在井底车场内	查现场	《煤矿安全规程》第三百三十九条
22	通风设施	（1）及时构筑通风设施（指永久密闭、风门、风窗和风桥），设施墙（桥）体采用不燃性材料构筑，其厚度不小于0.5m（防突风门、风窗墙体不小于0.8m），严密不漏风 （2）密闭、风门、风窗墙体周边按规定掏槽，墙体与煤岩接实，四周有不少于0.1m的裙边，周边及围岩不漏风；墙面平整、无裂缝、重缝和空缝，并进行勾缝或者抹面或者喷浆，抹面的墙面1m²内凸凹深度不大于10mm （3）设施5m范围内支护完好，无片帮、漏顶、杂物、积水和淤泥 （4）设施统一编号，每道设施有规格统一的施工说明及检查维护记录牌	查现场	《煤矿安全生产标准化基本要求及评分办法》
23	密闭	（1）密闭位置距全风压巷道口不大于5m，设有规格统一的瓦斯检查牌板和警标，距巷道口大于2m的设置栅栏 （2）密闭前无瓦斯积聚。所有导电体在密闭处断开（在用的管路采取绝缘措施处理除外） （3）密闭内有水时设反水池或者反水管，采空区密闭设有观测孔、措施孔，且孔口设置阀门或者带有水封结构	查现场	《煤矿安全生产标准化基本要求及评分办法》

序号	检查内容	标准要求	检查方法	检查依据
24	风门、风窗	（1）每组风门不少于2道，其间距不小于5m（通车风门间距不小于1列车长度），主要进、回风巷之间的联络巷设具有反向功能的风门，其数量不少于2道；通车风门按规定设置和管理，并有保护风门及人员的安全措施 （2）风门能自动关闭，并连锁，使2道风门不能同时打开；门框包边沿口，有衬垫，四周接触严密，门扇平整不漏风；风窗有可调控装置，调节可靠 （3）风门、风窗水沟处设有反水池或者挡风帘，轨道巷通车风门设有底槛，电缆、管路孔堵严，风筒穿过风门（风窗）墙体时，在墙上安装与胶质风筒直径匹配的硬质风筒	查现场	《煤矿安全生产标准化基本要求及评分办法》
25	风桥	（1）风桥两端接口严密，四周为实帮、实底，用混凝土浇灌填实；桥面规整不漏风 （2）风桥通风断面不小于原巷道断面的4/5，呈流线型，坡度小于30°；风桥上、下不安设风门、调节风窗等	查现场	《煤矿安全生产标准化基本要求及评分办法》
26	安全监控设备检测试验	（1）每月至少调校、测试1次 （2）采用载体催化元件的甲烷传感器每15天使用标准气样和空气样在设备设置地点至少调校1次，并有调校记录 （3）甲烷电闭锁和风电闭锁功能每15天测试1次，其中，对可能造成局部通风机停电的，每半年测试1次，并有测试签字记录	查资料	《煤矿安全生产标准化基本要求及评分办法》
27	防尘供水系统	（1）吊挂平直，不漏水 （2）管路三通阀门便于操作 （3）运煤（矸）转载点设有喷雾装置	查现场	《煤矿安全生产标准化基本要求及评分办法》
28	风流净化水幕	（1）至少设置2道 （2）喷射混凝土时，在回风侧100m范围内至少安设2道净化水幕	查资料和现场	《煤矿安全生产标准化基本要求及评分办法》
		（3）距工作面50m范围内设置一道自动控制风流净化水幕		煤矿井下粉尘综合防治技术规范（AQ1020－2006）

序号	检查内容	标准要求	检查方法	检查依据
29	巷道冲洗	（1）每月至少冲洗1次	查资料和现场	《煤矿安全生产标准化基本要求及评分办法》
		（2）距工作面20m范围的巷道每班至少冲洗一次，20m外的每旬至少冲洗一次 （3）巷道中无连续长5m、厚度超过2mm的煤尘堆积		煤矿井下粉尘综合防治技术规范（AQ1020－2006）

三、工作岗位

序号	检查内容	标准要求	检查方法	检查依据
1	个体防护	佩戴矿灯、自救器、橡胶安全帽（或玻璃钢安全帽）、防尘口罩、防冲击眼护具、布手套、胶面防砸安全靴、耳塞、耳罩等	查资料和现场	煤矿职业安全卫生个体防护用品配备标准(AQ1051)
2	岗位安全生产责任制	严格执行本岗位安全生产责任制，掌握本岗位相应的操作规程和安全措施，操作规范	查资料和现场	《煤矿安全生产标准化基本要求及评分办法》
3	安全确认	作业前进行安全确认	查现场	《煤矿安全生产标准化基本要求及评分办法》
4	架空乘人装置安全保护装置操作	安全保护装置发生保护动作后，需经人工复位，方可重新启动	查现场	《煤矿安全规程》第三百八十三条
5	架空乘人装置检查	（1）每日至少对整个装置进行1次检查	查现场	《煤矿安全规程》第三百八十三条
		（2）每年至少对整个装置进行1次安全检测检验	查资料	

续表

序号	检查内容	标准要求	检查方法	检查依据
6	巷道维修	（1）锚网巷道维修施工地点有临时支护和防止失修范围扩大的措施 （2）维修倾斜巷道时，应当停止行车；需要通车作业时，制定行车安全措施。严禁上、下段同时作业 （3）更换巷道支护先加固邻近支护时，拆除原有支护后，及时除掉顶帮活矸和架设永久支护，必要时采取临时支护措施。在倾斜巷道中，必须有防止矸石、物料滚落和支架歪倒的安全措施	查资料和现场	《煤矿安全规程》第一百二十六条
7	测风	（1）每10天至少进行1次全面测风 （2）根据实际需要随时测风，每次测风结果应当记录并写在测风地点的记录牌上	查资料	《煤矿安全规程》第一百四十条
8	电焊、气焊和喷灯焊接作业	（1）制定安全措施，由矿长批准 （2）指定专人在场检查和监督 （3）地点的前后两端各10m的井巷范围内，应当是不燃性材料支护，有供水管路，有专人负责喷水，焊接前清理或者隔离焊渣飞溅区域内的可燃物 （4）至少备有2个灭火器 （5）在工作地点下方用不燃性材料设施接收火星 （6）工作地点的风流中甲烷浓度不得超过0.5%，只有在检查证明作业地点附近20m范围内巷道顶部和支护背板后无瓦斯积存时，方可进行作业 （7）作业完毕后，作业地点应当再次用水喷洒，有专人在作业地点检查1h，发现异常，立即处理	查资料和现场	《煤矿安全规程》第二百五十四条
9	电气设备检修或搬迁	（1）不带电检修电气设备 （2）严禁带电搬迁非本安型电气设备、电缆 （3）检修或者搬迁前，切断上级电源，检查瓦斯，在其巷道风流中甲烷浓度低于1.0%时，再用与电源电压相适应的验电笔检验，检验无电后，进行导体对地放电	查现场	《煤矿安全规程》第四百四十二条

续表

序号	检查内容	标准要求	检查方法	检查依据
9	电气设备检修或搬迁	（4）非专职人员或者非值班电气人员不得操作电气设备	查现场	《煤矿安全规程》第四百四十三条
		（5）操作高压电气设备主回路时操作人员必须戴绝缘手套并穿电工绝缘靴或者站在绝缘台上		《煤矿安全规程》第四百四十六条
10	电缆敷设	（1）水平巷道或倾角在30°以下的井巷中，电缆采用吊钩悬挂 （2）倾角在30°及以上的井巷中，电缆采用夹子、卡箍或者其他夹持装置进行敷设。夹持装置应当能承受电缆重量，并不得损伤电缆 （3）有适当的弛度，能在意外受力时自由坠落 （4）悬挂高度能保证电缆坠落时不落在输送机上 （5）电缆悬挂点间距不超过3m	查现场	《煤矿安全规程》第四百六十四条
		（6）电缆不悬挂在管道上，不淋水，无悬挂任何物件 （7）电缆与压风管、供水管在巷道同一侧敷设时，敷设在管子上方，保持0.3m以上的距离 （8）瓦斯抽采管路巷道内，电缆（包括通信电缆）必须与瓦斯抽采管路分挂在巷道两侧 （9）盘圈或者盘"8"字形的电缆不带电 （10）通信和信号电缆与电力电缆分挂在井巷的两侧；条件不具备时，敷设在距电力电缆0.3m以外的地方 （11）高、低压电力电缆敷设在巷道同一侧时，高、低压电缆之间的距离大于0.1m。高压电缆之间、低压电缆之间的距离不得小于50mm		《煤矿安全规程》第四百六十五条
		（12）电缆穿过墙壁部分用套管保护，严密封堵管口		《煤矿安全规程》第四百六十七条
		（13）橡套电缆接地芯线，除用作监测接地回路外，不得兼作他用		《煤矿安全规程》第四百八十条

续表

序号	检查内容	标准要求	检查方法	检查依据
11	电缆连接	（1）电缆与电气设备连接时，电缆线芯使用齿形压线板（卡爪）、线鼻子或者快速连接器与电气设备进行连接 （2）不同型电缆之间严禁直接连接，必须是经过符合要求的接线盒、连接器或者母线盒进行连接。 （3）橡套电缆的修补连接（包括绝缘、护套已损坏的橡套电缆的修补）采用阻燃材料进行硫化热补或者与热补有同等效能的冷补	查现场	《煤矿安全规程》第四百六十八条
12	电缆检查周期	（1）高压电缆的泄漏和耐压试验每年1次 （2）固定敷设电缆的绝缘和外部检查每季度1次，每周由专职电工检查1次外部和悬挂情况	查资料和现场	《煤矿安全规程》第四百八十三条
13	电气设备检查、维护和调整	（1）由电气维修工进行 （2）高压电气设备和线路的修理和调整工作，有工作票和施工措施 （3）高压停、送电的操作，根据书面申请或者其他联系方式，得到批准后，由专责电工执行	查资料和现场	《煤矿安全规程》第四百八十一条
		（4）防爆电气设备防爆性能遭受破坏时，立即处理或者更换		《煤矿安全规程》第四百八十二条
14	电气设备检查和调整周期	（1）使用中的防爆电气设备的防爆性能检查每月1次，每日应当由分片负责电工检查1次外部 （2）主要电气设备绝缘电阻的检查至少6个月1次 （3）配电系统断电保护装置检查整定每6个月1次	查资料和现场	《煤矿安全规程》第四百八十三条
15	安全监控系统安装	供电电源不接在被控开关的负荷侧	查现场	煤矿安全监控系统及检测仪器使用管理规范（AQ1029－2019）

序号	检查内容	标准要求	检查方法	检查依据
16	安全监控系统检查及维修	（1）发生故障时，必须及时处理，在故障处理期间必须采用人工监测等安全措施，并填写故障记录	查资料和现场	《煤矿安全规程》第四百九十二条
		（2）每天检查安全监控设备及线缆是否正常	查现场	《煤矿安全规程》第四百九十三条
17	架棚支护	（1）支架腿应当落在实底上 （2）支架与顶、帮之间的空隙塞紧、背实 （3）支架间设牢固的撑杆或者拉杆，可缩性金属支架应当采用金属支拉杆，并用机械或者力矩扳手拧紧卡缆 （4）倾斜井巷支架应当设迎山角 （5）可缩性金属支架可待受压变形稳定后喷射混凝土覆盖	查现场	《煤矿安全规程》第一百零三条
18	机车运送爆炸物品	（1）炸药和电雷管同一列车内运输时，装有炸药与装有电雷管的车辆之间，以及装有炸药或者电雷管的车辆与机车之间，用空车分别隔开，隔开长度不得小于3m （2）电雷管装在专用的、带盖的、有木质隔板的车厢内，车厢内部应当铺有胶皮或者麻袋等软质垫层，并只准放置1层爆炸物品箱。炸药箱可装在矿车内，但堆放高度不得超过矿车上缘。运输炸药、电雷管的矿车或者车厢有专门的警示标识 （3）爆炸物品由井下爆炸物品库负责人或者经过专门培训的人员专人护送。跟车工、护送人员和装卸人员坐在尾车内，严禁其他人员乘车 （4）列车的行驶速度不超过2m/s （5）装有爆炸物品的列车不同时运送其他物品	查现场	《煤矿安全规程》第三百四十条
19	钢丝绳牵引的车辆运送爆炸物品	（1）炸药和电雷管分开运输，运输速度不超过1m/s （2）运输电雷管的车辆必须加盖、加垫，车厢内以软质垫物塞紧，防止震动和撞击	查现场	《煤矿安全规程》第三百四十一条

续表

序号	检查内容	标准要求	检查方法	检查依据
20	人力运送爆炸物品	（1）电雷管必须由爆破工亲自运送，炸药由爆破工或者在爆破工监护下运送 （2）爆炸物品必须装在耐压和抗撞冲、防震、防静电的非金属容器内，不得将电雷管和炸药混装 （3）爆炸物品严禁装在衣袋内。领到爆炸物品后，应当直接送到工作地点，严禁中途逗留	查现场	《煤矿安全规程》第三百四十二条

第二节　带式输送机运输（大）巷现场监督检查及处理

一、设备设施

序号	检查内容	标准要求	检查方法	检查依据
1	输送带、托辊和滚筒包胶材料	采用非金属聚合物制造	查资料	《煤矿安全规程》第三百七十四条
2	带式输送机保护装置	（1）装设防打滑、跑偏、堆煤、撕裂等保护装置，温度、烟雾监测装置和自动洒水装置 （2）具备沿线急停闭锁功能 （3）装设输送带张紧力下降保护装置 （4）上运时装设防逆转装置和制动装置；下运时装设软制动装置且必须装设防超速保护装置	查资料和现场	《煤矿安全规程》第三百七十四条
		（5）装有带式输送机的井筒兼作风井使用时，有自动报警灭火装置，敷设消防管路，有防尘措施		《煤矿安全规程》第一百四十五条
3	喷雾装置或除尘器	转载点安设喷雾装置或除尘器	查现场	《煤矿安全规程》第六百五十二条

续表

序号	检查内容	标准要求	检查方法	检查依据
4	照明设施	（1）机头、机尾及搭接处有照明	查现场	《煤矿安全规程》第三百七十四条
		（2）兼作人行道的集中带式输送机巷道照明灯的间距不得大于30m		《煤矿安全规程》第四百六十九条
5	照明和信号的配电装置	具有短路、过负荷和漏电保护的照明信号综合保护功能	查资料和现场	《煤矿安全规程》第四百七十四条
6	带式输送机安全防护设施	（1）机头、机尾、驱动滚筒和改向滚筒处，有防护栏及警示牌 （2）行人跨越处有过桥 （3）大于16°的倾斜井巷中设置防护网，采取防止物料下滑、滚落等的安全措施	查现场	《煤矿安全规程》第三百七十四条
		（4）架空乘人装置与带式输送机同巷布置时，采取可靠的隔离措施		《煤矿安全规程》第三百八十三条
7	电缆	（1）主线芯截面满足供电线路负荷要求 （2）有供保护接地用的足够截面的导体 （3）固定敷设的高压电缆，井筒倾角为45°及其以上时，采用矿用粗钢丝铠装电力电缆；倾角为45°以下时，采用煤矿用钢带或者细钢丝铠装电力电缆 （4）固定敷设的低压电缆，采用煤矿用铠装或者非铠装电力电缆或者对应电压等级的煤矿用橡套软电缆 （5）非固定敷设的高低压电缆，采用煤矿用橡套软电缆	查资料	《煤矿安全规程》第四百六十三条
8	交岔点路标	交岔点设置路标，标明所在地点，指明通往安全出口的方向	查资料	《煤矿安全规程》第八十八条
9	避灾路线标识	巷道交叉口设置避灾路线标识，大巷巷道内设置标识的间隔距离不大于300m，采区内巷道不大于200m	查现场	《煤矿安全规程》第六百八十四条
10	消防管路系统	（1）井巷内每隔100m设置支管和阀门	查现场	《煤矿安全规程》第二百四十九条
		（2）在带式输送机巷道中应当每隔50m设置支管和阀门	查资料和现场	《煤矿安全规程》第一百四十五条

二、作业环境

序号	检查内容	标准要求	检查方法	检查依据
1	有害气体的浓度	(1) 一氧化碳最高允许浓度 0.0024% (2) 氧化氮最高允许浓度 0.00025% (3) 二氧化硫最高允许浓度 0.0005% (4) 硫化氢最高允许浓度 0.00066% (5) 氨最高允许浓度 0.004%	查资料和现场	《煤矿安全规程》第一百三十五条
2	风流速度	允许风速不超过 8m/s	查资料和现场	《煤矿安全规程》第一百三十六条
3	空气温度	进风井口以下的空气温度（干球温度）在 2℃ 以上	查资料和现场	《煤矿安全规程》第一百三十七条
4	安全出口	(1) 井下每一个水平到上一个水平和各个采（盘）区至少有 2 个便于行人的安全出口，并与通达地面的安全出口相连 (2) 未建成 2 个安全出口的水平或者采（盘）区严禁回采 (3) 经常清理、维护，保持畅通	查现场	《煤矿安全规程》第八十八条
5	巷道净高	平巷不低于 2m	查现场	《煤矿安全规程》第九十条
6	巷道断面	实际断面不小于设计断面的 4/5	查资料和现场	《煤矿安全生产标准化基本要求及评分办法》
7	巷道（包括管、线、电缆）与运输设备最突出部分之间的最小间距	输送机最小间距不小于 0.5m，机头和机尾处与巷帮支护的距离不小于 0.7m	查现场	《煤矿安全规程》第九十条

序号	检查内容	标准要求	检查方法	检查依据
8	管道吊挂高度	不低于1.8m	查现场	《煤矿安全规程》第九十一条
9	人行道	（1）高度不小于1.8m	查现场	煤矿巷道断面和交岔点设计规范（GB 50419－2017）
		（2）宽度不低于1m；小于1m时，必须在巷道一侧设置躲避硐，2个躲避硐的间距不得超过40m。躲避硐宽度不得小于1.2m，深度不得小于0.7m，高度不得不于1.8m。躲避硐内严禁堆积物料		《煤矿安全规程》第九十一条
10	爆炸物品存放	禁止将爆炸物品存放在巷道内	查现场	《煤矿安全规程》第三百三十九条
11	灭火器材	（1）数量、规格和存放地点，在灾害预防和处理计划中确定	查资料	《煤矿安全规程》第二百五十七条
		（2）每季度对消防器材的设置情况进行1次检查		《煤矿安全规程》第二百五十八条
12	通风设施	（1）及时构筑通风设施（指永久密闭、风门、风窗和风桥），设施墙（桥）体采用不燃性材料构筑，其厚度不小于0.5m（防突风门、风窗墙体不小于0.8m），严密不漏风 （2）密闭、风门、风窗墙体周边按规定掏槽，墙体与煤岩接实，四周有不少于0.1m的裙边，周边及围岩不漏风；墙面平整、无裂缝、重缝和空缝，并进行勾缝或者抹面或者喷浆，抹面的墙面1m² 内凹凸深度不大于10mm （3）设施5m范围内支护完好，无片帮、漏顶、杂物、积水和淤泥 （4）设施统一编号，每道设施有规格统一的施工说明及检查维护记录牌	查现场	《煤矿安全生产标准化基本要求及评分办法》

续表

序号	检查内容	标准要求	检查方法	检查依据
13	密闭	（1）密闭位置距全风压巷道口不大于5m，设有规格统一的瓦斯检查牌板和警标，距巷道口大于2m的设置栅栏 （2）密闭前无瓦斯积聚。所有导电体在密闭处断开（在用的管路采取绝缘措施处理除外） （3）密闭内有水时设有反水池或者反水管，采空区密闭设有观测孔、措施孔，且孔口设置阀门或者带有水封结构	查现场	《煤矿安全生产标准化基本要求及评分办法》
14	风门、风窗	（1）每组风门不少于2道，其间距不小于5m（通车风门间距不小于1列车长度），主要进、回风巷之间的联络巷设具有反向功能的风门，其数量不少于2道；通车风门按规定设置和管理，并有保护风门及人员的安全措施 （2）风门能自动关闭，并连锁，使2道风门不能同时打开；门框包边沿口，有衬垫，四周接触严密，门扇平整不漏风；风窗有可调控装置，调节可靠 （3）风门、风窗水沟处设有反水池或者挡风帘，轨道巷通车风门设有底槛，电缆、管路孔堵严，风筒穿过风门（风窗）墙体时，在墙上安装与胶质风筒直径匹配的硬质风筒	查现场	《煤矿安全生产标准化基本要求及评分办法》
15	风桥	（1）风桥两端接口严密，四周为实帮、实底，用混凝土浇灌填实；桥面规整不漏风 （2）风桥通风断面不小于原巷道断面的4/5，呈流线型，坡度小于30°；风桥上、下不安设风门、调节风窗等	查现场	《煤矿安全生产标准化基本要求及评分办法》
16	安全监控设备检测试验	（1）每月至少调校、测试1次 （2）采用载体催化元件的甲烷传感器每15天使用标准气样和空气样在设备设置地点至少调校1次，并有调校记录 （3）甲烷电闭锁和风电闭锁功能每15天测试1次，其中，对可能造成局部通风机停电的，每半年测试1次，并有测试签字记录	查资料	《煤矿安全生产标准化基本要求及评分办法》

续表

序号	检查内容	标准要求	检查方法	检查依据
17	防尘供水系统	（1）吊挂平直，不漏水 （2）管路三通阀门便于操作 （3）运煤（矸）转载点设有喷雾装置	查现场	《煤矿安全生产标准化基本要求及评分办法》
18	风流净化水幕	（1）至少设置2道 （2）喷射混凝土时，在回风侧100m范围内至少安设2道净化水幕	查资料和现场	《煤矿安全生产标准化基本要求及评分办法》
		（3）距工作面50m范围内设置一道自动控制风流净化水幕		煤矿井下粉尘综合防治技术规范（AQ1020-2006）
19	巷道冲洗	（1）每月至少冲洗1次	查资料和现场	《煤矿安全生产标准化基本要求及评分办法》
		（2）距工作面20m范围的巷道每班至少冲洗一次，20m外的每旬至少冲洗一次 （3）巷道中无连续长5m、厚度超过2mm的煤尘堆积		煤矿井下粉尘综合防治技术规范（AQ1020-2006）

三、工作岗位

序号	检查内容	标准要求	检查方法	检查依据
1	个体防护	佩戴矿灯、自救器、橡胶安全帽（或玻璃钢安全帽）、防尘口罩、防冲击眼护具、布手套、胶面防砸安全靴、耳塞、耳罩等	查资料和现场	煤矿职业安全卫生个体防护用品配备标准(AQ1051)
2	岗位安全生产责任制	严格执行本岗位安全生产责任制，掌握本岗位相应的操作规程和安全措施，操作规范	查资料和现场	《煤矿安全生产标准化基本要求及评分办法》

序号	检查内容	标准要求	检查方法	检查依据
3	安全确认	作业前进行安全确认	查现场	《煤矿安全生产标准化基本要求及评分办法》
4	带式输送机运输	（1）严禁用带式输送机等运输爆炸物品	查现场	《煤矿安全规程》第三百四十一条
		（2）输送机运转时不能打开检查孔 （3）严禁在输送机运行时润滑 （4）输送机正常停机前，需将物料全部卸完，方可切断电源		煤矿用带式输送机安全规范（GB 22340－2008）
5	测风	（1）每10天至少进行1次全面测风 （2）每次测风结果应当记录并写在测风地点的记录牌上	查资料和现场	《煤矿安全规程》第一百四十条
6	电焊、气焊和喷灯焊接作业	（1）制定安全措施，由矿长批准 （2）指定专人在场检查和监督 （3）地点的前后两端各10m的井巷范围内，应当是不燃性材料支护，有供水管路，有专人负责喷水，焊接前清理或者隔离焊碴飞溅区域内的可燃物 （4）至少备有2个灭火器 （5）在工作地点下方用不燃性材料设施接收火星 （6）工作地点的风流中甲烷浓度不得超过0.5%，只有在检查证明作业地点附近20m范围内巷道顶部和支护背板后无瓦斯积存时，方可进行作业 （7）作业完毕后，作业地点应当再次用水喷洒，有专人在作业地点检查1h，发现异常，立即处理	查资料和现场	《煤矿安全规程》第二百五十四条
7	剩油、废油处置	（1）无存放汽油、煤油 （2）剩油、废油无泼洒在井巷内	查资料和现场	《煤矿安全规程》第二百五十五条

序号	检查内容	标准要求	检查方法	检查依据
8	电气设备检修或搬迁	（1）不带电检修电气设备 （2）严禁带电搬迁非本安型电气设备、电缆 （3）检修或者搬迁前，切断上级电源，检查瓦斯，在其巷道风流中甲烷浓度低于1.0%时，再用与电源电压相适应的验电笔检验；检验无电后，进行导体对地放电	查现场	《煤矿安全规程》第四百四十二条
		（4）非专职人员或者非值班电气人员不得操作电气设备		《煤矿安全规程》第四百四十三条
		（5）操作高压电气设备主回路时操作人员必须戴绝缘手套并穿电工绝缘靴或者站在绝缘台上		《煤矿安全规程》第四百四十六条
9	电缆敷设	（1）水平巷道或倾角在30°以下的井巷中，电缆采用吊钩悬挂 （2）倾角在30°及以上的井巷中，电缆采用夹子、卡箍或者其他夹持装置进行敷设。夹持装置应当能承受电缆重量，并不得损伤电缆 （3）有适当的弛度，能在意外受力时自由坠落 （4）悬挂高度能保证电缆坠落时不落在输送机上 （5）电缆悬挂点间距不超过3m	查现场	《煤矿安全规程》第四百六十四条
		（6）电缆不悬挂在管道上，不淋水，无悬挂任何物件 （7）电缆与压风管、供水管在巷道同一侧敷设时，敷设在管子上方，保持0.3m以上的距离 （8）瓦斯抽采管路巷道内，电缆（包括通信电缆）必须与瓦斯抽采管路分挂在巷道两侧 （9）盘圈或者盘"8"字形的电缆不带电 （10）通信和信号电缆与电力电缆分挂在井巷的两侧；条件不具备时，敷设在距电力电缆0.3m以外的地方 （11）高、低压电力电缆敷设在巷道同一侧时，高、低压电缆之间的距离大于0.1m。高压电缆之间、低压电缆之间的距离不得小于50mm		《煤矿安全规程》第四百六十五条

序号	检查内容	标准要求	检查方法	检查依据
9	电缆敷设	（12）电缆穿过墙壁部分用套管保护，严密封堵管口	查现场	《煤矿安全规程》第四百六十七条
		（13）橡套电缆接地芯线，除用作监测接地回路外，不得兼作他用		《煤矿安全规程》第四百八十条
10	电缆连接	（1）电缆与电气设备连接时，电缆线芯使用齿形压线板（卡爪）、线鼻子或者快速连接器与电气设备进行连接 （2）不同型电缆之间严禁直接连接，必须经过符合要求的接线盒、连接器或者母线盒进行连接。 （3）橡套电缆的修补连接（包括绝缘、护套已损坏的橡套电缆的修补）采用阻燃材料进行硫化热补或者与热补有同等效能的冷补	查现场	《煤矿安全规程》第四百六十八条
11	电缆检查周期	（1）高压电缆的泄漏和耐压试验每年1次 （2）固定敷设电缆的绝缘和外部检查每季1次，每周由专职电工检查1次外部和悬挂情况	查资料和现场	《煤矿安全规程》第四百八十三条
12	电气设备检查、维护和调整	（1）由电气维修工进行 （2）高压电气设备和线路的修理和调整工作，有工作票和施工措施 （3）高压停、送电的操作，根据书面申请或者其他联系方式，得到批准后，由专责电工执行	查资料和现场	《煤矿安全规程》第四百八十一条
		（4）防爆电气设备防爆性能遭受破坏时，立即处理或者更换		《煤矿安全规程》第四百八十二条
13	电气设备检查和调整周期	（1）使用中的防爆电气设备的防爆性能检查每月1次，每日应当由分片负责电工检查1次外部 （2）主要电气设备绝缘电阻的检查至少6个月1次 （3）配电系统断电保护装置检查整定每6个月1次	查资料和现场	《煤矿安全规程》第四百八十三条

续表

序号	检查内容	标准要求	检查方法	检查依据
14	安全监控系统安装	供电电源不接在被控开关的负荷侧	查现场	煤矿安全监控系统及检测仪器使用管理规范（AQ1029－2019）
15	安全监控系统检查及维修	（1）发生故障时，必须及时处理，在故障处理期间必须采用人工监测等安全措施，并填写故障记录	查资料和现场	《煤矿安全规程》第四百九十二条
		（2）每天检查安全监控设备及线缆是否正常		《煤矿安全规程》第四百九十三条

第三节 辅助运输（大）巷现场监督检查及处理

一、设备设施

序号	检查内容	标准要求	检查方法	检查依据
1	柴油机和蓄电池单轨吊车	（1）安全制动和停车制动装置为失效安全型，制动力为额定牵引力的1.5~2倍 （2）设置既可手动又能自动的安全闸 （3）具备2路以上相对独立回油的制动系统 （4）设置超速保护装置 （5）配备通信装置	查资料和现场	《煤矿安全规程》第三百九十条
		（6）使用人车车厢 （7）两端设置制动装置，两侧设置防护装置		《煤矿安全规程》第三百九十一条
2	绳牵引单轨吊车	（1）安全制动和停车制动装置为失效安全型，制动力为额定牵引力的1.5~2倍 （2）设置既可手动又能自动的安全闸 （3）设置越位、超速、张紧力下降等保护 （4）设有跟车工时，必须设置跟车工与牵引绞车司机联络用的信号和通信装置 （5）在驱动部设置行车报警和信号装置	查资料和现场	《煤矿安全规程》第三百九十条

续表

序号	检查内容	标准要求	检查方法	检查依据
3	无极绳绞车	（1）绞车的外露旋转零部件（除摩擦轮、制动器外）应有防护装置 （2）绞车应设置总停开关 （3）制动器动作灵敏，制动平稳、可靠、无卡阻现象 （4）制动闸瓦与制动轮的接触面积应不少于70%；制动闸瓦与制动轮无缺损，无断裂，表面无油迹；无影响使用性能的龟裂、起泡、分层等缺陷 （5）减速器密封处不应有渗油现象 （6）绞车运转应平稳、可靠、无异常声响，各紧固件及联结部分不应有松动现象 （7）操纵机构应灵活可靠，操作方便、安全 （8）绞车各润滑部位应润滑良好	查资料和现场	煤矿用无极绳绞车安全检验规范（AQ 1037–2007）
4	架空乘人装置	（1）设置乘人间距提示或者保护装置（除固定抱索器之外） （2）设置调速装置（运行速度超过1.4m/s时）	查现场	《煤矿安全规程》第三百八十三条
		（3）设置失效安全型工作制动装置和安全制动装置，安全制动装置设置在驱动轮上，制动力为额定牵引力的1.5~2倍		《煤矿安全规程》第三百九十条
		（4）装设超速、打滑、全程急停、防脱绳、变坡点防掉绳、张紧力下降、越位等保护 （5）有断轴保护措施 （6）减速器设置油温检测装置 （7）沿线设置延时启动声光预警信号 （8）各上下人地点设置信号通信装置 （9）设置电气闭锁，采取可靠的隔离措施（架空乘人装置与轨道提升系统同巷布置）		《煤矿安全规程》第三百八十三条
5	交岔点路标	交岔点设置路标，标明所在地点，指明通往安全出口的方向	查现场	《煤矿安全规程》第八十八条
6	避灾路线标识	巷道交叉口设置避灾路线标识，大巷巷道内设置标识的间隔距离不大于300m，采区内巷道不大于200m	查现场	《煤矿安全规程》第六百八十四条

续表

序号	检查内容	标准要求	检查方法	检查依据
7	消防管路系统	井巷内每隔100m设置支管和阀门	查现场	《煤矿安全规程》第二百四十九条
8	灭火器材	（1）数量、规格和存放地点，在灾害预防和处理计划中确定	查资料	《煤矿安全规程》第二百五十七条
		（2）每季度对消防器材的设置情况进行1次检查		《煤矿安全规程》第二百五十八条
9	甲烷传感器（便携仪）的设置	矿用防爆型柴油机车、无轨胶轮车设置甲烷传感器	查现场	《煤矿安全规程》第四百九十八条
10	剩油、废油处置	（1）无存放汽油、煤油 （2）剩油、废油无泼洒在井巷内	查资料和现场	《煤矿安全规程》第二百五十五条
11	爆炸物品存放	禁止将爆炸物品存放在井底车场内	查现场	《煤矿安全规程》第三百三十九条
12	无轨胶轮车	（1）设置行车标识和交通管控信号 （2）长坡段巷道内采取车辆失速安全措施 （3）转弯处应当设置防撞装置 （4）人员躲避硐室、车辆躲避硐室附近应当设置标识	查现场	《煤矿安全规程》第三百九十二条
		（5）照明灯的间距不大于30m，巷道两侧安装有反光标识的不受此限		《煤矿安全规程》第四百六十九条

二、作业环境

序号	检查内容	标准要求	检查方法	检查依据
1	有害气体的浓度	（1）一氧化碳最高允许浓度0.0024% （2）氧化氮最高允许浓度0.00025% （3）二氧化硫最高允许浓度0.0005% （4）硫化氢最高允许浓度0.00066% （5）氨最高允许浓度0.004%	查资料和现场	《煤矿安全规程》第一百三十五条

续表

序号	检查内容	标准要求	检查方法	检查依据
2	风流速度	允许风速不超过 8m/s	查资料和现场	《煤矿安全规程》第一百三十六条
3	空气温度	进风井口以下的空气温度（干球温度）在 2℃以上	查资料和现场	《煤矿安全规程》第一百三十七条
4	安全出口	（1）井下每一个水平到上一个水平和各个采（盘）区至少有 2 个便于行人的安全出口，与通达地面的安全出口相连。 （2）未建成 2 个安全出口的水平或者采（盘）区严禁回采 （3）经常清理、维护，保持畅通	查现场	《煤矿安全规程》第八十八条
5	管道吊挂高度	不低于 1.8m	查现场	《煤矿安全规程》第九十一条
6	巷道净高	平巷不低于 2m	查现场	《煤矿安全规程》第九十条
7	巷道断面	实际断面不小于设计断面的 4/5	查资料和现场	《煤矿安全生产标准化基本要求及评分办法》
8	巷道（包括管、线、电缆）与运输设备最突出部分之间的最小间距	（1）平板车上最小间距不小于 0.3m （2）单轨吊车最小间距顶部不小于 0.5m，两侧不小于 0.85m	查现场	《煤矿安全规程》第九十条
9	人行道	（1）高度不小于 1.8m	查现场	煤矿巷道断面和交岔点设计规范（GB 50419－2017）
		（2）宽度不低于 1m （3）人行道的宽度小于 1m 时，必须在巷道一侧设置躲避硐，2 个躲避硐的间距不得超过 40m。躲避硐宽度不得小于 1.2m，深度不得小于 0.7m，高度不得小于 1.8m。躲避硐内严禁堆积物料		《煤矿安全规程》第九十一条

序号	检查内容	标准要求	检查方法	检查依据
9	人行道	（4）无轨胶轮车运输的矿井人行道宽度不足 1m 时，必须制定专项安全技术措施，严格执行"行人不行车，行车不行人"的规定 （5）在人车停车地点的巷道上下人侧，从巷道道碴面起 1.6m 的高度内，必须留有宽 1m 以上的人行道	查现场	《煤矿安全规程》第九十一条
10	通风设施	（1）及时构筑通风设施（指永久密闭、风门、风窗和风桥），设施墙（桥）体采用不燃性材料构筑，其厚度不小于 0.5m（防突风门、风窗墙体不小于 0.8m），严密不漏风 （2）密闭、风门、风窗墙体周边按规定掏槽，墙体与煤岩接实，四周有不少于 0.1m 的裙边，周边及围岩不漏风；墙面平整、无裂缝、重缝和空缝，并进行勾缝或者抹面或者喷浆，抹面的墙面 $1m^2$ 内凸凹深度不大于 10mm （3）设施 5m 范围内支护完好，无片帮、漏顶、杂物、积水和淤泥 （4）设施统一编号，每道设施有规格统一的施工说明及检查维护记录牌	查现场	《煤矿安全生产标准化基本要求及评分办法》
11	密闭	（1）密闭位置距全风压巷道口不大于 5m，设有规格统一的瓦斯检查牌板和警标，距巷道口大于 2m 的设置栅栏 （2）密闭前无瓦斯积聚。所有导电体在密闭处断开（在用的管路采取绝缘措施处理除外） （3）密闭内有水时设有反水池或者反水管，采空区密闭设有观测孔、措施孔，且孔口设置阀门或者带有水封结构	查现场	《煤矿安全生产标准化基本要求及评分办法》
12	风门、风窗	（1）每组风门不少于 2 道，其间距不小于 5m（通车风门间距不小于 1 列车长度），主要进、回风巷之间的联络巷设具有反向功能的风门，其数量不少于 2 道；通车风门按规定设置和管理，并有保护风门及人员的安全措施	查现场	《煤矿安全生产标准化基本要求及评分办法》

序号	检查内容	标准要求	检查方法	检查依据
12	风门、风窗	（2）风门能自动关闭，并连锁，使2道风门不能同时打开；门框包边沿口，有衬垫，四周接触严密，门扇平整不漏风；风窗有可调控装置，调节可靠 （3）风门、风窗水沟处设有反水池或者挡风帘，轨道巷通车风门设有底槛，电缆、管路孔堵严，风筒穿过风门（风窗）墙体时，在墙上安装与胶质风筒直径匹配的硬质风筒	查现场	《煤矿安全生产标准化基本要求及评分办法》
13	风桥	（1）风桥两端接口严密，四周为实帮、实底，用混凝土浇灌填实；桥面规整不漏风 （2）风桥通风断面不小于原巷道断面的4/5，呈流线型，坡度小于30°；风桥上、下不安设风门、调节风窗等	查现场	《煤矿安全生产标准化基本要求及评分办法》
14	安全监控设备检测试验	（1）每月至少调校、测试1次 （2）采用载体催化元件的甲烷传感器每15天使用标准气样和空气样在设备设置地点至少调校1次，并有调校记录 （3）甲烷电闭锁和风电闭锁功能每15天测试1次，其中，对可能造成局部通风机停电的，每半年测试1次，并有测试签字记录	查资料	《煤矿安全生产标准化基本要求及评分办法》
15	防尘供水系统	（1）吊挂平直，不漏水 （2）管路三通阀门便于操作 （3）运煤（矸）转载点设有喷雾装置	查现场	《煤矿安全生产标准化基本要求及评分办法》
16	风流净化水幕	（1）至少设置2道 （2）喷射混凝土时，在回风侧100m范围内至少安设2道净化水幕	查资料和现场	《煤矿安全生产标准化基本要求及评分办法》
		（3）距工作面50m范围内设置一道自动控制风流净化水幕		煤矿井下粉尘综合防治技术规范（AQ1020-2006）

续表

序号	检查内容	标准要求	检查方法	检查依据
17	巷道冲洗	（1）每月至少冲洗1次 （2）距工作面20m范围的巷道每班至少冲洗一次，20m外的每旬至少冲洗一次 （3）巷道中无连续长5m、厚度超过2mm的煤尘堆积	查资料和现场	《煤矿安全生产标准化基本要求及评分办法》 煤矿井下粉尘综合防治技术规范（AQ1020-2006）

三、工作岗位

序号	检查内容	标准要求	检查方法	检查依据
1	个体防护	佩戴矿灯、自救器、橡胶安全帽（或玻璃钢安全帽）、防尘口罩、防冲击眼护具、布手套、胶面防砸安全靴、耳塞、耳罩等	查资料和现场	煤矿职业安全卫生个体防护用品配备标准(AQ1051)
2	岗位安全生产责任制	严格执行本岗位安全生产责任制，掌握本岗位相应的操作规程和安全措施，操作规范	查资料和现场	《煤矿安全生产标准化基本要求及评分办法》
3	安全确认	作业前进行安全确认	查现场	《煤矿安全生产标准化基本要求及评分办法》
4	测风	（1）每10天至少进行1次全面测风 （2）每次测风结果应当记录并写在测风地点的记录牌上	查资料和现场	《煤矿安全规程》第一百四十条
5	电焊、气焊和喷灯焊接作业	（1）制定安全措施，由矿长批准 （2）指定专人在场检查和监督 （3）地点的前后两端各10m的井巷范围内，应当是不燃性材料支护，有供水管路，有专人负责喷水，焊接前清理或者隔离焊渣飞溅区域内的可燃物 （4）至少备有2个灭火器 （5）在工作地点下方用不燃性材料设施接收火星	查资料和现场	《煤矿安全规程》第二百五十四条

续表

序号	检查内容	标准要求	检查方法	检查依据
5	电焊、气焊和喷灯焊接作业	（6）工作地点的风流中甲烷浓度不得超过 0.5%，只有在检查证明作业地点附近 20m 范围内巷道顶部和支护背板后无瓦斯积存时，方可进行作业 （7）作业完毕后，作业地点应当再次用水喷洒，有专人在作业地点检查 1h，发现异常，立即处理	查资料和现场	《煤矿安全规程》第二百五十四条
6	剩油、废油处置	（1）无存放汽油、煤油 （2）剩油、废油无泼洒在井巷内	查资料和现场	《煤矿安全规程》第二百五十五条
7	平巷人车运送人员	（1）发车前，检查各车的连接装置、轮轴、车门（防护链）和车闸等 （2）严禁同时运送易燃易爆或者腐蚀性的物品，或者附挂物料车 （3）列车行驶速度不超过 4m/s （4）人员上下车地点应当有照明，架空线设置分段开关或者自动停送电开关，人员上下车时切断该区段架空线电源 （5）双轨巷道乘车场必须设置信号区间闭锁，人员上下车时，严禁其他车辆进入乘车场 （6）设跟车工，遇有紧急情况时立即向司机发出停车信号 （7）两车在车场会车时，驶入车辆应当停止运行，让驶出车辆先行	查现场	《煤矿安全规程》第三百八十五条
8	人员乘坐人车	（1）听从司机及跟车工的指挥，开车前关闭车门或者挂上防护链 （2）人体及所携带的工具、零部件，严禁露出车外 （3）列车行驶中及尚未停稳时，严禁上、下车和在车内站立 （4）严禁在机车上或者任意 2 车厢之间搭乘。 （5）严禁扒车、跳车和超员乘坐	查资料和现场	《煤矿安全规程》第三百八十六条
9	无轨胶轮车驾驶员	持有"中华人民共和国机动车驾驶证"	查资料	《煤矿安全规程》第三百九十二条

序号	检查内容	标准要求	检查方法	检查依据
10	无轨胶轮车核载人数	使用专用人车，严禁超员	查资料	《煤矿安全规程》第三百九十二条
11	无轨胶轮车运行区域	严禁进入专用回风巷和微风、无风区域	查现场	《煤矿安全规程》第三百九十二条
12	无轨胶轮车运行速度	(1) 严禁空挡滑行 (2) 运人时速度不超过25km/h (3) 运送物料时速度不超过40km/h	查现场	《煤矿安全规程》第三百九十二条
13	无轨胶轮车安全运行距离	同向行驶车辆保持不小于50m的安全运行距离	查现场	《煤矿安全规程》第三百九十二条
14	电缆敷设	(1) 水平巷道或倾角在30°以下的井巷中，电缆采用吊钩悬挂 (2) 倾角在30°及以上的井巷中，电缆采用夹子、卡箍或者其他夹持装置进行敷设。夹持装置应当能承受电缆重量，并不得损伤电缆 (3) 有适当的弛度，能在意外受力时自由坠落 (4) 悬挂高度能保证电缆坠落时不落在输送机上 (5) 电缆悬挂点间距不超过3m	查现场	《煤矿安全规程》第四百六十四条
		(6) 电缆不悬挂在管道上，不淋水，无悬挂任何物件 (7) 电缆与压风管、供水管在巷道同一侧敷设时，敷设在管子上方，保持0.3m以上的距离 (8) 瓦斯抽采管路巷道内，电缆（包括通信电缆）必须与瓦斯抽采管路分挂在巷道两侧 (9) 盘圈或者盘"8"字形的电缆不带电 (10) 通信和信号电缆与电力电缆分挂在井巷的两侧；条件不具备时，敷设在距电力电缆0.3m以外的地方 (11) 高、低压电力电缆敷设在巷道同一侧时，高、低压电缆之间的距离大于0.1m。高压电缆之间、低压电缆之间的距离不得小于50mm	查资料和现场	《煤矿安全规程》第四百六十五条

续表

序号	检查内容	标准要求	检查方法	检查依据
14	电缆敷设	（12）电缆穿过墙壁部分用套管保护，严密封堵管口	查现场	《煤矿安全规程》第四百六十七条
		（13）橡套电缆接地芯线，除用作监测接地回路外，不得兼作他用		《煤矿安全规程》第四百八十条
15	电缆连接	（1）电缆与电气设备连接时，电缆线芯使用齿形压线板（卡爪）、线鼻子或者快速连接器与电气设备进行连接 （2）不同型电缆之间严禁直接连接，必须经过符合要求的接线盒、连接器或者母线盒进行连接。 （3）橡套电缆的修补连接（包括绝缘、护套已损坏的橡套电缆的修补）采用阻燃材料进行硫化热补或者与热补有同等效能的冷补	查现场	《煤矿安全规程》第四百六十八条
16	电缆检查周期	（1）高压电缆的泄漏和耐压试验每年1次 （2）固定敷设电缆的绝缘和外部检查每季1次，每周由专职电工检查1次外部和悬挂情况	查资料和现场	《煤矿安全规程》第四百八十三条
17	电气设备检查、维护和调整	（1）由电气维修工进行 （2）高压电气设备和线路的修理和调整工作，有工作票和施工措施 （3）高压停、送电的操作，根据书面申请或者其他联系方式，得到批准后，由专责电工执行	查资料和现场	《煤矿安全规程》第四百八十一条
		（4）防爆电气设备防爆性能遭受破坏时，立即处理或者更换		《煤矿安全规程》第四百八十二条
18	电气设备检查和调整周期	（1）使用中的防爆电气设备的防爆性能检查每月1次，每日应当由分片负责电工检查1次外部 （2）主要电气设备绝缘电阻的检查至少6个月1次 （3）配电系统断电保护装置检查整定每6个月1次	查资料和现场	《煤矿安全规程》第四百八十三条

续表

序号	检查内容	标准要求	检查方法	检查依据
19	安全监控系统安装	供电电源不接在被控开关的负荷侧	查现场	煤矿安全监控系统及检测仪器使用管理规范（AQ1029－2019）
20	安全监控系统检查及维修	（1）发生故障时，必须及时处理，在故障处理期间必须采用人工监测等安全措施，并填写故障记录	查资料和现场	《煤矿安全规程》第四百九十二条
		（2）每天检查安全监控设备及线缆是否正常	查现场	《煤矿安全规程》第四百九十三条

第九章　综采工作面现场监督检查及处理

第一节　进风巷现场监督检查及处理

一、设备设施

序号	检查内容	标准要求	检查方法	检查依据
1	输送带、托辊和滚筒包胶材料	采用非金属聚合物制造	查资料	《煤矿安全规程》第三百七十四条
2	带式输送机保护装置	（1）装设防打滑、跑偏、堆煤、撕裂等保护装置，温度、烟雾监测装置和自动洒水装置 （2）具备沿线急停闭锁功能 （3）装设输送带张紧力下降保护装置 （4）上运时装设防逆转装置和制动装置；下运装设软制动装置且必须装设防超速保护装置	查资料和现场	《煤矿安全规程》第三百七十四条
		（5）装有带式输送机的井筒兼作风井使用时，有自动报警灭火装置，敷设消防管路，有防尘措施		《煤矿安全规程》第一百四十五条
		（6）转载点安设喷雾装置或除尘器	查现场	《煤矿安全规程》第六百五十二条
3	带式输送机安全防护设施	（1）机头、机尾、驱动滚筒和改向滚筒处，有防护栏及警示牌 （2）行人跨越处有过桥 （3）大于16°的倾斜井巷中设置防护网，采取防止物料下滑、滚落等的安全措施	查现场	《煤矿安全规程》第三百七十四条
		（4）架空乘人装置与带式输送机同巷布置时，采取可靠的隔离措施		《煤矿安全规程》第三百八十三条

续表

序号	检查内容	标准要求	检查方法	检查依据
4	消防管路系统	井巷内每隔100m设置支管和阀门	查现场	《煤矿安全规程》第二百四十九条
5	安全监控系统	供电电源不接在被控开关的负荷侧	查现场	煤矿安全监控系统及检测仪器使用管理规范（AQ1029–2019）
6	交岔点路标	交岔点设置路标，标明所在地点，指明通往安全出口的方向	查现场	《煤矿安全规程》第八十八条
7	避灾路线标识	巷道交叉口设置避灾路线标识，标识的间隔距离不大于200m	查现场	《煤矿安全规程》第六百八十四条
8	里程标志	巷道每隔100m设置醒目的里程标志	查现场	《煤矿安全生产标准化基本要求及评分办法》
9	照明设施	（1）机头、机尾及搭接处有照明	查现场	《煤矿安全规程》第三百七十四条
		（2）兼作人行道的集中带式输送机巷道照明灯的间距不得大于30m		《煤矿安全规程》第四百六十九条
10	照明和信号的配电装置	具有短路、过负荷和漏电保护的照明信号综合保护功能	查资料和现场	《煤矿安全规程》第四百七十四条
11	电缆	（1）主线芯截面满足供电线路负荷要求 （2）有供保护接地用的足够截面的导体 （3）固定敷设的高压电缆，巷道倾角为45°及其以上时，采用矿用粗钢丝铠装电力电缆；倾角为45°以下时，采用煤矿用钢带或者细钢丝铠装电力电缆 （4）固定敷设的低压电缆，采用煤矿用铠装或者非铠装电力电缆或者对应电压等级的煤矿用橡套软电缆 （5）非固定敷设的高低压电缆，采用煤矿用橡套软电缆	查资料	《煤矿安全规程》第四百六十三条

序号	检查内容	标准要求	检查方法	检查依据
12	备用支护材料	（1）坑木无折损，金属顶梁无损坏，单挑液压支柱无失效 （2）存有一定数量的坑木、金属顶梁和单挑液压支柱等备用支护材料 （3）备用支护材料及备件符合作业规程要求	查资料和现场	《煤矿安全规程》第一百条
13	单体液压支柱	（1）单体液压支柱初撑力，柱径为100mm的不小于90kN，柱径为80mm的不小于60kN （2）支柱外表面应无剥落氧化皮，油缸表面无凹坑 （3）焊接处焊缝应成形美观，无裂缝、弧坑、焊缝间断等缺陷；应除尽焊渣和飞溅物 （4）手把、底座连接钢丝应全部打人槽中，钢丝弯头可外露4mm；槽口应用腻子封严 （5）内注式支柱各密封处不应有油渗出，通气装置应密封良好 （6）零件经检验合格后方可装配，对于因保管或运输不当而造成的变形、摔伤、擦伤、锈蚀等影响产品质量的零件不应用于装配 （7）支柱所有零部件应齐全，顶盖、弹性圆柱销装配位置正确 （8）装配后支柱的最大高度和工作行程极限偏差为±20mm	查资料和现场	矿用单体液压支柱（MT 112.1 - 2006）
14	金属顶梁	（1）顶梁表面应平整，无毛边、毛刺、焊渣、焊瘤、氧化皮等物 （2）顶梁表面应涂漆（销子、调角楔除外），漆层粘附牢固 （3）任意两根铰接梁放在工作平台上，应能顺利插入销了和调角楔，实现铰接，铰接的顶梁沿销了上下转动自如，无明显扭转，退楔退销了灵活无卡组 （4）互相铰接的顶梁能随意互换，任意两根顶梁铰接后，在水平面内，一根顶梁对另一根固定顶梁向左、向右可调整角度均不小于3°；当插调角销使其与左右耳和接头铰接部位的工作表面相接触时，根据进楔量不同，可使一根顶梁对另一根固定顶梁在垂直面向上、向下可调整角度均不小于7°；调整进楔量时，应保证调角楔小端露出量不小于25mm	查现场	金属顶梁（MT30 - 2000）

续表

序号	检查内容	标准要求	检查方法	检查依据
15	监测	（1）进风巷实行离层观测，有相关监测、观测记录，资料齐全	查资料	《煤矿安全生产标准化基本要求及评分办法》
		（2）离层仪安设位置、观测方式、观测时段符合作业规程规定		
		（3）回采巷道距掘进工作面50m内和回采工作面100m内，综合测站仪器与日常监测顶板离层仪的观测频度每天不少于一次，回采巷道距掘进工作面50m外和回采工作面100m外，观测频度每周不少于一次。	查资料和现场	煤矿巷道锚杆支护技术规范（GB/T 35056－2018）
16	矿用隔爆型移动变电站	（1）矿用隔爆型干式变压器独立使用时，应装设联锁装置和急停按钮，在紧急情况下能切除进线高压电源，或者设置"严禁带电开盖"的警告牌 （2）矿用隔爆型移动变电站用高压负荷开关装设急停按钮，在紧急情况下能使上一级断路器分闸 （3）矿用隔爆型移动变电站用低压馈电开关的主电路开关采用真空断路器，具有欠电压、过载、短路、漏电和过电压保护；低压馈电开关的门盖应有机械联锁，以保证开关在储能和合闸位置时不能打开门盖；门盖打开后，开关不能储能和合闸	查资料	矿用隔爆型移动变电站（GB 8286－2005）
17	井下真空馈电开关	具有过载、欠压、短路保护，漏电闭锁和选择性漏电保护装置	查资料	煤矿井下低压供电系统及装备通用安全技术要求（AQ1023－2006）
18	乳化液泵站	（1）乳化液泵压力不小于30MPa，乳化液（浓缩液）浓度符合作业规程中规定 （2）液压系统无漏、窜液，部件无缺损，管路无挤压 （3）注液枪完好，控制阀有效 （4）采用电液阀控制时，净化水装置运行正常，水质、水量满足要求 （5）各种液压设备及辅件合格、齐全、完好，控制阀有效，耐压等级符合要求 （6）乳化液泵站消防设施齐全 （7）每隔15m设语音通信装置 （8）有照明	查资料和现场	《煤矿安全生产标准化基本要求及评分办法》

续表

序号	检查内容	标准要求	检查方法	检查依据
18	乳化液泵站	（9）乳化液的配制、水质、配比等符合要求 （10）泵箱设自动给液装置	查资料和现场	《煤矿安全规程》第一百一十四条
19	转载机	（1）电机采用水冷方式时，水量、水压符合要求 （2）有语音通信装置 （3）喷雾灭尘装置水源充足、喷嘴齐全、雾化效果好	查现场	《煤矿安全生产标准化基本要求及评分办法》
20	破碎机	（1）设备完好 （2）电气保护齐全可靠，电机采用水冷方式，水量、水压符合要求 （3）破碎机安全防护装置齐全有效	查现场	《煤矿安全生产标准化基本要求及评分办法》
		（4）安装防尘罩和喷雾装置或者除尘器		《煤矿安全规程》第一百一十四条
		（5）动力部上方加装防水、防尘装置 （6）减速器、电机冷却水进出口保持清洁畅通 （7）减速器无渗油现象，注油嘴清洁畅通		《煤矿安全生产标准化基本要求及评分办法》
		（8）在带式输送机巷道中应当每隔50m设置支管和阀门	查资料和现场	《煤矿安全规程》第一百四十五条
21	图牌板	工作面端头支护处悬挂工作面布置图、设备布置图、通风系统图、监测通信系统图、供电系统图、工作面支护示意图、正规作业循环图表、避灾路线图	查资料和现场	《煤矿安全生产标准化基本要求及评分办法》

二、作业环境

序号	检查内容	标准要求	检查方法	检查依据
1	有害气体的浓度	（1）一氧化碳最高允许浓度 0.0024% （2）氧化氮最高允许浓度 0.00025% （3）二氧化硫最高允许浓度 0.0005% （4）硫化氢最高允许浓度 0.00066% （5）氨最高允许浓度 0.004%	查资料和现场	《煤矿安全规程》第一百三十五条
2	风流速度	允许最低风速不小于 0.25m/s，最高不超过 6m/s	查资料和现场	《煤矿安全规程》第一百三十六条
3	空气温度	进风井口以下的空气温度（干球温度）在 2℃以上	查资料和现场	《煤矿安全规程》第一百三十七条
4	交岔点路标	交岔点设置路标，标明所在地点，指明通往安全出口的方向	查现场	《煤矿安全规程》第八十八条
5	避灾路线标识	巷道交叉口设置避灾路线标识，标识的间隔距离不大于 200m	查现场	《煤矿安全规程》第六百八十四条
6	里程标志	巷道每隔 100m 设置醒目的里程标志	查现场	《煤矿安全生产标准化基本要求及评分办法》
7	巷道高度	不低于 1.8m	查现场	《煤矿安全规程》第九十七条
8	巷道断面	实际断面不小于设计断面的 2/3	查资料和现场	《煤矿安全生产标准化基本要求及评分办法》
9	人行道	（1）高度不小于 1.8m	查现场	煤矿巷道断面和交岔点设计规范（GB 50419-2017）
		（2）宽度不低于 1m （3）人行道的宽度小于 1m 时，必须在巷道一侧设置躲避硐，2 个躲避硐的间距不得超过 40m。躲避硐宽度不得小于 1.2m，深度不得小于 0.7m，高度不得小于 1.8m。躲避硐内严禁堆积物料		《煤矿安全规程》第九十一条

续表

序号	检查内容	标准要求	检查方法	检查依据
9	人行道	(4) 无轨胶轮车运输的矿井人行道宽度不足 1m 时，必须制定专项安全技术措施，严格执行"行人不行车，行车不行人"的规定 (5) 在人车停车地点的巷道上下人侧，从巷道道碴面起 1.6m 的高度内，必须留有宽 1m 以上的人行道	查现场	《煤矿安全规程》第九十一条
10	管道吊挂高度	(1) 生产矿井新掘运输巷的一侧，从巷道道碴面起 1.6m 的高度内，管道吊挂高度不得低于 1.8m (2) 在人车停车地点的巷道上下人侧，从巷道道碴面起 1.6m 的高度内，管道吊挂高度不得低于 1.8m	查现场	《煤矿安全规程》第九十一条
11	运输巷与运输设备最突出部分之间的最小间距	(1) 设备上方与顶板距离不小于 0.3m	查现场	《煤矿安全生产标准化基本要求及评分办法》
		(2) 轨道机车运输巷两侧最小间距为 0.5m (3) 单轨吊车顶部及两侧最小间距分别为 0.5m、0.85m (4) 无轨胶轮车顶部及两侧最小间距都为 0.5m (5) 移动变电站或者平板车最小间距为 0.3m		《煤矿安全规程》第九十条
12	双向运输巷两车最突出部分之间的距离	(1) 轨道运输的巷道：对开时不得小于 0.2m，采区装载点不小于 0.7m，矿车摘挂钩地点不得小于 1m (2) 单轨吊车运输的巷道：对开时不得小于 0.8m (3) 无轨胶轮车运输的巷道：双车道行驶，会车时不得小于 0.5m；单车道应在巷道的合适位置设置机车绕行道或者错车硐室，并设置方向标识	查现场	《煤矿安全规程》第九十二条

续表

序号	检查内容	标准要求	检查方法	检查依据
13	单体液压支柱支护	（1）入井前单体液压支柱逐根进行压力试验 （2）对金属顶梁和单体液压支柱，在采煤工作面回采结束后或者使用时间超过8个月后进行检修。检修好的支柱，还必须进行压力试验，合格后方可使用	查资料	《煤矿安全规程》第一百条
		（3）单体液压支柱有防倒措施 （4）同一工作面不使用不同类型和不同性能的支柱。在地质条件复杂的采煤工作面中使用不同类型的支柱时，必须制定安全措施	查现场	
		（5）物料分类码放整齐，有标志牌	查现场	《煤矿安全生产标准化基本要求及评分办法》
14	安全出口	（1）安全出口与巷道连接处超前压力影响范围内加强支护长度不小于20m （2）巷道高度不低于1.8m （3）设专人维护 （4）支架断梁折柱、巷道底鼓变形时及时更换、清挖	查现场	《煤矿安全规程》第九十七条
15	井下瓦斯抽采系统	（1）临时抽采瓦斯泵站安设在抽采瓦斯地点附近的新鲜风流中 （2）抽出的瓦斯排入回风巷时，在排瓦斯管路出口设置栅栏、悬挂警戒牌等。栅栏设置的位置是上风侧距管路出口5m、下风侧距管路出口30m，两栅栏间禁止任何作业	查资料和现场	《煤矿安全规程》第一百八十三条
		（3）抽采容易自燃和自燃煤层的采空区瓦斯时，抽采管路安设一氧化碳、甲烷、温度传感器，实现实时监测监控。发现有自然发火征兆时，立即采取措施 （4）井上下敷设的瓦斯管路，不与带电物体接触并有防止砸坏管路的措施 （5）采用干式抽采瓦斯设备时，抽采瓦斯浓度不低于25%	查资料	《煤矿安全规程》第一百八十四条

序号	检查内容	标准要求	检查方法	检查依据
16	巷道和路面	（1）设置行车标识和交通管控信号 （2）长坡段巷道内采取车辆失速安全措施 （3）转弯处应当设置防撞装置 （4）人员躲避硐室、车辆躲避硐室附近应当设置标识	查现场	《煤矿安全规程》第三百九十二条
17	通风设施	（1）及时构筑通风设施（指永久密闭、风门、风窗和风桥），设施墙（桥）体采用不燃性材料构筑，其厚度不小于 0.5m（防突风门、风窗墙体不小于 0.8m），严密不漏风 （2）密闭、风门、风窗墙体周边按规定掏槽，墙体与煤岩接实，四周有不少于 0.1m 的裙边，周边及围岩不漏风；墙面平整、无裂缝、重缝和空缝，并进行勾缝或者抹面或者喷浆，抹面的墙面 1m² 内凸凹深度不大于 10mm （3）设施 5m 范围内支护完好，无片帮、漏顶、杂物、积水和淤泥 （4）设施统一编号，每道设施有规格统一的施工说明及检查维护记录牌	查现场	《煤矿安全生产标准化基本要求及评分办法》
18	密闭	（1）密闭位置距全风压巷道口不大于 5m，设有规格统一的瓦斯检查牌板和警标，距巷道口大于 2m 的设置栅栏 （2）密闭前无瓦斯积聚。所有导电体在密闭处断开（在用的管路采取绝缘措施处理除外） （3）密闭内有水时设有反水池或者反水管，采空区密闭设有观测孔、措施孔，且孔口设置阀门或者带有水封结构	查现场	《煤矿安全生产标准化基本要求及评分办法》
19	风门、风窗	（1）每组风门不少于 2 道，其间距不小于 5m（通车风门间距不小于 1 列车长度），主要进、回风巷之间的联络巷设具有反向功能的风门，其数量不少于 2 道；通车风门按规定设置和管理，并有保护风门及人员的安全措施 （2）风门能自动关闭，并连锁，使 2 道风门不能同时打开；门框包边沿口，有衬垫，四周接触严密，门扇平整不漏风；风窗有可调控装置，调节可靠	查现场	《煤矿安全生产标准化基本要求及评分办法》

续表

序号	检查内容	标准要求	检查方法	检查依据
19	风门、风窗	（3）风门、风窗水沟处设有反水池或者挡风帘，轨道巷通车风门设有底槛，电缆、管路孔堵严，风筒穿过风门（风窗）墙体时，在墙上安装与胶质风筒直径匹配的硬质风筒	查现场	《煤矿安全生产标准化基本要求及评分办法》
20	风桥	（1）风桥两端接口严密，四周为实帮、实底，用混凝土浇灌填实；桥面规整不漏风 （2）风桥通风断面不小于原巷道断面的4/5，呈流线型，坡度小于30°；风桥上、下不安设风门、调节风窗等	查现场	《煤矿安全生产标准化基本要求及评分办法》
21	安全监控设备检测试验	（1）每月至少调校、测试1次 （2）采用载体催化元件的甲烷传感器每15天使用标准气样和空气样在设备设置地点至少调校1次，并有调校记录 （3）甲烷电闭锁和风电闭锁功能每15天测试1次，其中，对可能造成局部通风机停电的，每半年测试1次，并有测试签字记录	查资料	《煤矿安全生产标准化基本要求及评分办法》
22	防尘供水系统	（1）吊挂平直，不漏水 （2）管路三通阀门便于操作 （3）运煤（矸）转载点设有喷雾装置	查现场	《煤矿安全生产标准化基本要求及评分办法》
23	风流净化水幕	（1）至少设置2道 （2）喷射混凝土时，在回风侧100m范围内至少安设2道净化水幕	查资料和现场	《煤矿安全生产标准化基本要求及评分办法》
		（3）距工作面50m范围内设置一道自动控制风流净化水幕		煤矿井下粉尘综合防治技术规范（AQ1020-2006）
24	巷道冲洗	（1）距工作面20m范围的巷道每班至少冲洗一次，20m外的每旬至少冲洗一次 （2）巷道中无连续长5m、厚度超过2mm的煤尘堆积	查资料和现场	煤矿井下粉尘综合防治技术规范（AQ1020-2006）

续表

序号	检查内容	标准要求	检查方法	检查依据
25	甲烷传感器设置	（1）煤与瓦斯突出矿井U形通风进风巷距工作面10m范围内安设甲烷传感器 （2）甲烷传感器垂直悬挂在巷道上方，风流稳定的位置，距顶板（顶梁）不大于300mm，距巷道侧壁不小于200mm	查现场	煤矿安全监控系统及检测仪器使用管理规范（AQ1029－2019）
26	巷道支护	（1）支护完整，无失修巷道 （2）底板平整，无浮渣及杂物、无淤泥、无积水 （3）支柱钻底量小于100mm （4）支护材料放置地点与通风设施距离大于5m	查现场	《煤矿安全生产标准化基本要求及评分办法》
27	爆炸物品存放	禁止将爆炸物品存放在巷道内	查现场	《煤矿安全规程》第三百三十九条
28	灭火器材	工作面附近的巷道中备有灭火器材，其数量、规格和存放地点在灾害预防和处理计划中确定	查现场	《煤矿安全规程》第二百五十七条

三、工作岗位

序号	检查内容	标准要求	检查方法	检查依据
1	个体防护	佩戴矿灯、自救器、橡胶安全帽（或玻璃钢安全帽）、防尘口罩、防冲击眼护具、布手套、胶面防砸安全靴、耳塞、耳罩等	查资料和现场	煤矿职业安全卫生个体防护用品配备标准（AQ1051）
2	岗位安全生产责任制	严格执行本岗位安全生产责任制，掌握本岗位相应的操作规程和安全措施，操作规范	查资料和现场	《煤矿安全生产标准化基本要求及评分办法》
3	安全确认	作业前进行安全确认	查现场	《煤矿安全生产标准化基本要求及评分办法》

续表

序号	检查内容	标准要求	检查方法	检查依据
4	带式输送机运输	（1）严禁用带式输送机等运输爆炸物品	查现场	《煤矿安全规程》第三百四十一条
		（2）输送机运转时不能打开检查孔 （3）严禁在输送机运行时润滑 （4）输送机正常停机前，需将物料全部卸完，方可切断电源		煤矿用带式输送机安全规范（GB 22340－2008）
5	端头支护	（1）使用端头支架或者增设其他形式的支护	查资料和现场	《煤矿安全规程》第一百一十四条
		（2）超前压力影响范围内加强支护的巷道长度不小于20m	查现场	《煤矿安全规程》第九十七条
		（3）支柱柱距、排距允许偏差不大于100mm，支护形式符合作业规程规定 （4）工作面两端第一组支架与巷道支护间距不大于0.5m （5）进风巷与工作面放顶线放齐（沿空留巷除外） （6）挡矸有效 （7）架棚巷道超前替棚距离、锚杆、锚索支护巷道退锚距离符合作业规程规定	查资料和现场	《煤矿安全生产标准化基本要求及评分办法》
		（8）在控顶区域内无提前摘柱 （9）碰倒或者损坏、失效的支柱，必须立即恢复或者更换	查现场	《煤矿安全规程》第一百条
6	巷道维修	（1）回风流中甲烷浓度不超过1.0%、二氧化碳浓度不超过1.5%、空气成分符合《煤矿安全规程》要求	查资料	《煤矿安全规程》第一百二十七条
		（2）锚网巷道维修施工地点有临时支护和防止失修范围扩大的措施 （3）维修倾斜巷道时，应当停止行车；需要通车作业时，制定行车安全措施。严禁上、下段同时作业 （4）更换巷道支护先加固邻近支护时，拆除原有支护后，及时除掉顶帮活矸和架设永久支护，必要时采取临时支护措施。在倾斜巷道中，必须有防止矸石、物料滚落和支架歪倒的安全措施	查资料和现场	《煤矿安全规程》第一百二十六条

续表

序号	检查内容	标准要求	检查方法	检查依据
7	测风	（1）每10天至少进行1次全面测风 （2）根据实际需要随时测风，每次测风结果应当记录并写在测风地点的记录牌上	查资料	《煤矿安全规程》第一百四十条
8	瓦斯超限处理	（1）甲烷浓度达到1.0%时，停止用电钻打眼 （2）回风流甲烷浓度超过1.0%时，停止工作，撤出人员，采取措施，进行处理 （3）甲烷浓度达到1.5%时，必须停止工作，切断电源，撤出人员，进行处理 （4）体积大于0.5m³的空间内积聚的甲烷浓度达到2.0%时，附近20m内停止工作，撤出人员，切断电源，进行处理 （5）因甲烷浓度超过规定被切断电源的电气设备，在甲烷浓度降到1.0%以下时，方可通电开动	查资料和现场	《煤矿安全规程》第一百七十二条
9	二氧化碳超限处理	（1）回风流中二氧化碳浓度超过1.5%时，停止工作，撤出人员，采取措施，进行处理	查资料和现场	《煤矿安全规程》第一百七十二条
		（2）工作面风流中二氧化碳浓度达到1.5%时，必须停止工作，撤出人员，查明原因，采取措施，进行处理		《煤矿安全规程》第一百七十四条
10	瓦斯检查	（1）低瓦斯矿井，每班至少2次 （2）高瓦斯矿井，每班至少3次 （3）突出煤层、有瓦斯喷出危险或者瓦斯涌出较大、变化异常的采掘工作面，有专人经常检查 （4）未进行作业的工作面，可能涌出或者积聚甲烷、二氧化碳的硐室和巷道，每班至少检查1次 （5）停风地点栅栏外风流中的甲烷浓度每天至少检查1次，密闭外的甲烷浓度每周至少检查1次	查资料和现场	《煤矿安全规程》第一百八十条
		（6）瓦斯检查工在井下指定地点交接班，有记录		《煤矿安全生产标准化基本要求及评分办法》

续表

序号	检查内容	标准要求	检查方法	检查依据
11	二氧化碳检查	（1）每班至少检查 2 次 （2）有煤（岩）与二氧化碳突出危险或者二氧化碳涌出量较大、变化异常的工作面，有专人经常检查二氧化碳浓度 （3）对于未进行作业的采掘工作面，可能涌出或者积聚甲烷、二氧化碳的硐室和巷道，每班至少检查 1 次	查资料和现场	《煤矿安全规程》第一百八十条
12	一氧化碳浓度、气体温度检查	有自然发火危险的矿井，定期检查一氧化碳浓度、气体温度等变化情况	查资料和现场	《煤矿安全规程》第一百八十条
13	电焊、气焊和喷灯焊接作业	（1）制定安全措施，由矿长批准 （2）指定专人在场检查和监督 （3）地点的前后两端各 10m 的井巷范围内，应当是不燃性材料支护，有供水管路，有专人负责喷水，焊接前清理或者隔离焊渣飞溅区域内的可燃物 （4）至少备有 2 个灭火器 （5）在工作地点下方用不燃性材料设施接收火星 （6）工作地点的风流中甲烷浓度不得超过0.5%，只有在检查证明作业地点附近20m范围内巷道顶部和支护背板后无瓦斯积存时，方可进行作业 （7）作业完毕后，作业地点应当再次用水喷洒，有专人在作业地点检查 1h，发现异常，立即处理	查资料和现场	《煤矿安全规程》第二百五十四条
14	剩油、废油处置	（1）无存放汽油、煤油 （2）剩油、废油无泼洒在井巷内	查资料和现场	《煤矿安全规程》第二百五十五条
15	矿用隔爆型移动变电站操作	（1）矿用隔爆型移动变电站用高压真空开关断路器在合闸位置时，隔离开关不能操作；隔离开关处于合闸位置时，箱门不能打开，只有当隔离开关分闸到位（或可靠接地）后，箱门方能打开；箱门处于打开位置时，隔离开关不能合	查现场	矿用隔爆型移动变电站(GB 8286–2005）

序号	检查内容	标准要求	检查方法	检查依据
15	矿用隔爆型移动变电站操作	(2) 或矿用隔爆型移动变电站用低压保护箱高压真空开关在合闸位置时, 低压保护箱前门不能打开; 低压保护箱处于打开时, 高压真空开关不能合闸; 低压保护箱处于打开时, 内部控制电源处于断电位置; 低压保护箱处于正常工作状态下, 高压才能合闸	查现场	矿用隔爆型移动变电站 (GB 8286 – 2005)
16	电气设备检修或搬迁	(1) 不带电检修电气设备 (2) 严禁带电搬迁非本安型电气设备、电缆 (3) 检修或者搬迁前, 切断上级电源, 检查瓦斯, 在其巷道风流中甲烷浓度低于1.0%时, 再用与电源电压相适应的验电笔检验; 检验无电后, 进行导体对地放电	查现场	《煤矿安全规程》第四百四十二条
		(4) 非专职人员或者非值班电气人员不得操作电气设备		《煤矿安全规程》第四百四十三条
		(5) 操作高压电气设备主回路时操作人员必须戴绝缘手套并穿电工绝缘靴或者站在绝缘台上		
17	电缆敷设	(1) 水平巷道或倾角在30°以下的井巷中, 电缆采用吊钩悬挂 (2) 倾角在30°及以上的井巷中, 电缆采用夹子、卡箍或者其他夹持装置进行敷设。夹持装置应当能承受电缆重量, 并不得损伤电缆 (3) 有适当的弛度, 能在意外受力时自由坠落 (4) 悬挂高度能保证电缆坠落时不落在输送机上 (5) 电缆悬挂点间距不超过3m	查现场	《煤矿安全规程》第四百六十四条
		(6) 电缆不悬挂在管道上, 不淋水, 无悬挂任何物件 (7) 电缆与压风管、供水管在巷道同一侧敷设时, 敷设在管子上方, 保持0.3m以上的距离	查资料和现场	《煤矿安全规程》第四百六十五条

序号	检查内容	标准要求	检查方法	检查依据
17	电缆敷设	(8) 瓦斯抽采管路巷道内，电缆（包括通信电缆）必须与瓦斯抽采管路分挂在巷道两侧 (9) 盘圈或者盘"8"字形的电缆不带电 (10) 通信和信号电缆与电力电缆分挂在井巷的两侧；条件不具备时，敷设在距电力电缆 0.3m 以外的地方 (11) 高、低压电力电缆敷设在巷道同一侧时，高、低压电缆之间的距离大于 0.1m。高压电缆之间、低压电缆之间的距离不得小于 50mm	查资料和现场	《煤矿安全规程》第四百六十五条
		(12) 电缆穿过墙壁部分用套管保护，严密封堵管口	查现场	《煤矿安全规程》第四百六十七条
		(13) 橡套电缆接地芯线，除用作监测接地回路外，不得兼作他用		《煤矿安全规程》第四百八十条
18	电缆连接	(1) 电缆与电气设备连接时，电缆线芯使用齿形压线板（卡爪）、线鼻子或者快速连接器与电气设备进行连接 (2) 不同型电缆之间严禁直接连接，必须用经过符合要求的接线盒、连接器或者母线盒进行连接。 (3) 橡套电缆的修补连接（包括绝缘、护套已损坏的橡套电缆的修补）采用阻燃材料进行硫化热补或者与热补有同等效能的冷补	查现场	《煤矿安全规程》第四百六十八条
19	电缆检查周期	(1) 高压电缆的泄漏和耐压试验每年 1 次 (2) 固定敷设电缆的绝缘和外部检查每季 1 次，每周由专职电工检查 1 次外部和悬挂情况	查资料和现场	《煤矿安全规程》第四百八十三条
20	电气设备检查、维护和调整	(1) 由电气维修工进行 (2) 高压电气设备和线路的修理和调整工作，有工作票和施工措施 (3) 高压停、送电的操作，根据书面申请或者其他联系方式，得到批准后，由专责电工执行	查资料和现场	《煤矿安全规程》第四百八十一条
		(4) 防爆电气设备防爆性能遭受破坏时，立即处理或者更换		《煤矿安全规程》第四百八十二条

序号	检查内容	标准要求	检查方法	检查依据
21	电气设备检查和调整周期	（1）使用中的防爆电气设备的防爆性能检查每月1次，每日应当由分片负责电工检查1次外部 （2）主要电气设备绝缘电阻的检查至少6个月1次 （3）配电系统断电保护装置检查整定每6个月1次	查资料和现场	《煤矿安全规程》第四百八十三条
22	安全监控系统检查及维修	（1）发生故障时，必须及时处理，在故障处理期间必须采用人工监测等安全措施，并填写故障记录	查资料和现场	《煤矿安全规程》第四百九十二条
		（2）每天检查安全监控设备及线缆是否正常	查现场	《煤矿安全规程》第四百九十三条
23	瓦斯抽采检查与管理	（1）按抽采工程（包括钻场、钻孔、管路、抽采巷等）设计施工 （2）对瓦斯抽采系统的瓦斯浓度、压力、流量等参数实时监测，定期人工检测比对，泵站每2h至少1次，主干、支管及抽采钻场每周至少1次，根据实际测定情况对抽采系统进行及时调节 （3）每10天至少检查1次抽采管路系统，并有记录。抽采管路无破损、无漏气、无积水；抽采管路离地面高度不小于0.3m（采空区留管除外） （4）抽采钻场及钻孔设置管理牌板，数据填写及时、准确，有记录和台账 （5）高瓦斯、突出矿井计划开采的煤量不超出瓦斯抽采的达标煤量，生产准备及回采煤量和抽采达标煤量保持平衡	查资料和现场	《煤矿安全生产标准化基本要求及评分办法》
24	人力运送爆炸物品	（1）电雷管由爆破工亲自运送，炸药由爆破工或者在爆破工监护下运送 （2）爆炸物品装在耐压和抗撞冲、防震、防静电的非金属容器内，不得将电雷管和炸药混装 （3）爆炸物品严禁装在衣袋内。领到爆炸物品后，应直接送到工作地点，严禁中途逗留	查现场	《煤矿安全规程》第三百四十二条

序号	检查内容	标准要求	检查方法	检查依据
25	机车运送爆炸物品	(1) 炸药和电雷管同一列车内运输时，装有炸药与装有电雷管的车辆之间，以及装有炸药或者电雷管的车辆与机车之间，必须用空车分别隔开，隔开长度不得小于3m (2) 电雷管必须装在专用的、带盖的、有木质隔板的车厢内，车厢内部应当铺有胶皮或者麻袋等软质垫层，并只准放置1层爆炸物品箱。炸药箱可以装在矿车内，但堆放高度不得超过矿车上缘。运输炸药、电雷管的矿车或者车厢必须有专门的警示标识 (3) 爆炸物品必须由井下爆炸物品库负责人或者经过专门培训的人员专人护送。跟车工、护送人员和装卸人员应当坐在尾车内，严禁其他人员乘车 (4) 列车的行驶速度不得超过2m/s (5) 装有爆炸物品的列车不得同时运送其他物品	查现场	《煤矿安全规程》第三百四十条
26	钢丝绳牵引的车辆运送爆炸物品	(1) 炸药和电雷管分开运输，运输速度不超过1m/s (2) 运输电雷管的车辆必须加盖、加垫，车厢内以软质垫物塞紧，防止震动和撞击	查现场	《煤矿安全规程》第三百四十一条

第二节　工作面现场监督检查及处理

一、设备设施

序号	检查内容	标准要求	检查方法	检查依据
1	采煤机	（1）有能停止工作面刮板输送机运行的闭锁装置 （2）工作面倾角在15°以上时，有可靠的防滑装置	查现场	《煤矿安全规程》第一百一十七条
		（3）安装内、外喷雾装置		《煤矿安全规程》第六百四十七条
		（4）设置甲烷断电仪或者便携式甲烷检测报警仪，且灵敏可靠 （5）滚筒截齿数量齐全，截齿合金头磨损严重情况下及时更换 （6）采煤机摇臂位于水平位置时，油位达到油表中间位置，注油口保持清洁畅通，无漏、渗油 （7）电控系统显示屏完好，显示正常；调高泵站、冷却水压力表显示正常，无破损、损坏 （8）采煤机专用电缆无冷补，电缆之间无接线盒	查资料和现场	《煤矿安全生产标准化基本要求及评分办法》
2	刮板输送机	（1）安设能发出停止、启动信号和通讯的装置，发出信号点的间距不得超过15m （2）使用的液力偶合器，按所传递的功率大小注入规定量的难燃液，经常检查有无漏失 （3）易熔合金塞符合标准，并设专人检查、清除塞内污物；严禁使用不符合标准的物品代替	查现场	《煤矿安全规程》第一百二十一条

续表

序号	检查内容	标准要求	检查方法	检查依据
3	液压支架	（1）倾角大于15°时，液压支架采取防倒、防滑措施；倾角大于25°时，有防止煤（矸）窜出刮板输送机伤人的措施 （2）采高超过3m或者煤壁片帮严重时，液压支架必须设护帮板 （3）采高超过4.5m时，必须采取防片帮伤人措施	查资料	《煤矿安全规程》第一百一十四条
		（4）编号管理，牌号清晰 （5）有喷雾装置，降柱、移架或者放煤时同步喷雾 （6）初撑力不低于额定值的80%，有现场检测手段	查现场	《煤矿安全生产标准化基本要求及评分办法》
4	监测	（1）有顶板动态和支护质量监测 （2）有相关监测、观测记录，资料齐全	查资料和现场	《煤矿安全生产标准化基本要求及评分办法》
		（3）矿压仪器的安设位置、观测方式、观测时段		作业规程
5	管路	敷设整齐	查现场	《煤矿安全生产标准化基本要求及评分办法》
6	语音通信装置	每隔15m设语音通信装置	查现场	《煤矿安全生产标准化基本要求及评分办法》
7	电缆	（1）主线芯截面满足供电线路负荷要求 （2）有供保护接地用的足够截面的导体 （3）固定敷设的高压电缆，井筒倾角为45°及其以上时，采用矿用粗钢丝铠装电力电缆；倾角为45°以下时，采用煤矿用钢带或者细钢丝铠装电力电缆 （4）固定敷设的低压电缆，采用煤矿用铠装或者非铠装电力电缆或者对应电压等级的煤矿用橡套软电缆 （5）非固定敷设的高低压电缆，采用煤矿用橡套软电缆	查资料	《煤矿安全规程》第四百六十三条

二、作业环境

序号	检查内容	标准要求	检查方法	检查依据
1	工作面个数	（1）一个采（盘）区内同一煤层的一翼最多布置1个采煤工作面和2个煤（半煤岩）巷掘进工作面同时作业 （2）一个采（盘）区内同一煤层双翼开采或者多煤层开采的，该采（盘）区最多只能布置2个采煤工作面和4个煤（半煤岩）巷掘进工作面同时作业	查资料和现场	《煤矿安全规程》第九十五条
2	保安煤柱	（1）严禁任意扩大和缩小设计确定的煤柱 （2）采空区内不得遗留未经设计确定的煤柱	查资料和现场	《煤矿安全规程》第九十五条
3	地质条件变化	及时修改作业规程或者补充安全措施	查资料和现场	《煤矿安全规程》第九十六条
4	安全出口	（1）安全出口与巷道连接处超前压力影响范围内加强支护长度不小于20m （2）巷道高度不低于1.8m （3）设专人维护 （4）支架断梁折柱、巷道底鼓变形时及时更换、清挖	查现场	《煤矿安全规程》第九十七条
5	伞檐	（1）不任意留顶煤和底煤	查资料和现场	《煤矿安全规程》第九十八条
		（2）伞檐长度大于1m时，中厚以上煤层最大突出部分不超过200mm （3）伞檐长度在1m及以下时，中厚以上煤层最突出部分不超过250mm		《煤矿安全生产标准化基本要求及评分办法》
6	开工前检查	（1）各岗位作业前执行敲帮问顶	查现场	《煤矿安全规程》第一百零四条
		（2）开工前，班组长对工作面安全情况进行全面检查，确认无危险后，方准人员进入工作面		

续表

序号	检查内容	标准要求	检查方法	检查依据
7	垮落法管理顶板	（1）及时放顶 （2）顶板不垮落、悬顶距离超过作业规程规定的，停止采煤，采取人工强制放顶或者其他措施进行处理 （3）初次放顶及收尾制定安全措施 （4）放顶的方法和安全措施，放顶区内支架、回收方法，在作业规程中明确规定	查资料和现场	《煤矿安全规程》第一百零五条
8	煤壁	保持直线	查资料和现场	《煤矿安全规程》第一百一十四条
9	支架间煤矸	清理干净	查现场	《煤矿安全规程》第一百一十四条
10	放顶煤开采	（1）初采期间根据需要采取强制放顶措施 （2）预裂爆破处理坚硬顶板或者坚硬顶煤时，在工作面未采动区进行，制定专门的安全技术措施 （3）无在工作面内采用炸药爆破方法处理未冒落顶煤、顶板及大块煤（矸） （4）无单体支柱放顶煤开采	查现场	《煤矿安全规程》第一百一十五条
11	有害气体的浓度	（1）一氧化碳最高允许浓度 0.0024% （2）氧化氮最高允许浓度 0.00025% （3）二氧化硫最高允许浓度 0.0005% （4）硫化氢最高允许浓度 0.00066% （5）氨最高允许浓度 0.004%	查资料和现场	《煤矿安全规程》第一百三十五条
12	风流速度	（1）允许最低风速不小于 0.25m/s，最高不超过 4m/s （2）采取煤层注水和采煤机喷雾降尘等措施后，最大风速不超过 5m/s	查资料和现场	《煤矿安全规程》第一百三十六条
		（3）煤层倾角大于 12° 下行通风时，风速不低于 1m/s		《煤矿安全规程》第一百五十二条
13	空气温度	进风井口以下的空气温度（干球温度）在 2℃ 以上	查资料和现场	《煤矿安全规程》第一百三十七条

序号	检查内容	标准要求	检查方法	检查依据
14	探放水情况	（1）接近水淹或者可能积水的井巷、老空区或者相邻煤矿 （2）接近含水层、导水断层、溶洞和导水陷落柱 （3）打开隔离煤柱放水时 （4）接近可能与河流、湖泊、水库、蓄水池、水井等相通的导水通道 （5）接近有出水可能的钻孔 （6）接近水文地质条件不清的区域 （7）接近有积水的灌浆区 （8）接近其他可能突（透）水的区域	查现场	《煤矿安全规程》第三百一十七条
15	巷道高度	不低于1.8m	查现场	《煤矿安全规程》第九十七条
16	巷道断面	实际断面不小于设计断面的2/3	查资料和现场	《煤矿安全生产标准化基本要求及评分办法》
17	安全监控设备检测试验	（1）每月至少调校、测试1次 （2）采用载体催化元件的甲烷传感器每15天使用标准气样和空气样在设备设置地点至少调校1次，并有调校记录 （3）甲烷电闭锁和风电闭锁功能每15天测试1次，其中，对可能造成局部通风机停电的，每半年测试1次，并有测试签字记录	查资料	《煤矿安全生产标准化基本要求及评分办法》
18	局部悬顶	（1）悬顶面积小于10m² 时应采取措施 （2）悬顶面积大于10m² 时应进行强制放顶，特殊情况下不能强制放顶时，有加强支护措施和矿压观测监测	查资料和现场	《煤矿安全生产标准化基本要求及评分办法》
19	控顶距	进、回风巷与工作面放顶线放齐（沿空留巷除外），控顶距应在作业规程中规定	查资料和现场	《煤矿安全生产标准化基本要求及评分办法》
20	退锚距离	退锚距离架棚巷道超前替棚距离、锚杆、锚索支护巷道退锚距离符合作业规程规定	查资料和现场	《煤矿安全生产标准化基本要求及评分办法》

续表

序号	检查内容	标准要求	检查方法	检查依据
21	端面距	符合作业规程规定	查资料和现场	《煤矿安全生产标准化基本要求及评分办法》
22	底板移近量	（1）工作面控顶范围内顶底板移近量按采高不大于100mm/m （2）不出现台阶式下沉	查资料和现场	《煤矿安全生产标准化基本要求及评分办法》

三、工作岗位

序号	检查内容	标准要求	检查方法	检查依据
1	个体防护	佩戴矿灯、自救器、橡胶安全帽（或玻璃钢安全帽）、防尘口罩、防冲击眼护具、布手套、胶面防砸安全靴、耳塞、耳罩等	查资料和现场	煤矿职业安全卫生个体防护用品配备标准(AQ1051)
2	岗位安全生产责任制	严格执行本岗位安全生产责任制，掌握本岗位相应的操作规程和安全措施，操作规范	查资料和现场	《煤矿安全生产标准化基本要求及评分办法》
3	安全确认	作业前进行安全确认	查现场	《煤矿安全生产标准化基本要求及评分办法》
4	刮板输送机操作	（1）有防止顶人和顶倒支架的安全措施 （2）移刮板输送机时，必须有防止冒顶、顶伤人员和损坏设备的安全措施 （3）输送机排成一条直线	查现场	《煤矿安全规程》第一百一十四条
5	采煤机操作	（1）启动采煤机之前，先巡视采煤机四周，发出预警信号，确认人员无危险后，接通电源 （2）采煤机因故暂停时，打开隔离开关和离合器 （3）采煤机停止工作或者检修时，切断采煤机前级供电开关电源并断开其隔离开关，断开采煤机隔离开关，打开截割部离合器	查现场	《煤矿安全规程》第一百一十七条

序号	检查内容	标准要求	检查方法	检查依据
5	采煤机操作	（4）工作面遇坚硬夹矸或者黄铁矿结核时，采取松动爆破处理措施，严禁用采煤机强行截割 （5）更换截齿和滚筒时，采煤机上下3m范围内，护帮护顶，禁止操作液压支架。切断采煤机前级供电开关电源并断开其隔离开关，断开采煤机隔离开关，打开截割部离合器，并对工作面输送机施行闭锁 （6）采煤机用刮板输送机作轨道时，经常检查刮板输送机的溜槽、挡煤板导向管的连接情况，防止采煤机牵引链因过载而断链；采煤机为无链牵引时，齿（销、链）轨的安设必须紧固、完好，并经常检查 （7）割煤时喷雾降尘，内喷雾工作压力不小于2MPa，外喷雾工作压力不小于4MPa，喷雾流量应当与机型相匹配。无水或者喷雾装置不能正常使用时必须停机	查现场	《煤矿安全规程》第一百一十七条
6	液压支架操作	（1）顶板破碎时必须超前支护 （2）处理液压支架上方冒顶时，制定安全措施 （3）采煤机采煤时必须及时移架。移架滞后采煤机的距离，在作业规程中明确规定；超过规定距离或者发生冒顶、片帮时，停止采煤 （4）液压支架接顶。顶板破碎时必须超前支护 （5）处理倒架、歪架、压架，更换支架，以及拆修顶梁、支柱、座箱等大型部件时，有安全措施	查资料和现场	《煤矿安全规程》第一百一十四条
		（6）工作面支架中心距误差不超过100mm，侧护板正常使用，架间间隙不超过100mm （7）支架不超高使用，支架高度与采高相匹配，控制在作业规程规定的范围内，支架的活柱行程不小于200mm （8）液压支架接顶严实，相邻支架顶梁平整，无明显错茬（不超过顶梁侧护板高的2/3），支架不挤不咬，支架前梁（伸缩梁）梁端至煤壁顶板垮落高度不大于300mm	查现场	《煤矿安全生产标准化基本要求及评分办法》

序号	检查内容	标准要求	检查方法	检查依据
6	液压支架操作	(9) 支架顶梁与顶板平行，最大仰俯角不大于7° (10) 支架垂直顶底板，歪斜角不大于5° (11) 液压支架排成一条直线，其偏差不超过50mm	查现场	《煤矿安全生产标准化基本要求及评分办法》
7	测风	(1) 每10天至少进行1次全面测风 (2) 根据实际需要随时测风，每次测风结果应当记录并写在测风地点的记录牌上	查资料	《煤矿安全规程》第一百四十条
8	瓦斯及二氧化碳超限处理	甲烷浓度超过1.0%或者二氧化碳浓度超过1.5%时，停止工作，撤出人员，采取措施，进行处理	查资料和现场	《煤矿安全规程》第一百七十二条
9	瓦斯超限处理	(1) 甲烷浓度达到1.0%时，停止用电钻打眼 (2) 回风流甲烷浓度超过1.0%时，停止工作，撤出人员，采取措施，进行处理 (3) 甲烷浓度达到1.5%时，必须停止工作，切断电源，撤出人员，进行处理 (4) 体积大于0.5m³的空间内积聚的甲烷浓度达到2.0%时，附近20m内停止工作，撤出人员，切断电源，进行处理 (5) 因甲烷浓度超过规定被切断电源的电气设备，在甲烷浓度降到1.0%以下时，方可通电开动	查资料和现场	《煤矿安全规程》第一百七十二条
10	二氧化碳超限处理	(1) 回风流中二氧化碳浓度超过1.5%时，停止工作，撤出人员，采取措施，进行处理	查资料和现场	《煤矿安全规程》第一百七十四条
		(2) 工作面风流中二氧化碳浓度达到1.5%时，必须停止工作，撤出人员，查明原因，采取措施，进行处理		《煤矿安全规程》第一百七十二条
11	瓦斯检查	(1) 低瓦斯矿井，每班至少2次 (2) 高瓦斯矿井，每班至少3次 (3) 突出煤层、有瓦斯喷出危险或者瓦斯涌出较大、变化异常的采掘工作面，有专人经常检查	查资料和现场	《煤矿安全规程》第一百八十条

序号	检查内容	标准要求	检查方法	检查依据
11	瓦斯检查	(4) 未进行作业的工作面，可能涌出或者积聚甲烷、二氧化碳的硐室和巷道，每班至少检查1次 (5) 停风地点栅栏外风流中的甲烷浓度每天至少检查1次，密闭外的甲烷浓度每周至少检查1次	查资料和现场	《煤矿安全规程》第一百八十条
		(6) 瓦斯检查工在井下指定地点交接班，有记录		《煤矿安全生产标准化基本要求及评分办法》
12	二氧化碳检查	(1) 每班至少检查2次 (2) 有煤（岩）与二氧化碳突出危险或者二氧化碳涌出量较大、变化异常的工作面，有专人经常检查二氧化碳浓度 (3) 对于未进行作业的采掘工作面，可能涌出或者积聚甲烷、二氧化碳的硐室和巷道，每班至少检查1次	查资料和现场	《煤矿安全规程》第一百八十条
13	一氧化碳浓度、气体温度检查	有自然发火危险的矿井，定期检查一氧化碳浓度、气体温度等变化情况	查资料和现场	《煤矿安全规程》第一百八十条
14	电焊、气焊和喷灯焊接作业	(1) 制定安全措施，由矿长批准 (2) 指定专人在场检查和监督 (3) 地点的前后两端各10m的井巷范围内，应当是不燃性材料支护，有供水管路，有专人负责喷水，焊接前清理或者隔离焊渣飞溅区域内的可燃物 (4) 至少备有2个灭火器 (5) 在工作地点下方用不燃性材料设施接收火星 (6) 工作地点的风流中甲烷浓度不得超过0.5%，只有在检查证明作业地点附近20m范围内巷道顶部和支护背板后无瓦斯积存时，方可进行作业 (7) 作业完毕后，作业地点应当再次用水喷洒，有专人在作业地点检查1h，发现异常，立即处理	查资料和现场	《煤矿安全规程》第二百五十四条

续表

序号	检查内容	标准要求	检查方法	检查依据
15	剩油、废油处置	(1) 无存放汽油、煤油 (2) 剩油、废油无泼洒在井巷内	查资料和现场	《煤矿安全规程》第二百五十五条
16	电气设备检修或搬迁	(1) 不带电检修电气设备 (2) 严禁带电搬迁非本安型电气设备、电缆 (3) 检修或者搬迁前，切断上级电源，检查瓦斯，在其巷道风流中甲烷浓度低于1.0%时，再用与电源电压相适应的验电笔检验；检验无电后，进行导体对地放电	查现场	《煤矿安全规程》第四百四十二条
		(4) 非专职人员或者非值班电气人员不得操作电气设备		《煤矿安全规程》第四百四十三条
		(5) 操作高压电气设备主回路时操作人员必须戴绝缘手套并穿电工绝缘靴或者站在绝缘台上		
17	探放水	(1) 采用钻探方法，配合物探、化探方法 (2) 采用专用钻机，由专业人员和专职探放水队伍施工	查资料	《煤矿安全规程》第三百一十八条
		(3) 加强钻孔附近的巷道支护，在工作面迎头打好坚固的立柱和挡板，严禁空顶、空帮作业 (4) 清理巷道，挖好排水沟。探放水钻孔位于巷道低洼处时，应当配备与探放水量相适应的排水设备 (5) 在打钻地点或者其附近安设专用电话，保证人员撤离通道畅通 (6) 由测量人员依据设计现场标定探放水孔位置，与负责探放水工作的人员共同确定钻孔的方位、倾角、深度和钻孔数量等	查现场	《煤矿安全规程》第三百一十九条
		(7) 煤岩松软、片帮、来压或者钻孔中水压、水量突然增大和顶钻等突（透）水征兆时，应立即停止钻进，但不得拔出钻杆		《煤矿安全规程》第三百二十二条

续表

序号	检查内容	标准要求	检查方法	检查依据
18	钻孔终孔孔径	探放水钻孔除兼作堵水钻孔外，终孔孔径一般不得大于94mm	查现场	《煤矿防治水细则》第四十七条
19	超前距离	（1）老空积水范围、积水量不清楚的，近距离煤层开采的或者地质构造不清楚的，探放水钻孔超前距不得小于30m，止水套管长度不得小于10m （2）老空积水范围、积水量清楚的，根据水头值高低、煤（岩）层厚度、强度及安全技术措施等确定	查资料和现场	《煤矿防治水细则》第四十八条
20	探放断裂构造水和岩溶水	探水钻孔沿掘进方向的正前方及含水体方向呈扇形布置，钻孔不得少于3个，其中含水体方向的钻孔不得少于2个	查现场	《煤矿防治水细则》第四十三条
21	探查陷落柱等垂向构造	应当同时采用物探、钻探两种方法，根据陷落柱的预测规模布孔，但底板方向钻孔不得少于3个，有异常时加密布孔	查现场	《煤矿防治水细则》第四十三条
22	煤层内探放水	（1）煤层内禁止探放水压高于1MPa的充水断层水、含水层水及陷落柱水等 （2）如确实需要，可以先构筑防水闸墙，并在闸墙外向内探放水	查资料	《煤矿防治水细则》第四十三条
23	探放高压水	（1）水压大于0.1MPa的地点探水时，预先固结套管，并安装闸阀 （2）止水套管进行耐压试验，耐压值不得小于预计静水压值的1.5倍，兼作注浆钻孔的，应当综合注浆终压值确定，并稳定30min以上 （3）水压大于1.5MPa时，采用反压和有防喷装置的方法钻进，并制定防止孔口管和煤（岩）壁突然鼓出的措施	查资料和现场	《煤矿防治水细则》第四十六条

序号	检查内容	标准要求	检查方法	检查依据
24	探放老空水和钻孔水	（1）老空和钻孔位置清楚时，根据具体情况进行专门探放水设计施工 （2）老空和钻孔位置不清楚时，探水钻孔成组布设，并在巷道前方的水平面和竖直面内呈扇形，钻孔终孔位置满足水平面间距不大于3m，厚煤层内各孔终孔的竖直面间距不大于1.5m	查资料和现场	《煤矿防治水细则》第四十三条
25	探放老空水	（1）分析查明老空水体的空间位置、积水范围、积水量和水压等 （2）探放水时，撤出探放水点标高以下受水害威胁区域所有人员 （3）放水时，监视放水全过程，核对放水量和水压等，直到老空水放完为止，并进行检测验证 （4）钻探接近老空时，安排专职瓦斯检查工或者矿山救护队员在现场值班，随时检查空气成分。如果甲烷或者其他有害气体浓度超过有关规定，应立即停止钻进，切断电源，撤出人员，并报告矿调度室，及时采取措施进行处理	查资料和现场	《煤矿安全规程》第三百二十三条
26	钻孔放水	（1）钻孔放水前，应当估计积水量，并根据排水能力和水仓容量，控制放水流量，防止淹井淹面 （2）放水时，应当设有专人监测钻孔出水情况，测定水量和水压，做好记录 （3）如果水量突然变化，应当分析原因，及时处理，并立即报告矿井调度室	查现场	《煤矿防治水细则》第五十一条

第三节　回风巷现场监督检查及处理

一、设备设施

序号	检查内容	标准要求	检查方法	检查依据
1	交岔点路标	交岔点设置路标，标明所在地点，指明通往安全出口的方向	查现场	《煤矿安全规程》第八十八条
2	避灾路线标识	巷道交叉口设置避灾路线标识，标识的间隔距离不大于200m	查现场	《煤矿安全规程》第六百八十四条
3	里程标志	巷道每隔100m设置醒目的里程标志	查现场	《煤矿安全生产标准化基本要求及评分办法》
4	安全出口	（1）安全出口与巷道连接处超前压力影响范围内加强支护长度不小于20m （2）巷道高度不低于1.8m （3）设专人维护 （4）支架断梁折柱、巷道底鼓变形时及时更换、清挖	查资料和现场	《煤矿安全规程》第九十七条
5	备用支护材料	（1）坑木无折损，金属顶梁无损坏，单挑液压支柱无失效 （2）存有一定数量的坑木、金属顶梁和单挑液压支柱等备用支护材料 （3）备用支护材料及备件符合作业规程要求	查资料和现场	《煤矿安全规程》第一百条

序号	检查内容	标准要求	检查方法	检查依据
6	单体液压支柱	（1）单体液压支柱初撑力，柱径为100mm的不小于90kN，柱径为80mm的不小于60kN （2）支柱外表面应无剥落氧化皮，油缸表面无凹坑 （3）焊接处焊缝应成形美观，无裂缝、弧坑、焊缝间断等缺陷；应除尽焊渣和飞溅物 （4）手把、底座连接钢丝应全部打人槽中，钢丝弯头可外露4mm；槽口应用腻子封严 （5）内注式支柱各密封处不应有油渗出，通气装置应密封良好 （6）零件经检验合格后方可装配，对于因保管或运输不当而造成的变形、摔伤、擦伤、锈蚀等影响产品质量的零件不应用于装配 （7）支柱所有零部件应齐全，顶盖、弹性圆柱销装配位置正确 （8）装配后支柱的最大高度和工作行程极限偏差为±20mm	查资料和现场	矿用单体液压支柱（MT 112.1 - 2006）
7	金属顶梁	（1）顶梁表面应平整，无毛边、毛刺、焊渣、焊瘤、氧化皮等物 （2）顶梁表面应涂漆（销了、调角楔除外），漆层粘附牢固 （3）任意两根铰接梁放在工作平台上，应能顺利插入销了和调角楔，实现铰接，铰接的顶梁沿销了上下转动自如，无明显扭转，退楔退销了灵活无卡组 （4）互相铰接的顶梁能随意互换，任意两根顶梁铰接后，在水平面内，一根顶梁对另一根固定顶梁向左、向右可调整角度均不小于3°；当插调角销使其与左右耳和接头铰接部位的工作表面相接触时，根据进楔量不同，可使一根顶梁对另一根固定顶梁在垂直面向上、向下可调整角度均不小于7°；调整进楔量时，应保证调角楔小端露出量不小于25mm	查现场	金属顶梁(MT30 - 2000)

序号	检查内容	标准要求	检查方法	检查依据
8	运输绞车	（1）外露弹簧和可调螺栓等连接件应具有防锈层 （2）绞车所有外露旋转零部件（除卷筒、制动器外）应有防护罩 （3）卷筒边缘高出最外 1 层钢丝绳的高度，至少为钢丝绳直径的 2.5 倍 （4）钢丝绳头固定在卷筒上，应有特备的容绳或卡绳装置，不能系在卷筒轴上；绳孔不能有锐利的边缘，钢丝绳的弯曲不能形成锐角 （5）卷筒上的螺钉不高出卷筒圆周表面 （6）绞车应设置总停开关 （7）绞车设置独立的工作制动和安全制动器。 （8）安全制动器应采用重锤力或弹簧力进行制动。安全制动器制动的同时应自动切断运输装置的电源 （9）闸瓦（带）与制动轮无缺损，无断裂，表面无油迹；无影响使用性能的龟裂、起泡、分层等缺陷；无拉毛或刮伤试验盘 （10）绞车应设有深度指示器，应能指示出牵引绞车所在位置	查资料和现场	煤矿用运输绞车安全检测规范（AQ1030 – 2007）
9	监测	（1）进风巷实行离层观测 （2）有相关监测、观测记录，资料齐全 （3）离层仪安设位置、观测方式、观测时段符合作业规程规定	查资料和现场	《煤矿安全生产标准化基本要求及评分办法》
		（4）回采巷道距掘进工作面 50m 内和回采工作面 100m 内，综合测站仪器与日常监测顶板离层仪的观测频度每天不少于 1 次 （5）回采巷道距掘进工作面 50m 外和回采工作面 100m 外，观测频度每周不少于 1 次。		煤矿巷道锚杆支护技术规范（GB/T 35056 – 2018）

续表

序号	检查内容	标准要求	检查方法	检查依据
10	安全监控设备检测试验	（1）每月至少调校、测试1次 （2）采用载体催化元件的甲烷传感器每15天使用标准气样和空气样在设备设置地点至少调校1次，并有调校记录 （3）甲烷电闭锁和风电闭锁功能每15天测试1次，其中，对可能造成局部通风机停电的，每半年测试1次，并有测试签字记录	查资料	《煤矿安全生产标准化基本要求及评分办法》
11	防尘供水系统	（1）吊挂平直，不漏水 （2）管路三通阀门便于操作 （3）运煤（矸）转载点设有喷雾装置	查现场	《煤矿安全生产标准化基本要求及评分办法》

二、作业环境

序号	检查内容	标准要求	检查方法	检查依据
1	单体液压支柱支护	（1）入井前单体液压支柱逐根进行压力试验 （2）对金属顶梁和单体液压支柱，在采煤工作面回采结束后或者使用时间超过8个月后进行检修。检修好的支柱，还必须进行压力试验，合格后方可使用	查资料	《煤矿安全规程》第一百条
		（3）单体液压支柱有防倒措施 （4）同一工作面不使用不同类型和不同性能的支柱。在地质条件复杂的采煤工作面中使用不同类型的支柱时，必须制定安全措施	查现场	
		（5）物料分类码放整齐，有标志牌	查现场	《煤矿安全生产标准化基本要求及评分办法》
2	巷道高度	不低于1.8m	查现场	《煤矿安全规程》第九十七条

序号	检查内容	标准要求	检查方法	检查依据
3	人行道宽度	（1）不低于1m （2）人行道的宽度小于1m时，必须在巷道一侧设置躲避硐，2个躲避硐的间距不得超过40m。躲避硐宽度不得小于1.2m，深度不得小于0.7m，高度不得小于1.8m。躲避硐内严禁堆积物料	查现场	《煤矿安全规程》第九十一条
4	管道吊挂高度	不低于1.8m	查现场	《煤矿安全规程》第九十一条
5	运输巷与运输设备最突出部分之间的最小间距	（1）设备上方与顶板距离不小于0.3m	查现场	《煤矿安全生产标准化基本要求及评分办法》
		（2）最小间距不小于0.5m，机头和机尾处与巷帮支护的距离应当满足设备检查和维修的需要，并不得小于0.7m		《煤矿安全规程》第九十条
6	安全出口	（1）安全出口与巷道连接处超前压力影响范围内加强支护长度不小于20m （2）巷道高度不低于1.8m （3）设专人维护 （4）支架断梁折柱、巷道底鼓变形时及时更换、清挖	查现场	《煤矿安全规程》第九十七条
7	有害气体的浓度	（1）一氧化碳最高允许浓度0.0024% （2）氧化氮最高允许浓度0.00025% （3）二氧化硫最高允许浓度0.0005% （4）硫化氢最高允许浓度0.00066% （5）氨最高允许浓度0.004%	查资料和现场	《煤矿安全规程》第一百三十五条
8	风流速度	允许最低风速不小于0.25m/s，最高不超过6m/s	查资料和现场	《煤矿安全规程》第一百三十六条
9	空气温度	进风井口以下的空气温度（干球温度）在2℃以上	查资料和现场	《煤矿安全规程》第一百三十七条

续表

序号	检查内容	标准要求	检查方法	检查依据
10	测风	（1）每10天至少进行1次全面测风 （2）根据实际需要随时测风，每次测风结果应当记录并写在测风地点的记录牌上	查资料	《煤矿安全规程》第一百四十条
11	通风方式	（1）采用矿井全风压通风，禁止采用局部通风机稀释瓦斯 （2）进风和回风不经过采空区或者冒顶区 （3）无煤柱开采沿空送巷和沿空留巷时，采取防止从巷道的两帮和顶部向采空区漏风的措施；矿井在同一煤层、同翼、同一采区相邻正在开采的采煤工作面沿空送巷时，采掘工作面严禁同时作业	查资料	《煤矿安全规程》第一百五十三条
12	通风系统	有突出危险的采煤工作面严禁采用下行通风	查资料	《煤矿安全规程》第一百五十二条
13	采空区处理	45天内，所有与已采区相连通的巷道中设置密闭墙，全部封闭	查现场	《煤矿安全规程》第一百五十四条
14	井下瓦斯抽采系统	（1）临时抽采瓦斯泵站安设在抽采瓦斯地点附近的新鲜风流中 （2）抽出的瓦斯排入回风巷时，在排瓦斯管路出口设置栅栏、悬挂警戒牌等。栅栏设置的位置是上风侧距管路出口5m、下风侧距管路出口30m，两栅栏间禁止任何作业	查资料和现场	《煤矿安全规程》第一百八十三条
		（3）抽采容易自燃和自燃煤层的采空区瓦斯时，抽采管路安设一氧化碳、甲烷、温度传感器，实现实时监测监控。发现有自然发火征兆时，立即采取措施 （4）井上下敷设的瓦斯管路，不与带电物体接触并有防止砸坏管路的措施 （5）采用干式抽采瓦斯设备时，抽采瓦斯浓度不低于25%	查资料	《煤矿安全规程》第一百八十四条

序号	检查内容	标准要求	检查方法	检查依据
15	通风设施	(1) 及时构筑通风设施（指永久密闭、风门、风窗和风桥），设施墙（桥）体采用不燃性材料构筑，其厚度不小于 0.5m（防突风门、风窗墙体不小于 0.8m），严密不漏风 (2) 密闭、风门、风窗墙体周边按规定掏槽，墙体与煤岩接实，四周有不少于 0.1m 的裙边，周边及围岩不漏风；墙面平整、无裂缝、重缝和空缝，并进行勾缝或者抹面或者喷浆，抹面的墙面 1m² 内凸凹深度不大于 10mm (3) 设施 5m 范围内支护完好，无片帮、漏顶、杂物、积水和淤泥 (4) 设施统一编号，每道设施有规格统一的施工说明及检查维护记录牌	查现场	《煤矿安全生产标准化基本要求及评分办法》
16	密闭	(1) 密闭位置距全风压巷道口不大于 5m，设有规格统一的瓦斯检查牌板和警标，距巷道口大于 2m 的设置栅栏 (2) 密闭前无瓦斯积聚。所有导电体在密闭处断开（在用的管路采取绝缘措施处理除外） (3) 密闭内有水时设有反水池或者反水管，采空区密闭设有观测孔、措施孔，且孔口设置阀门或者带有水封结构	查现场	《煤矿安全生产标准化基本要求及评分办法》
17	风门、风窗	(1) 每组风门不少于 2 道，其间距不小于 5m（通车风门间距不小于 1 列车长度），主要进、回风巷之间的联络巷设具有反向功能的风门，其数量不少于 2 道；通车风门按规定设置和管理，并有保护风门及人员的安全措施 (2) 风门能自动关闭，并连锁，使 2 道风门不能同时打开；门框包边沿口，有衬垫，四周接触严密，门扇平整不漏风；风窗有可调控装置，调节可靠 (3) 风门、风窗水沟处设有反水池或者挡风帘，轨道巷通车风门设有底槛，电缆、管路孔堵严，风筒穿过风门（风窗）墙体时，在墙上安装与胶质风筒直径匹配的硬质风筒	查现场	《煤矿安全生产标准化基本要求及评分办法》

续表

序号	检查内容	标准要求	检查方法	检查依据
18	风桥	（1）风桥两端接口严密，四周为实帮、实底，用混凝土浇灌填实；桥面规整不漏风 （2）风桥通风断面不小于原巷道断面的4/5，呈流线型，坡度小于30°；风桥上、下不安设风门、调节风窗等	查现场	《煤矿安全生产标准化基本要求及评分办法》
19	安全监控设备检测试验	（1）每月至少调校、测试1次 （2）采用载体催化元件的甲烷传感器每15天使用标准气样和空气样在设备设置地点至少调校1次，并有调校记录 （3）甲烷电闭锁和风电闭锁功能每15天测试1次，其中，对可能造成局部通风机停电的，每半年测试1次，并有测试签字记录	查资料	《煤矿安全生产标准化基本要求及评分办法》
20	爆炸物品存放	禁止将爆炸物品存放在巷道内	查现场	《煤矿安全规程》第三百三十九条
21	防尘供水系统	（1）吊挂平直，不漏水 （2）管路三通阀门便于操作 （3）运煤（矸）转载点设有喷雾装置	查现场	《煤矿安全生产标准化基本要求及评分办法》
22	风流净化水幕	（1）至少设置2道 （2）喷射混凝土时，在回风侧100m范围内至少安设2道净化水幕	查资料和现场	《煤矿安全生产标准化基本要求及评分办法》
		（3）距工作面50m范围内设置一道自动控制风流净化水幕		煤矿井下粉尘综合防治技术规范（AQ1020-2006）
23	巷道冲洗	（1）回风巷每月至少冲洗1次	查资料和现场	《煤矿安全生产标准化基本要求及评分办法》
		（2）距工作面20m范围的巷道每班至少冲洗一次，20m外的每旬至少冲洗一次 （3）巷道中无连续长5m、厚度超过2mm的煤尘堆积		煤矿井下粉尘综合防治技术规范（AQ1020-2006）

续表

序号	检查内容	标准要求	检查方法	检查依据
24	甲烷传感器设置	（1）U 形通风回风隅角距切顶线 1m 范围内安设甲烷传感器 （2）U 形通风回风巷距回风大巷 10～15mm 位置安设甲烷传感器 （3）甲烷传感器垂直悬挂在巷道上方，风流稳定的位置，距顶板（顶梁）不大于 300mm，距巷道侧壁不小于 200mm	查现场	煤矿安全监控系统及检测仪器使用管理规范（AQ1029 - 2019）
25	一氧化碳传感器设置	（1）U 形通风回风隅角距切顶线 1m 范围内、距工作面 10mm 范围内位置和距回风大巷 10～15mm 位置内至少选择一处安设一氧化碳传感器 （2）一氧化碳传感器垂直悬挂在巷道上方，风流稳定的位置，距顶板（顶梁）不大于 300mm，距巷道侧壁不小于 200mm	查现场	煤矿安全监控系统及检测仪器使用管理规范（AQ1029 - 2019）
26	巷道支护	（1）支护完整，无失修巷道 （2）底板平整，无浮碴及杂物、无淤泥、无积水 （3）支柱钻底量小于 100mm （4）支护材料放置地点与通风设施距离大于 5m	查现场	《煤矿安全生产标准化基本要求及评分办法》

三、工作岗位

序号	检查内容	标准要求	检查方法	检查依据
1	个体防护	佩戴矿灯、自救器、橡胶安全帽（或玻璃钢安全帽）、防尘口罩、防冲击眼护具、布手套、胶面防砸安全靴、耳塞、耳罩等	查资料和现场	煤矿职业安全卫生个体防护用品配备标准(AQ1051)
2	岗位安全生产责任制	严格执行本岗位安全生产责任制，掌握本岗位相应的操作规程和安全措施，操作规范	查资料和现场	《煤矿安全生产标准化基本要求及评分办法》
3	安全确认	作业前进行安全确认	查现场	《煤矿安全生产标准化基本要求及评分办法》

续表

序号	检查内容	标准要求	检查方法	检查依据
4	带式输送机运输	（1）严禁用带式输送机等运输爆炸物品	查现场	《煤矿安全规程》第三百四十一条
		（2）输送机运转时不能打开检查孔 （3）严禁在输送机运行时润滑 （4）输送机正常停机前，需将物料全部卸完，方可切断电源		煤矿用带式输送机安全规范（GB 22340－2008）
5	端头支护	（1）使用端头支架或者增设其他形式的支护	查资料和现场	《煤矿安全规程》第一百一十四条
		（2）超前压力影响范围内加强支护的巷道长度不小于20m	查现场	《煤矿安全规程》第九十七条
		（3）支柱柱距、排距允许偏差不大于100mm，支护形式符合作业规程规定 （4）工作面两端第一组支架与巷道支护间距不大于0.5m （5）进风巷与工作面放顶线放齐（沿空留巷除外） （6）挡矸有效 （7）架棚巷道超前替棚距离、锚杆、锚索支护巷道退锚距离符合作业规程规定	查资料和现场	《煤矿安全生产标准化基本要求及评分办法》
		（8）在控顶区域内无提前摘柱 （9）碰倒或者损坏、失效的支柱，必须立即恢复或者更换	查现场	《煤矿安全规程》第一百条
6	瓦斯超限处理	（1）甲烷浓度达到1.0%时，停止用电钻打眼 （2）回风流甲烷浓度超过1.0%时，停止工作，撤出人员，采取措施，进行处理 （3）甲烷浓度达到1.5%时，必须停止工作，切断电源，撤出人员，进行处理 （4）体积大于0.5m^{3}的空间内积聚的甲烷浓度达到2.0%时，附近20m内停止工作，撤出人员，切断电源，进行处理 （5）因甲烷浓度超过规定被切断电源的电气设备，在甲烷浓度降到1.0%以下时，方可通电开动	查资料和现场	《煤矿安全规程》第一百七十二条

序号	检查内容	标准要求	检查方法	检查依据
7	二氧化碳超限处理	（1）回风流中二氧化碳浓度超过1.5%时，停止工作，撤出人员，采取措施，进行处理	查资料和现场	《煤矿安全规程》第一百七十二条
		（2）工作面风流中二氧化碳浓度达到1.5%时，必须停止工作，撤出人员，查明原因，采取措施，进行处理		《煤矿安全规程》第一百七十四条
8	瓦斯检查	（1）低瓦斯矿井，每班至少2次 （2）高瓦斯矿井，每班至少3次 （3）突出煤层、有瓦斯喷出危险或者瓦斯涌出较大、变化异常的采掘工作面，有专人经常检查 （4）未进行作业的工作面，可能涌出或者积聚甲烷、二氧化碳的硐室和巷道，每班至少检查1次 （5）停风地点栅栏外风流中的甲烷浓度每天至少检查1次，密闭外的甲烷浓度每周至少检查1次	查资料和现场	《煤矿安全规程》第一百八十条
		（6）瓦斯检查工在井下指定地点交接班，有记录		《煤矿安全生产标准化基本要求及评分办法》
9	二氧化碳检查	（1）每班至少检查2次 （2）有煤（岩）与二氧化碳突出危险或者二氧化碳涌出量较大、变化异常的工作面，有专人经常检查二氧化碳浓度 （3）对于未进行作业的采掘工作面，可能涌出或者积聚甲烷、二氧化碳的硐室和巷道，每班至少检查1次	查资料和现场	《煤矿安全规程》第一百八十条
10	一氧化碳浓度、气体温度检查	有自然发火危险的矿井，定期检查一氧化碳浓度、气体温度等变化情况	查资料和现场	《煤矿安全规程》第一百八十条
11	剩油、废油处置	（1）无存放汽油、煤油 （2）剩油、废油无泼洒在井巷内	查资料和现场	《煤矿安全规程》第二百五十五条

续表

序号	检查内容	标准要求	检查方法	检查依据
12	巷道冲洗	(1) 距工作面20m范围的巷道每班至少冲洗一次，20m外的每旬至少冲洗一次 (2) 巷道中无连续长5m、厚度超过2mm的煤尘堆积	查资料和现场	煤矿井下粉尘综合防治技术规范（AQ1020-2006）
13	巷道维修	(1) 回风流中甲烷浓度不超过1.0%、二氧化碳浓度不超过1.5%、空气成分符合《煤矿安全规程》要求	查资料	《煤矿安全规程》第一百二十七条
		(2) 锚网巷道维修施工地点有临时支护和防止失修范围扩大的措施 (3) 维修倾斜巷道时，应当停止行车；需要通车作业时，制定行车安全措施。严禁上、下段同时作业 (4) 更换巷道支护先加固邻近支护时，拆除原有支护后，及时除掉顶帮活矸和架设永久支护，必要时采取临时支护措施。在倾斜巷道中，必须有防止矸石、物料滚落和支架歪倒的安全措施	查资料和现场	《煤矿安全规程》第一百二十六条
14	测风	(1) 每10天至少进行1次全面测风 (2) 根据实际需要随时测风，每次测风结果应当记录并写在测风地点的记录牌上	查资料	《煤矿安全规程》第一百四十条
15	瓦斯抽采检查与管理	(1) 按抽采工程（包括钻场、钻孔、管路、抽采巷等）设计施工 (2) 对瓦斯抽采系统的瓦斯浓度、压力、流量等参数实时监测，定期人工检测比对，泵站每2h至少1次，主干、支管及抽采钻场每周至少1次，根据实际测定情况对抽采系统进行及时调节 (3) 每10天至少检查1次抽采管路系统，并有记录。抽采管路无破损、无漏气、无积水；抽采管路离地面高度不小于0.3m（采空区留管除外） (4) 抽采钻场及钻孔设置管理牌板，数据填写及时、准确，有记录和台账 (5) 高瓦斯、突出矿井计划开采的煤量不超出瓦斯抽采的达标煤量，生产准备和回采煤量和抽采达标煤量保持平衡	查资料和现场	《煤矿安全生产标准化基本要求及评分办法》

第十章 综掘工作面现场监督检查及处理

第一节 设备设施

序号	检查内容	标准要求	检查方法	检查依据
1	输送带、托辊和滚筒包胶材料	采用非金属聚合物制造	查资料	《煤矿安全规程》第三百七十四条
2	带式输送机保护装置	（1）装设防打滑、跑偏、堆煤、撕裂等保护装置，温度、烟雾监测装置和自动洒水装置 （2）具备沿线急停闭锁功能 （3）装设输送带张紧力下降保护装置 （4）上运时装设防逆转装置和制动装置；下运装设软制动装置且必须装设防超速保护装置	查资料及现场	《煤矿安全规程》第三百七十四条
		（5）装有带式输送机的井筒兼作风井使用时，有自动报警灭火装置，敷设消防管路，有防尘措施		《煤矿安全规程》第一百四十五条
		（6）转载点安设喷雾装置或除尘器	查现场	《煤矿安全规程》第六百五十二条
3	带式输送机安全防护设施	（1）机头、机尾、驱动滚筒和改向滚筒处，有防护栏及警示牌 （2）行人跨越处有过桥 （3）大于16°的倾斜井巷中设置防护网，采取防止物料下滑、滚落等的安全措施	查现场	《煤矿安全规程》第三百七十四条
		（4）架空乘人装置与带式输送机同巷布置时，采取可靠的隔离措施		《煤矿安全规程》第三百八十三条

续表

序号	检查内容	标准要求	检查方法	检查依据
4	照明设施	（1）机头、机尾及搭接处有照明	查现场	《煤矿安全规程》第三百七十四条
		（2）兼作人行道的集中带式输送机巷道照明灯的间距不得大于30m		《煤矿安全规程》第四百六十九条
5	照明和信号的配电装置	具有短路、过负荷和漏电保护的照明信号综合保护功能	查资料和现场	《煤矿安全规程》第四百七十四条
6	交岔点路标	交岔点设置路标，标明所在地点，指明通往安全出口的方向	查现场	《煤矿安全规程》第八十八条
7	避灾路线标识	巷道交叉口设置避灾路线标识，标识的间隔距离不大于200m	查现场	《煤矿安全规程》第六百八十四条
8	里程标志	巷道每隔100m设置醒目的里程标志	查现场	《煤矿安全生产标准化基本要求及评分办法》
9	刮板输送机	（1）安设能发出停止、启动信号和通信的装置，发出信号点的间距不得超过15m （2）使用的液力耦合器，按所传递的功率大小注入规定量的难燃液，经常检查有无漏失 （3）易熔合金塞符合标准，并设专人检查、清除塞内污物；严禁使用不符合标准的物品代替	查资料和现场	《煤矿安全规程》第一百二十一条
10	掘进机	（1）在设备非操作侧，装有紧急停转按钮 （2）装有前照明灯和尾灯 （3）掘进机械设备完好 （4）装设甲烷断电仪或者便携式甲烷检测报警仪	查现场	《煤矿安全规程》第一百一十九条 《煤矿安全生产标准化基本要求及评分办法》
11	运输绞车	（1）外露弹簧和可调螺栓等连接件应具有防锈层 （2）绞车所有外露旋转零部件（除卷筒、制动器外）应有防护罩 （3）卷筒边缘高出最外1层钢丝绳的高度，至少为钢丝绳直径的2.5倍	查资料和现场	煤矿用运输绞车安全检测规范（AQ 1030－2007）

序号	检查内容	标准要求	检查方法	检查依据
11	运输绞车	（4）钢丝绳头固定在卷筒上，应有特备的容绳或卡绳装置，不能系在卷筒轴上；绳孔不能有锐利的边缘，钢丝绳的弯曲不能形成锐角 （5）卷筒上的螺钉不高出卷筒圆周表面 （6）绞车应设置总停开关 （7）绞车设置独立的工作制动和安全制动器。 （8）安全制动器应采用重锤力或弹簧力进行制动。安全制动器制动的同时应自动切断运输装置的电源 （9）闸瓦（带）与制动轮无缺损，无断裂，表面无油迹；无影响使用性能的龟裂、起泡、分层等缺陷；无拉毛或刮伤试验盘 （10）绞车应设有深度指示器，应能指示出牵引绞车所在位置	查现场	煤矿用运输绞车安全检测规范（AQ 1030 – 2007）
12	消防管路系统	（1）井巷内每隔 100m 设置支管和阀门	查现场	《煤矿安全规程》第二百四十九条
		（2）在带式输送机巷道中应当每隔 50m 设置支管和阀门	查资料和现场	《煤矿安全规程》第一百四十五条
13	局部通风机及启动装置	（1）设备齐全，装有消音器（低噪声局部通风机和除尘风机除外） （2）吸风口有风罩和整流器，高压部位有衬垫	查资料和现场	《煤矿安全生产标准化基本要求及评分办法》
		（3）高瓦斯、突出矿井的煤巷、半煤岩巷和有瓦斯涌出的岩巷掘进工作面正常工作的局部通风机配备安装同等能力的备用局部通风机，能自动切换 （4）正常工作的局部通风机采用三专（专用开关、专用电缆、专用变压器）供电，专用变压器最多可向 4 个不同掘进工作面的局部通风机供电 （5）备用局部通风机电源取自同时带电的另一电源，当正常工作的局部通风机故障时，备用局部通风机能自动启动，保持掘进工作面正常通风	查资料	《煤矿安全规程》第一百六十四条

序号	检查内容	标准要求	检查方法	检查依据
13	局部通风机及启动装置	（6）其他掘进工作面和通风地点正常工作的局部通风机可不配备备用局部通风机，但正常工作的局部通风机必须采用三专供电；或者正常工作的局部通风机配备安装一台同等能力的备用局部通风机，并能自动切换。正常工作的局部通风机和备用局部通风机的电源必须取自同时带电的不同母线段的相互独立的电源，保证正常工作的局部通风机故障时，备用局部通风机能投入正常工作 （7）正常工作和备用局部通风机均失电停止运转后，当电源恢复时，正常工作的局部通风机和备用局部通风机均不得自行启动，必须人工开启局部通风机 （8）使用局部通风机供风的地点实行风电闭锁和甲烷电闭锁，保证当正常工作的局部通风机停止运转或者停风后能切断停风区内全部非本质安全型电气设备的电源。正常工作的局部通风机故障，切换到备用局部通风机工作时，该局部通风机通风范围内应当停止工作，排除故障；待故障被排除，恢复到正常工作的局部通风后方可恢复工作。使用2台局部通风机同时供风的，2台局部通风机都必须同时实现风电闭锁和甲烷电闭锁	查资料	《煤矿安全规程》第一百六十四条
14	风筒	为抗静电、阻燃材质	查资料	《煤矿安全规程》第一百六十四条
15	探放水钻机	采用专用钻机	查资料	《煤矿防治水细则》第三十九条
16	监测	（1）煤巷、半煤岩巷锚杆、锚索支护巷道进行顶板离层观测，并填写记录牌板 （2）进行围岩观测并分析、预报	查资料和现场	《煤矿安全生产标准化基本要求及评分办法》
		（3）离层仪安设位置、观测方式、观测时段	查资料	作业规程
17	破碎机	破碎机与输送机之间应当设联锁装置	查现场	《煤矿安全生产标准化基本要求及评分办法》

序号	检查内容	标准要求	检查方法	检查依据
18	带式输送机	（1）带式输送机完好，机架、托辊齐全完好，皮带不跑偏 （2）带式输送机电气保护齐全可靠 （3）带式输送机的减速器与电动机采用软连接或软启动控制，液力耦合器不使用可燃性传动介质（调速型液力耦合器不受此限），并使用合格的易熔塞和防爆片 （4）使用阻燃、抗静电胶带，有防打滑、防堆煤、防跑偏、防撕裂保护装置，有温度、烟雾监测装置，有自动洒水装置 （5）带式输送机机头、机尾固定牢固，机头有安全防护设施，有防灭火器材，机尾使用挡煤板、有防护罩。在大于16°的斜巷中带式输送机设置防护网，并采取防止物料下滑、滚落等安全措施 （6）连续运输系统有连锁、闭锁控制装置，全线安设有通信和信号装置 （7）上运式带式输送机装设防逆转装置和制动装置，下运式带式输送机装设软制动装置和防超速保护装置 （8）带式输送机安设沿线急停装置 （9）机头尾处设置有扫煤器 （10）行人通过的输送机机尾设盖板 （11）输送机行人跨越处有过桥 （12）带式输送机机头消防设施齐全	查资料和现场	《煤矿安全生产标准化基本要求及评分办法》
19	非金属聚合物材料	非金属聚合物制造的输送带、托辊及滚筒包胶材料阻燃性能及抗静电性能需符合要求	现场检查	《煤矿安全规程》第三百七十四条
20	掘进施工机（工）具	掘进施工机（工）具完好	查资料和现场	《煤矿安全生产标准化基本要求及评分办法》
21	现场图牌板	（1）作业场所安设巷道平面布置图、施工断面图、炮眼布置图、爆破说明书（断面截割轨迹图）、正规循环作业图表等 （2）图牌板内容齐全、图文清晰、正确、保护完好，安设位置便于观看	查资料和现场	《煤矿安全生产标准化基本要求及评分办法》

序号	检查内容	标准要求	检查方法	检查依据
22	电缆	（1）主线芯截面满足供电线路负荷要求 （2）有供保护接地用的足够截面的导体 （3）固定敷设的高压电缆，井筒倾角为45°及其以上时，采用矿用粗钢丝铠装电力电缆；倾角为45°以下时，采用煤矿用钢带或者细钢丝铠装电力电缆 （4）固定敷设的低压电缆，采用煤矿用铠装或者非铠装电力电缆或者对应电压等级的煤矿用橡套软电缆 （5）非固定敷设的高低压电缆，采用煤矿用橡套软电缆	查资料	《煤矿安全规程》第四百六十三条
23	备用支护材料	（1）坑木无折损，金属顶梁无损坏，单挑液压支柱无失效 （2）存有一定数量的坑木、金属顶梁和单挑液压支柱等备用支护材料 （3）备用支护材料及备件符合作业规程要求	查资料和现场	《煤矿安全规程》第一百条
24	单体液压支柱	（1）单体液压支柱初撑力，柱径为100mm的不小于90kN，柱径为80mm的不小于60kN （2）支柱外表面应无剥落氧化皮，油缸表面无凹坑 （3）焊接处焊缝应成形美观，无裂缝、弧坑、焊缝间断等缺陷；应除尽焊渣和飞溅物 （4）手把、底座连接钢丝应全部打入槽中，钢丝弯头可外露4mm；槽口应用腻子封严 （5）内注式支柱各密封处不应有油渗出，通气装置应密封良好 （6）零件经检验合格后方可装配，对于因保管或运输不当而造成的变形、摔伤、擦伤、锈蚀等影响产品质量的零件不应用于装配 （7）支柱所有零部件应齐全，顶盖、弹性圆柱销装配位置正确 （8）装配后支柱的最大高度和工作行程极限偏差为±20mm	查资料和现场	矿用单体液压支柱（MT 112.1 - 2006）

序号	检查内容	标准要求	检查方法	检查依据
25	金属顶梁	（1）顶梁表面应平整，无毛边、毛刺、焊渣、焊瘤、氧化皮等物 （2）顶梁表面应涂漆（销了、调角楔除外），漆层粘附牢固 （3）任意两根铰接梁放在工作平台上，应能顺利插入销了和调角楔，实现铰接，铰接的顶梁沿销了上下转动自如，无明显扭转，退楔退销了灵活无卡组 （4）互相铰接的顶梁能随意互换，任意两根顶梁铰接后，在水平面内，一根顶梁对另一根固定顶梁向左、向右可调整角度均不小于3°；当插调角销使其与左右耳和接头铰接部位的工作表面相接触时，根据进楔量不同，可使一根顶梁对另一根固定顶梁在垂直面向上、向下可调整角度均不小于7°；调整进楔量时，应保证调角楔小端露出量不小于25mm	查现场	金属顶梁（MT30 - 2000）

第二节　作业环境

序号	检查内容	标准要求	检查方法	检查依据
1	有害气体的浓度	（1）一氧化碳最高允许浓度0.0024% （2）氧化氮最高允许浓度0.00025% （3）二氧化硫最高允许浓度0.0005% （4）硫化氢最高允许浓度0.00066% （5）氨最高允许浓度0.004%	查资料和现场	《煤矿安全规程》第一百三十五条
2	风流速度	允许风速不超过8m/s	查资料和现场	《煤矿安全规程》第一百三十六条
3	空气温度	进风井口以下的空气温度（干球温度）在2℃以上	查资料和现场	《煤矿安全规程》第一百三十七条
4	工程质量考核	工程质量考核有班组检查验收记录	查资料	《煤矿安全生产标准化基本要求及评分办法》

续表

序号	检查内容	标准要求	检查方法	检查依据
5	揭露老空区	（1）揭露老空区前，制定探查老空区的安全措施，包括接近老空区时必须预留的煤（岩）柱厚度和探明水、火、瓦斯等内容。根据探明的情况采取措施，进行处理	查资料	《煤矿安全规程》第九十三条
		（2）揭露老空区时，将人员撤至安全地点。经过检查，证明老空区内的水、瓦斯和其他有害气体等无危险后，方可恢复工作	查现场	
6	工作面个数	（1）一个采（盘）区内同一煤层的一翼最多布置1个采煤工作面和2个煤（半煤岩）巷掘进工作面同时作业	查资料和现场	《煤矿安全规程》第九十五条
		（2）一个采（盘）区内同一煤层双翼开采或者多煤层开采的，该采（盘）区最多只能布置2个采煤工作面和4个煤（半煤岩）巷掘进工作面同时作业		
7	保安煤柱	严禁任意扩大和缩小设计确定的煤柱	查资料和现场	《煤矿安全规程》第九十五条
8	巷道断面	实际断面不小于设计断面的4/5	查资料和现场	《煤矿安全生产标准化基本要求及评分办法》
9	人行道宽度	（1）高度不小于1.8m	查现场	煤矿巷道断面和交岔点设计规范（GB 50419－2017）
		（2）宽度大于等于1m；小于1m时，制定专项安全技术措施，严格执行"行人不行车，行车不行人"的规定		《煤矿安全规程》第九十一条
10	灭火器材	工作面附近的巷道中备有灭火器材，其数量、规格和存放地点在灾害预防和处理计划中确定	查资料和现场	《煤矿安全规程》第二百五十七条
11	爆炸物品存放	禁止将爆炸物品存放在巷道内	查现场	《煤矿安全规程》第三百三十九条

续表

序号	检查内容	标准要求	检查方法	检查依据
12	永久支护距掘进工作面距离	严禁空顶作业，永久支护距掘进工作面距离符合作业规程规定	查资料和现场	《煤矿安全生产标准化基本要求及评分办法》
13	临时支护	临时支护形式、数量、安装质量符合作业规程要求	查资料和现场	《煤矿安全生产标准化基本要求及评分办法》
14	失修巷道	无失修巷道	查现场	《煤矿安全生产标准化基本要求及评分办法》
15	煤柱	掘进过程中严禁任意扩大和缩小设计确定的煤柱	查资料和现场	《煤矿安全规程》第九十五条
16	巷道净宽误差	锚网（索）、锚喷、钢架喷射混凝土巷道有中线的 0～100mm，无中线的 −50～200mm；刚性支架、预制混凝土块、钢筋混凝土弧板、钢筋混凝土巷道有中线的 0～50mm，无中线的 −30～80mm；可缩性支架巷道有中线的 0～100mm，无中线的 −50～100mm	查资料和现场	《煤矿安全生产标准化基本要求及评分办法》
17	巷道净高误差	锚网背（索）、锚喷巷道有腰线的 0～100mm，无腰线的 −50～200mm；刚性支架巷道有腰线的 −30～50mm，无腰线的 −30～50mm；钢架喷射混凝土、可缩性支架巷道 −30～100mm；裸体巷道有腰线的 0～150mm，无腰线的 −30～200mm；预制混凝土、钢筋混凝土弧板、钢筋混凝土有腰线的 0～50mm，无腰线的 −30～80mm	查资料和现场	《煤矿安全生产标准化基本要求及评分办法》
18	巷道坡度	偏差不得超过 ±1‰	查现场	《煤矿安全生产标准化基本要求及评分办法》

续表

序号	检查内容	标准要求	检查方法	检查依据
19	巷道水沟误差	中线至内沿距离－50～50mm，腰线至上沿距离－20～20mm，深度、宽度－30～30mm，壁厚－10mm	查资料和现场	《煤矿安全生产标准化基本要求及评分办法》
20	锚喷巷道喷层厚度	锚喷巷道喷层厚度不低于设计值90%（现场每25m打一组观测孔，一组观测孔至少3个且均匀布置），喷射混凝土的强度符合设计要求，基础深度不小于设计值的90%	查资料和现场	《煤矿安全生产标准化基本要求及评分办法》
21	巷道超（欠）挖	煤巷、半煤岩巷道超（欠）挖不超过3处（直径大于500mm，深度：顶大于250mm、帮大于200mm）	查资料和现场	《煤矿安全生产标准化基本要求及评分办法》
22	锚网索巷道支护偏差	锚杆（索）的间、排距偏差－100～100mm，锚杆露出螺母长度10～50mm（全螺纹锚杆10～100mm），锚索露出锁具长度150～250mm，锚杆与井巷轮廓线切线或与层理面、节理面裂隙面垂直，最小不小于75°，抗拔力、预应力不小于设计值的90%	查资料和现场	《煤矿安全生产标准化基本要求及评分办法》
23	刚性支架、钢架喷射混凝土、可缩性支架巷道支护偏差	支架间距不大于50mm、梁水平度不大于40mm、支架梁扭矩不大于50mm、立柱斜度不大于1°，水平巷道支架前倾后仰不大于1°，柱窝深度不小于设计值；撑（或拉）杆、垫板、背板的位置、数量、安设形式符合要求	查资料和现场	《煤矿安全生产标准化基本要求及评分办法》
24	迎山角	倾斜巷道每增加5°，支架迎山角增加1°	查资料和现场	《煤矿安全生产标准化基本要求及评分办法》
25	贯通巷道	（1）综合机械化掘进巷道在相距50m前，必须停止一个工作面作业，做好调整通风系统的准备工作 （2）停掘的工作面保持正常通风，设置栅栏及警标，每班检查风筒的完好状况和工作面及其回风流中的瓦斯浓度，瓦斯浓度超限时，立即处理	查资料和现场	《煤矿安全规程》第一百四十三条

序号	检查内容	标准要求	检查方法	检查依据
25	贯通巷道	（3）掘进的工作面每次爆破前，派专人和瓦斯检查工共同到停掘的工作面检查工作面及其回风流中的瓦斯浓度，瓦斯浓度超限时，先停止在掘工作面的工作，处理瓦斯，在 2 个工作面及其回风流中的甲烷浓度都在 1.0% 以下时，掘进的工作面方可爆破。每次爆破前，2 个工作面入口必须有专人警戒 （4）贯通时由专人在现场统一指挥 （5）贯通后，停止采区内的一切工作，立即调整通风系统，风流稳定后，恢复工作	查资料和现场	《煤矿安全规程》第一百四十三条
		（6）两工作面间的距离在煤巷中剩下 20～30m（快速掘进应于贯通前两天）时，测量负责人应以书面报告矿（井）技术负责人，并通知安全检查和施工区、队等有关部门		《煤矿测量规程》第二百一十四条
26	局部通风通风	（1）局部通风机由指定人员负责管理 （2）压入式局部通风机和启动装置安装在进风巷道中，距掘进巷道回风口不小于 10m；全风压供给该处的风量大于局部通风机的吸入风量，局部通风机安装地点到回风口间的巷道中的最低风速为巷 0.15m/s （3）每 15 天至少进行 1 次风电闭锁和甲烷电闭锁试验，每天进行 1 次正常工作的局部通风机与备用局部通风机自动切换试验，试验期间不得影响局部通风，试验记录要存档备查 （4）严禁使用 3 台及以上局部通风机同时向 1 个掘进工作面供风。不使用 1 台局部通风机同时向 2 个及以上作业的掘进工作面供风	查资料和现场	《煤矿安全规程》第一百六十四条
		（5）实行挂牌管理，不发生循环风 （6）不出现无计划停风 （7）距掘进巷道回风口 10m 范围内巷道支护完好，无淋水、积水、淤泥和杂物 （8）局部通风机离巷道底板高度不小于 0.3m	查现场	《煤矿安全生产标准化基本要求及评分办法》

续表

序号	检查内容	标准要求	检查方法	检查依据
26	局部通风通风	（9）检修、停电、故障等原因停风时，将人员全部撤至全风压进风流处，切断电源，设置栅栏、警示标志，禁止人员入内	查现场	《煤矿安全规程》第一百六十五条
27	通风设施	（1）及时构筑通风设施（指永久密闭、风门、风窗和风桥），设施墙（桥）体采用不燃性材料构筑，其厚度不小于0.5m（防突风门、风窗墙体不小于0.8m），严密不漏风 （2）密闭、风门、风窗墙体周边按规定掏槽，墙体与煤岩接实，四周有不少于0.1m的裙边，周边及围岩不漏风；墙面平整、无裂缝、重缝和空缝，并进行勾缝或者抹面或者喷浆，抹面的墙面1m² 内凸凹深度不大于10mm （3）设施5m范围内支护完好，无片帮、漏顶、杂物、积水和淤泥 （4）设施统一编号，每道设施有规格统一的施工说明及检查维护记录牌	查现场	《煤矿安全生产标准化基本要求及评分办法》
28	密闭	（1）密闭位置距全风压巷道口不大于5m，设有规格统一的瓦斯检查牌板和警标，距巷道口大于2m的设置栅栏 （2）密闭前无瓦斯积聚。所有导电体在密闭处断开（在用的管路采取绝缘措施处理除外） （3）密闭内有水时设有反水池或者反水管，采空区密闭设有观测孔、措施孔，且孔口设置阀门或者带有水封结构	查现场	《煤矿安全生产标准化基本要求及评分办法》
29	风门、风窗	（1）每组风门不少于2道，其间距不小于5m（通车风门间距不小于1列车长度），主要进、回风巷之间的联络巷设具有反向功能的风门，其数量不少于2道；通车风门按规定设置和管理，并有保护风门及人员的安全措施 （2）风门能自动关闭，并连锁，使2道风门不能同时打开；门框包边沿口，有衬垫，四周接触严密，门扇平整不漏风；风窗有可调控装置，调节可靠 （3）风门、风窗水沟处设有反水池或者挡风帘，轨道巷通车风门设有底槛，电缆、管路孔堵严，风筒穿过风门（风窗）墙体时，在墙上安装与胶质风筒直径匹配的硬质风筒	查现场	《煤矿安全生产标准化基本要求及评分办法》

续表

序号	检查内容	标准要求	检查方法	检查依据
30	风桥	（1）风桥两端接口严密，四周为实帮、实底，用混凝土浇灌填实；桥面规整不漏风 （2）风桥通风断面不小于原巷道断面的4/5，呈流线型、坡度小于30°；风桥上、下不安设风门、调节风窗等	查现场	《煤矿安全生产标准化基本要求及评分办法》
31	井下瓦斯抽采系统	（1）临时抽采瓦斯泵站安设在抽采瓦斯地点附近的新鲜风流中 （2）抽出的瓦斯排入回风巷时，在排瓦斯管路出口设置栅栏、悬挂警戒牌等。栅栏设置的位置是上风侧距管路出口5m、下风侧距管路出口30m，两栅栏间禁止任何作业	查资料和现场	《煤矿安全规程》第一百八十三条
		（3）抽采容易自燃和自燃煤层的采空区瓦斯时，抽采管路安设一氧化碳、甲烷、温度传感器，实现实时监测监控。发现有自然发火征兆时，立即采取措施 （4）井上下敷设的瓦斯管路，不与带电物体接触并有防止砸坏管路的措施 （5）采用干式抽采瓦斯设备时，抽采瓦斯浓度不低于25%	查资料	《煤矿安全规程》第一百八十四条
32	地质工作	（1）查明工作面及周边水文地质情况，有防治水措施	查资料	《煤矿地质工作规定》第八十三条
		（2）工作面距保护边缘不足50m前，编制发放临近未保护区通知单	查现场	《煤矿安全生产标准化基本要求及评分办法》
33	测量工作	贯通、开掘、放线变更、停掘线、过断层、冲击地压带、突出区域、过空间距离小于巷高或巷宽4倍的相邻巷道等重点测量工作，执行通知单制度	查资料	《煤矿安全生产标准化基本要求及评分办法》
34	新开口巷道中腰线	掘进到4~8m时，应检查或重新标定中腰线	查现场	《煤矿测量规程》第二百零四条

序号	检查内容	标准要求	检查方法	检查依据
35	井下物探	（1）巷道断面、长度满足探测所需要的空间 （2）采用电法探测要求，距探测点20m范围内无积水，不存放掘进机、铁轨、皮带机架、锚网、锚杆等金属物体 （3）巷道内动力电缆、大型机电设备停电	查现场	《煤矿防治水细则》第三十六条
36	井下探放水"两探"	工作面超前探放水同时采用钻探、物探两种方法，做到相互验证，查清采掘工作面及周边老空水、含水层富水性以及地质构造等情况	查资料	《煤矿防治水细则》第三十六条
37	上山探水双巷掘进要求	上山探水时，应当采用双巷掘进，其中一条超前探水和汇水，另一条用来安全撤人；双巷间每隔30～50m掘1个联络巷，并设挡水墙。	查现场	《煤矿防治水细则》第四十四条
38	安全监控设备检测试验	（1）每月至少调校、测试1次 （2）采用载体催化元件的甲烷传感器每15天使用标准气样和空气样在设备设置地点至少调校1次，并有调校记录 （3）甲烷电闭锁和风电闭锁功能每15天测试1次，其中，对可能造成局部通风机停电的，每半年测试1次，并有测试签字记录	查资料	《煤矿安全生产标准化基本要求及评分办法》
39	防尘供水系统	（1）吊挂平直，不漏水 （2）管路三通阀门便于操作 （3）运煤（矸）转载点设有喷雾装置	查现场	《煤矿安全生产标准化基本要求及评分办法》
40	风流净化水幕	（1）至少设置2道 （2）喷射混凝土时，在回风侧100m范围内至少设2道净化水幕	查资料和现场	《煤矿安全生产标准化基本要求及评分办法》
		（3）距工作面50m范围内设置一道自动控制风流净化水幕		煤矿井下粉尘综合防治技术规范（AQ1020-2006）
41	巷道冲洗	（1）距工作面20m范围的巷道每班至少冲洗一次，20m外的每旬至少冲洗一次 （2）巷道中无连续长5m、厚度超过2mm的煤尘堆积	查现场	煤矿井下粉尘综合防治技术规范（AQ1020-2006）

续表

序号	检查内容	标准要求	检查方法	检查依据
42	有疑必探	（1）接近水淹或者可能积水的井巷、老空区或者相邻煤矿 （2）接近含水层、导水断层、溶洞和导水陷落柱 （3）打开隔离煤柱放水时 （4）接近可能与河流、湖泊、水库、蓄水池、水井等相通的导水通道 （5）接近有出水可能的钻孔 （6）接近水文地质条件不清的区域 （7）接近有积水的灌浆区 （8）接近其他可能突（透）水的区域	查现场	《煤矿安全规程》第三百一十七条
43	甲烷传感器设置	（1）距工作面5m范围内安设甲烷传感器 （2）距回风大巷10～15mm位置安设甲烷传感器 （3）甲烷传感器垂直悬挂在巷道上方，风流稳定的位置，距顶板（顶梁）不大于300mm，距巷道侧壁不小于200mm	查现场	煤矿安全监控系统及检测仪器使用管理规范（AQ1029－2019）

第三节　工作岗位

序号	检查内容	标准要求	检查方法	检查依据
1	个体防护	佩戴矿灯、自救器、橡胶安全帽（或玻璃钢安全帽）、防尘口罩、防冲击眼护具、布手套、胶面防砸安全靴、耳塞、耳罩等	查资料和现场	煤矿职业安全卫生个体防护用品配备标准（AQ1051）
2	岗位安全生产责任制	严格执行本岗位安全生产责任制，掌握本岗位相应的操作规程和安全措施，操作规范	查资料和现场	《煤矿安全生产标准化基本要求及评分办法》
3	开工前检查	（1）各岗位作业前执行敲帮问顶 （2）开工前，班组长对工作面安全情况进行全面检查，确认无危险后，方准人员进入工作面	查现场	《煤矿安全规程》第一百零四条

序号	检查内容	标准要求	检查方法	检查依据
4	安全确认	作业前进行安全确认	查现场	《煤矿安全生产标准化基本要求及评分办法》
5	交岔点路标	交岔点设置路标，标明所在地点，指明通往安全出口的方向	查现场	《煤矿安全规程》第八十八条
6	避灾路线标识	巷道交叉口设置避灾路线标识，标识的间隔距离不大于200m	查现场	《煤矿安全规程》第六百八十四条
7	里程标志	巷道每隔100m设置醒目的里程标志	查现场	《煤矿安全生产标准化基本要求及评分办法》
8	锚杆、锚索、锚喷、锚网喷等支护	（1）锚杆（索）的形式、规格、安设角度、混凝土强度等级、喷体厚度，挂网规格、搭接方式，以及围岩涌水的处理等，符合施工组织设计或作业规程规定 （2）打锚杆眼前，采取敲帮问顶等措施 （3）锚杆拉拔力、锚索预紧力符合设计 （4）煤巷、半煤岩巷支护进行顶板离层监测，监测结果记录在牌板上 （5）对喷体做厚度和强度检查并形成检查记录 （6）在井下做锚固力试验时，有安全措施 （7）遇顶板破碎、淋水，过断层、老空区、高应力区等情况时，加强支护	查资料	《煤矿安全规程》第一百零二条
		（8）螺母安装达到规定预紧力矩或预紧力后，不得将螺母卸下重新安装 （9）无使用过期、硬结、破裂等变质实效的锚固剂 （10）使用两支或两支以上不同型号的树脂锚固剂时，按照锚固剂凝胶时间先快后慢顺序依次安装	查现场	煤矿巷道锚杆支护技术规范（GB/T 35056－2018）
		（11）无空顶作业，空帮距离符合规程规定	查资料和现场	《煤矿安全生产标准化基本要求及评分办法》

序号	检查内容	标准要求	检查方法	检查依据
9	锚杆锚固力检测	锚杆锚固力拉拔试验抽检率为3%，按每300根顶、帮锚杆各抽样一组（共9根）进行检查；不足300根时，视作300根作为一个抽样组	查资料	煤矿巷道锚杆支护技术规范（GB/T 35056 – 2018）
10	锚杆预紧力矩检测	锚杆锚固力拉拔试验抽检率为5%，按每300根顶、帮锚杆各抽样一组（共15根）进行检查；不足300根时，视作300根作为一个抽样组	查资料	煤矿巷道锚杆支护技术规范（GB/T 35056 – 2018）
11	架棚支护	（1）支架腿落在实底上 （2）支架与顶、帮之间的空隙塞紧、背实 （3）支架间设牢固的撑杆或者拉杆，可缩性金属支架采用金属支拉杆，用机械或者力矩扳手拧紧卡缆 （4）支架设迎山角 （5）可缩性金属支架待受压变形稳定后喷射混凝土覆盖 （6）砌碹时，碹体与顶帮之间用不燃物充满填实；巷道冒顶空顶部分，用支护材料接顶，垫层厚度不小于0.5m （7）距掘进工作面10m内的架棚支护，在爆破前必须加固	查现场	《煤矿安全规程》第一百零三条
		（8）无空顶作业，空帮距离符合规程规定	查资料	《煤矿安全生产标准化基本要求及评分办法》
12	掘进机	（1）开机前，确认铲板前方和截割臂附近无人时，方可启动 （2）遥控操作时，司机位于安全位置 （3）开机、退机、调机时，发出报警信号 （4）作业时，使用内、外喷雾装置，内喷雾装置的工作压力不小于2MPa，外喷雾装置的工作压力不小于4MPa （5）截割部运行时，严禁人员在截割臂下停留和穿越，机身与煤（岩）壁之间严禁站人 （6）司机离开操作台时，切断电源 （7）停止工作和交班时，将切割头落地，并切断电源	查现场	《煤矿安全规程》第一百一十九条

续表

序号	检查内容	标准要求	检查方法	检查依据
13	连续运输系统或桥式转载机	（1）启动前开启照明，发出开机信号，确认人员离开，再开机运行 （2）设备停机、检修或者处理故障时，停电闭锁 （3）带电移动的设备电缆应当有防拔脱装置 （4）电缆连接牢固、可靠，电缆收放装置完好 （5）操作电缆卷筒时，人员不骑跨或者踩踏电缆。 （6）运行时，严禁在非行人侧行走或者作业	查现场	《煤矿安全规程》第一百一二十条
14	刮板输送机操作	（1）有防止顶人和顶倒支架的安全措施 （2）移刮板输送机时，必须有防止冒顶、顶伤人员和损坏设备的安全措施 （3）输送机排成一条直线	查资料和现场	《煤矿安全规程》第一百一十四条
15	巷道维修	（1）锚网巷道维修施工地点有临时支护和防止失修范围扩大的措施 （2）维修倾斜巷道时，应当停止行车；需要通车作业时，制定行车安全措施。严禁上、下段同时作业 （3）更换巷道支护先加固邻近支护时，拆除原有支护后，及时除掉顶帮活矸和架设永久支护，必要时采取临时支护措施。在倾斜巷道中，必须有防止矸石、物料滚落和支架歪倒的安全措施	查资料和现场	《煤矿安全规程》第一百二十六条
16	测风	（1）每10天至少进行1次全面测风 （2）根据实际需要随时测风，每次测风结果应当记录并写在测风地点的记录牌上	查资料	《煤矿安全规程》第一百四十条
17	风筒安装	（1）风筒口到掘进工作面的距离、正常工作的局部通风机和备用局部通风机自动切换的交叉风筒接头的规格和安设标准，符合作业规程规定	查资料和现场	《煤矿安全规程》第一百六十四条

序号	检查内容	标准要求	检查方法	检查依据
17	风筒安装	（2）风筒实行编号管理 （3）接头严密，无破口（末端20m除外），无反接头 （4）软质风筒接头反压边，硬质风筒接头加垫、螺钉紧固 （5）吊挂平、直、稳，软质风筒逢环必挂，硬质风筒每节至少吊挂2处；风筒不被摩擦、挤压 （6）拐弯处用弯头或者骨架风筒缓慢拐弯，不拐死弯；异径风筒接头采用过渡节，无花接	查现场	《煤矿安全生产标准化基本要求及评分办法》
18	瓦斯超限处理	（1）甲烷浓度达到1.0%时，停止用电钻打眼 （2）回风流甲烷浓度超过1.0%时，停止工作，撤出人员，采取措施，进行处理 （3）甲烷浓度达到1.5%时，必须停止工作，切断电源，撤出人员，进行处理 （4）体积大于$0.5m^3$的空间内积聚的甲烷浓度达到2.0%时，附近20m内停止工作，撤出人员，切断电源，进行处理 （5）因甲烷浓度超过规定被切断电源的电气设备，在甲烷浓度降到1.0%以下时，方可通电开动	查资料和现场	《煤矿安全规程》第一百七十二条
19	二氧化碳超限处理	（1）回风流中二氧化碳浓度超过1.5%时，停止工作，撤出人员，采取措施，进行处理	查资料和现场	《煤矿安全规程》第一百七十二条
		（2）工作面风流中二氧化碳浓度达到1.5%时，必须停止工作，撤出人员，查明原因，采取措施，进行处理		《煤矿安全规程》第一百七十四条
20	瓦斯检查	（1）低瓦斯矿井，每班至少2次 （2）高瓦斯矿井，每班至少3次 （3）突出煤层、有瓦斯喷出危险或者瓦斯涌出较大、变化异常的采掘工作面，有专人经常检查 （4）未进行作业的工作面，可能涌出或者积聚甲烷、二氧化碳的硐室和巷道，每班至少检查1次 （5）停风地点栅栏外风流中的甲烷浓度每天至少检查1次，密闭外的甲烷浓度每周至少检查1次	查资料和现场	《煤矿安全规程》第一百八十条

序号	检查内容	标准要求	检查方法	检查依据
20	瓦斯检查	（6）瓦斯检查工在井下指定地点交接班，有记录	查资料和现场	《煤矿安全生产标准化基本要求及评分办法》
21	二氧化碳检查	（1）每班至少检查2次 （2）有煤（岩）与二氧化碳突出危险或者二氧化碳涌出量较大、变化异常的工作面，有专人经常检查二氧化碳浓度 （3）对于未进行作业的采掘工作面，可能涌出或者积聚甲烷、二氧化碳的硐室和巷道，每班至少检查1次	查资料和现场	《煤矿安全规程》第一百八十条
22	一氧化碳浓度、气体温度检查	有自然发火危险的矿井，定期检查一氧化碳浓度、气体温度等变化情况	查资料和现场	《煤矿安全规程》第一百八十条
23	电焊、气焊和喷灯焊接作业	（1）制定安全措施，由矿长批准 （2）指定专人在场检查和监督 （3）地点的前后两端各10m的井巷范围内，应当是不燃性材料支护，有供水管路，有专人负责喷水，焊接前清理或者隔离焊渣飞溅区域内的可燃物 （4）至少备有2个灭火器 （5）在工作地点下方用不燃性材料设施接收火星 （6）工作地点的风流中甲烷浓度不得超过0.5%，只有在检查证明作业地点附近20m范围内巷道顶部和支护背板后无瓦斯积存时，方可进行作业 （7）作业完毕后，作业地点应当再次用水喷洒，有专人在作业地点检查1h，发现异常，立即处理	查资料和现场	《煤矿安全规程》第二百五十四条
24	剩油、废油处置	（1）无存放汽油、煤油 （2）剩油、废油无泼洒在井巷内	查资料和现场	《煤矿安全规程》第二百五十五条

序号	检查内容	标准要求	检查方法	检查依据
25	电气设备检修或搬迁	（1）不带电检修电气设备 （2）严禁带电搬迁非本安型电气设备、电缆 （3）检修或者搬迁前，切断上级电源，检查瓦斯，在其巷道风流中甲烷浓度低于1.0%时，再用与电源电压相适应的验电笔检验；检验无电后，进行导体对地放电	查现场	《煤矿安全规程》第四百四十二条
		（4）非专职人员或者非值班电气人员不得操作电气设备 （5）操作高压电气设备主回路时操作人员必须戴绝缘手套并穿电工绝缘靴或者站在绝缘台上		《煤矿安全规程》第四百四十三条
26	电缆敷设	（1）水平巷道或倾角在30°以下的井巷中，电缆采用吊钩悬挂 （2）倾角在30°及以上的井巷中，电缆采用夹子、卡箍或者其他夹持装置进行敷设。夹持装置应当能承受电缆重量，并不得损伤电缆 （3）有适当的弛度，能在意外受力时自由坠落 （4）悬挂高度能保证电缆坠落时不落在输送机上 （5）电缆悬挂点间距不超过3m	查现场	《煤矿安全规程》第四百六十四条
		（6）电缆不悬挂在管道上，不淋水，无悬挂任何物件 （7）电缆与压风管、供水管在巷道同一侧敷设时，敷设在管子上方，保持0.3m以上的距离 （8）瓦斯抽采管路巷道内，电缆（包括通信电缆）必须与瓦斯抽采管分挂在巷道两侧 （9）盘圈或者盘"8"字形的电缆不带电 （10）通信和信号电缆与电力电缆分挂在井巷的两侧；条件不具备时，敷设在距电力电缆0.3m以外的地方	查资料和现场	《煤矿安全规程》第四百六十五条

续表

序号	检查内容	标准要求	检查方法	检查依据
26	电缆敷设	(11) 高、低压电力电缆敷设在巷道同一侧时，高、低压电缆之间的距离大于0.1m。高压电缆之间、低压电缆之间的距离不得小于50mm	查资料和现场	《煤矿安全规程》第四百六十五条
		(12) 电缆穿过墙壁部分用套管保护，严密封堵管口	查现场	《煤矿安全规程》第四百六十七条
		(13) 橡套电缆接地芯线，除用作监测接地回路外，不得兼作他用		《煤矿安全规程》第四百八十条
27	电缆连接	(1) 电缆与电气设备连接时，电缆线芯使用齿形压线板（卡爪）、线鼻子或者快速连接器与电气设备进行连接 (2) 不同型电缆之间严禁直接连接，必须用经过符合要求的接线盒、连接器或者母线盒进行连接。 (3) 橡套电缆的修补连接（包括绝缘、护套已损坏的橡套电缆的修补）采用阻燃材料进行硫化热补或者与热补有同等效能的冷补	查现场	《煤矿安全规程》第四百六十八条
28	电缆检查周期	(1) 高压电缆的泄漏和耐压试验每年1次 (2) 固定敷设电缆的绝缘和外部检查每季1次，每周由专职电工检查1次外部和悬挂情况	查资料和现场	《煤矿安全规程》第四百八十三条
29	电气设备检查、维护和调整	(1) 由电气维修工进行 (2) 高压电气设备和线路的修理和调整工作，有工作票和施工措施 (3) 高压停、送电的操作，根据书面申请或者其他联系方式，得到批准后，由专责电工执行	查资料和现场	《煤矿安全规程》第四百八十一条
		(4) 防爆电气设备防爆性能遭受破坏时，立即处理或者更换		《煤矿安全规程》第四百八十二条

序号	检查内容	标准要求	检查方法	检查依据
30	电气设备检查和调整周期	（1）使用中的防爆电气设备的防爆性能检查每月1次，每日应当由分片负责电工检查1次外部 （2）主要电气设备绝缘电阻的检查至少6个月1次 （3）配电系统断电保护装置检查整定每6个月1次	查资料和现场	《煤矿安全规程》第四百八十三条
31	安全监控系统安装	供电电源不接在被控开关的负荷侧	查现场	煤矿安全监控系统及检测仪器使用管理规范（AQ1029-2019）
32	安全监控系统检查及维修	（1）发生故障时，必须及时处理，在故障处理期间必须采用人工监测等安全措施，并填写故障记录	查资料和现场	《煤矿安全规程》第四百九十二条
		（2）每天检查安全监控设备及线缆是否正常		《煤矿安全规程》第四百九十三条
33	瓦斯抽采检查与管理	（1）按抽采工程（包括钻场、钻孔、管路、抽采巷等）设计施工 （2）对瓦斯抽采系统的瓦斯浓度、压力、流量等参数实时监测，定期人工检测比对，泵站每2h至少1次，主干、支管及抽采钻场每周至少1次，根据实际测定情况对抽采系统进行及时调节 （3）每10天至少检查1次抽采管路系统，并有记录。抽采管路无破损、无漏气、无积水；抽采管路离地面高度不小于0.3m（采空区留管除外） （4）抽采钻场及钻孔设置管理牌板，数据填写及时、准确，有记录和台账 （5）高瓦斯、突出矿井计划开采的煤量不超出瓦斯抽采的达标煤量，生产准备及回采煤量和抽采达标煤量保持平衡	查资料和现场	《煤矿安全生产标准化基本要求及评分办法》

续表

序号	检查内容	标准要求	检查方法	检查依据
34	中、腰线测定	（1）使用前应检查激光光束，使其正确指示巷道掘进方向 （2）仪器设置安全牢靠，仪器至掘进工作面的距离应不少于70m （3）激光指向仪所用的中、腰线点不少于三个，点间距离大于30m	查现场	《煤矿测量规程》第二百零六条
35	中、腰线布置	（1）中线点应成组设置。腰线点可成组设置也可每30~40m设置一个，但须在帮上画出腰线，腰线距巷道底板（轨面）的高度在同一矿井中宜为定值 （2）成组设置中、腰线点时，每组均不得少于三个（对），点间距离以不小于2m为宜。 （3）最前面的一个中、腰线点至掘进工作面的距离，一般应不超过30~40m。在延设中、腰线点过程中，对所使用的和新设的中、腰线点均须进行检查 （4）巷道每掘进100m应至少对中、腰线点进行1次检查测量，并根据检查测量结果调整中、腰线	查现场	《煤矿测量规程》第二百零五条、第二百零七条
36	钻孔终孔孔径	探放水钻孔除兼作堵水钻孔外，终孔孔径一般不得大于94mm	查现场	《煤矿防治水细则》第四十七条
37	超前距离	（1）老空积水范围、积水量不清楚的，近距离煤层开采的或者地质构造不清楚的，探放水钻孔超前距不得小于30m，止水套管长度不得小于10m （2）老空积水范围、积水量清楚的，根据水头值高低、煤（岩）层厚度、强度及安全技术措施等确定	查资料和现场	《煤矿防治水细则》第四十八条
38	探放水	（1）采用钻探方法，配合物探、化探方法 （2）采用专用钻机，由专业人员和专职探放水队伍施工	查资料	《煤矿安全规程》第三百一十八条

续表

序号	检查内容	标准要求	检查方法	检查依据
38	探放水	（3）加强钻孔附近的巷道支护，在工作面迎头打好坚固的立柱和拦板，严禁空顶、空帮作业 （4）清理巷道，挖好排水沟。探放水钻孔位于巷道低洼处时，应当配备与探放水量相适应的排水设备 （5）在打钻地点或者其附近安设专用电话，保证人员撤离通道畅通 （6）由测量人员依据设计现场标定探放水孔位置，与负责探放水工作的人员共同确定钻孔的方位、倾角、深度和钻孔数量等	查现场	《煤矿安全规程》第三百一十九条
		（7）煤岩松软、片帮、来压或者钻孔中水压、水量突然增大和顶钻等突（透）水征兆时，应立即停止钻进，但不得拔出钻杆		《煤矿安全规程》第三百二十二条
39	探放断裂构造水和岩溶水	探水钻孔沿掘进方向的正前方及含水体方向呈扇形布置，钻孔不得少于 3 个，其中含水体方向的钻孔不得少于 2 个	查现场	《煤矿防治水细则》第四十三条
40	探查陷落柱等垂向构造	应当同时采用物探、钻探两种方法，根据陷落柱的预测规模布孔，但底板方向钻孔不得少于 3 个，有异常时加密布孔	查现场	《煤矿防治水细则》第四十三条
41	煤层内探放水	（1）煤层内禁止探放水压高于 1MPa 的充水断层水、含水层水及陷落柱水等 （2）如确实需要，可以先构筑防水闸墙，并在闸墙外向内探放水	查资料	《煤矿防治水细则》第四十三条
42	探放高压水	（1）水压大于 0.1MPa 的地点探水时，预先固结套管，并安装闸阀 （2）止水套管进行耐压试验，耐压值不得小于预计静水压值的 1.5 倍，兼作注浆钻孔的，应当综合注浆终压值确定，并稳定 30min 以上 （3）水压大于 1.5MPa 时，采用反压和有防喷装置的方法钻进，并制定防止孔口管和煤（岩）壁突然鼓出的措施	查资料和现场	《煤矿防治水细则》第四十六条

序号	检查内容	标准要求	检查方法	检查依据
43	探放老空水和钻孔水	（1）老空和钻孔位置清楚时，根据具体情况进行专门探放水设计施工 （2）老空和钻孔位置不清楚时，探水钻孔成组布设，并在巷道前方的水平面和竖直面内呈扇形，钻孔终孔位置满足水平面间距不大于3m，厚煤层内各孔终孔的竖直面间距不大于1.5m	查资料和现场	《煤矿防治水细则》第四十三条
44	探放老空水	（1）分析查明老空水体的空间位置、积水范围、积水量和水压等 （2）探放水时，撤出探放水点标高以下受水害威胁区域所有人员 （3）放水时，监视放水全过程，核对放水量和水压等，直到老空水放完为止，并进行检测验证 （4）钻探接近老空时，安排专职瓦斯检查工或者矿山救护队员在现场值班，随时检查空气成分。如果甲烷或者其他有害气体浓度超过有关规定，应立即停止钻进，切断电源，撤出人员，并报告矿调度室，及时采取措施进行处理	查资料和现场	《煤矿安全规程》第三百二十三条
45	钻孔放水	（1）钻孔放水前，应当估计积水量，并根据排水能力和水仓容量，控制放水流量，防止淹井淹面 （2）放水时，应当设有专人监测钻孔出水情况，测定水量和水压，做好记录 （3）如果水量突然变化，应当分析原因，及时处理，并立即报告矿井调度室	查现场	《煤矿防治水细则》第五十一条
46	人力运送爆炸物品	（1）电雷管由爆破工亲自运送，炸药由爆破工或者在爆破工监护下运送 （2）爆炸物品装在耐压和抗撞冲、防震、防静电的非金属容器内，不得将电雷管和炸药混装 （3）爆炸物品严禁装在衣袋内。领到爆炸物品后，应直接送到工作地点，严禁中途逗留	查现场	《煤矿安全规程》第三百四十二条

序号	检查内容	标准要求	检查方法	检查依据
47	机车运送爆炸物品	（1）炸药和电雷管同一列车内运输时，装有炸药与装有电雷管的车辆之间，以及装有炸药或者电雷管的车辆与机车之间，必须用空车分别隔开，隔开长度不得小于3m （2）电雷管必须装在专用的、带盖的、有木质隔板的车厢内，车厢内部应当铺有胶皮或者麻袋等软质垫层，并只准放置1层爆炸物品箱。炸药箱可以装在矿车内，但堆放高度不得超过矿车上缘。运输炸药、电雷管的矿车或者车厢必须有专门的警示标识 （3）爆炸物品必须由井下爆炸物品库负责人或者经过专门培训的人员专人护送。跟车工、护送人员和装卸人员应当坐在尾车内，严禁其他人员乘车 （4）列车的行驶速度不得超过2m/s （5）装有爆炸物品的列车不得同时运送其他物品	查现场	《煤矿安全规程》第三百四十条
48	钢丝绳牵引的车辆运送爆炸物品	（1）炸药和电雷管分开运输，运输速度不超过1m/s （2）运输电雷管的车辆必须加盖、加垫，车厢内以软质垫物塞紧，防止震动和撞击	查现场	《煤矿安全规程》第三百四十一条

第四部分

特聘煤矿安全群众监督员
事故应急处置

　　事故现场应急处置是煤矿应急预案现场处置方案中的重要组成部分。群监员作为班组群众的中坚力量，肩负协助班组长开展现场抢险救灾的重任，有义务熟悉井下事故风险、隐患特点，掌握井下作业现场水灾、火灾、瓦斯（煤尘）爆炸、煤（岩）与瓦斯（二氧化碳）突出、顶板、机电运输等事故的应急处理措施，掌握在突发伤病或灾害事故的现场，在专业人员到达前，为伤病员提供初步、及时、有效的救护措施，最大限度地减少事故范围及损失的扩大。

第十一章　井下作业现场事故风险分析

第一节　事故特点及分类

一、事故定义

事故是指在进行有目的的行动过程中所发生的违背人们意愿的事情或现象，包括人身受到伤害和财产受到损失。

二、事故特征

事故特征主要包括事故的因果性、偶然性、必然性、规律性、潜在性、再现性和可预防性。

（1）事故的因果性。事故是许多因素互为因果、连续发生的结果，某一个因素是前一个因素的结果，又是后一个因素的原因，所以因果关系是多层次的。

（2）事故的偶然性、必然性和规律性。事故属于在一定条件下可能发生，或者可能不发生的随机事件。就事故而言，其发生的时间、地点、状况、结果等均无法预测。由于客观存在不确定因素，随着时间的推移，事故是出现某些意外情况而发生的。所以，事故的偶然性决定了要完全杜绝事故发生很困难。

从业人员在生产、生活过程中必然会发生事故，人们通过采取措施预防事故，虽可延长事故发生的时间间隔，降低事故发生的概率，但不能完全杜绝事故，这是事故发生的必然性。

事故的规律性是指在一定范围内，事故的随机性遵循数理统计规律，即在大量事故统计资料的基础上，可以找出事故发生的规律，预测事故发生概率。因此，事故统计分析对制定正确的预防措施具有重要作用。

（3）事故的潜在性、再现性和可预防性。潜在性是指事故的发生具有突变性，但在事故发生之前存在一个量变过程，即系统内部相关参数的渐变过程。当系统在事故发生之前所处的状态处于不稳定状态时，系统要素在不断发生变化，触发因素具备时，可导致事故。

再现性是指事故一经发生，完全相同的事故不会再次显现，如果没有真正掌握事故发生的原因，采取措施管控风险源、消除隐患，就会导致类似事情再次发生。

可预防性是指人类可以通过采取控制措施来预防事故发生或者延缓事故发生的时间间隔。通常采用事故调查分析，探究事故发生的原因和规律，采取预防事故的措施，从而降低事故的发生概率。

三、事故致因及要素

煤矿生产是在一定条件下，从业人员通过设备设施、作业环境和工作岗位三者的协调配合进行作业的活动。

在一定环境条件下的生产过程中，存在管理上的缺陷以及物的不安全状态即形成事故隐患，若人的不安全行为触及事故隐患，则会发生伤害事故。事故形成的四个因素包括环境的不安全因素、管理上的缺陷因素、物的不安全状态和人的不安全行为。在"人、管、物、环"系统中，人的因素是主导，管理因素是关键，物的因素是根据，环境因素是条件，"人、管、物、环"四个因素是相互牵连的，各因素之间的关系如图4-1-1所示。

纵观任何一个事故都包括伤害、意外事件、加害物体、直接原因和间接原因五个要素。

四、煤矿事故分类

按照事故原因分为物体打击事故、车辆伤害事故、机械伤害事故、起重伤害事故、触电事故、火灾事故、灼烫事故、淹溺事故、高处坠落事故、坍塌事故、冒顶片帮事故、透水事故、放炮事故、火药爆炸事故、瓦斯爆炸事故、锅炉爆炸事故、容器爆炸事故、其他爆炸事故、中毒和窒息事故、其他

图 4-1-1　事故的 4 致因图

伤害事故 20 种。按照煤矿现行的伤亡事故统计标准，结合煤矿生产环境及工艺，煤矿事故分为 8 类。

（1）顶板事故，包括矿井冒顶、片帮、冲击地压等事故；

（2）瓦斯事故，包括瓦斯爆炸、煤与瓦斯突出、瓦斯窒息等；

（3）机电事故，包括触电、机械伤人事故；

（4）运输事故，包括运输工具造成的伤害，车辆撞人、轧人，跑车、罐、皮带伤人等；

（5）爆破事故，包括爆破崩人、熏人事故等；

（6）水灾，包括老空透水、地面洪水灌井下、井下透地面水等；

（7）火灾，包括矿井内因火灾和外因火灾；

（8）其他事故，除上述七类事故以外的事故。

第二节　风险、隐患与事故

一、风险、隐患与事故之间的关系

现代安全管理理念中，较为先进的事故致因理论为"四要素"，所谓四要素是指：环境的不安全因素、管理上的缺陷因素、物的不安全状态、人的不安全行为，也就是"人、物、环、管"四个方面，四要素既是相互独立

227

的，也是相互牵连的。在事故发生过程中，人的因素是主导，管理因素是关键，物的因素是根据，环境因素是条件。

事故是由隐患发展积累导致的，隐患的根源在于风险，风险得不到有效管控就会演变成隐患，隐患得不到治理就会发生量变到质变的过程，质变到一定程度，就会导致事故发生。危险源、隐患与事故的关系如图 4 - 1 - 2 所示。

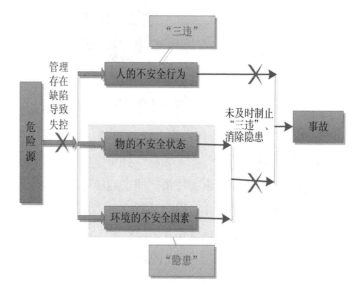

图 4-1-2 危险源、隐患与事故的关系（可逆）

二、安全风险分级管控

风险是指生产安全事故或健康损害事件发生的可能性和后果的组合。风险点是指伴随风险的部位、设施、场所和区域，以及在特定部位、设施、场所和区域实施的伴随风险的作业过程，或以上两者的组合。

风险有两个主要特性，即可能性和严重性。可能性是指事故（事件）发生的概率；严重性是指事故（事件）一旦发生后，将造成的人员伤害和经济损失的严重程度。

风险分级管控包含三个阶段，分别是风险辨识、风险评估分级、风险管控。它是指按照风险不同级别、所需管控资源、管控能力、管控措施复杂及难易程度等因素而确定不同管控层级的风险管控方式。风险分级管控的基本原则是风险越大，管控级别越高；上级负责管控的风险，下级必须负责管控，并逐级落实具体措施。

三、事故隐患排查治理

隐患是指企业生产经营活动中存在可能导致事故发生的物的不安全状态、人的不安全行为、管理上的缺陷因素和环境的不安全因素的表征的集合。

事故隐患排查治理分为两个阶段：事故隐患排查、事故隐患治理。

事故隐患排查是指企业组织安全生产管理人员、工程技术人员和其他相关人员对本单位的事故隐患进行排查，并对排查出的事故隐患，按照事故隐患的等级进行登记，建立事故隐患信息档案的工作过程。

事故隐患治理就是指消除或控制隐患的活动或过程，包括对排查出的事故隐患按照职责分工、明确整改责任、制订整改计划、落实整改资金、实施监控治理和复查验收的全过程。

第三节　安全风险辨识评估

一、安全风险分级管控的提出与建立

近年来，煤矿安全生产备受关注，煤矿安全管理理念和技术得到了创新与发展，特别是 2017 年，国家煤矿安全监察局下发《煤矿安全生产标准化基本要求及评分办法》，形成安全风险分级管控和事故隐患排查治理专业，将构建风险分级管控、隐患排查治理双重预防性的工作机制纳入标准化考核，构建双预控和标准化结合的三位一体工作体系，实现了风控隐患双重预防机制的量化考核。

《煤矿安全生产标准化基本要求及评分办法》的实施，在我国煤炭行业安全生产管理及实施方面树立了"双预控"安全管理新理念，强调了以不断强化安全风险辨识和分级管控为基础，以隐患排查和治理为手段，把风险控制挺在隐患前面，从源头系统识别风险、控制风险，并通过隐患排查，及时寻找出风险控制过程中可能出现的缺失、漏洞及风险控制失效环节，把隐患消灭在事故发生之前的预控要求。同时，对煤矿各级各类人员参与"双预控"的工作相应地做出了明确的指导，特别是强调了"双预控"管理人人参与的重要思想。所以，如何辨识风险，发现隐患，成为安全管理人员必须掌握的基本技能之一。

本手册第三部分已将现场隐患排查治理等相关要求明确提出，本章不再赘述，仅就井工煤矿作业现场易发生的灾害事故类型的风险辨识评估进行介绍。

二、安全风险辨识

安全风险辨识的目的是通过对系统的分析，界定系统中的哪些部分、区域存在危险因素，并确定危险性质、危害程度、存在状况、危险源能量与物质转化为事故的转化过程规律、转化的条件、触发因素等，以便有效地控制能量和物质的转化，使危险因素不至于转化为事故。

（一）安全风险辨识方法

安全风险辨识的方法有很多种，《风险管理风险评估技术》（GB/T 27921 – 2011）详细说明了各类型风险辨识评估方法的技术特点。每种方法基本都包括辨识、评估等环节。在开展安全风险辨识评估工作时，应综合分析，选用适当的辨识评估方法。煤矿企业通常采用经验对照法（类比分析、现场观察《安全检查表》分析等）、系统安全分析法（预先危险性分析、事故树分析等），实践中也可采用上述方法的组合。

（二）煤矿常见风险辨识方法介绍

（1）工作任务分析法

工作任务分析法，是基于某项作业任务程序或过程识别危险源的存在并确定其特性的过程。采掘作业任务分析如表4–1–1所示。

表 4-1-1　采掘作业任务分析表

作业任务		涉及岗位	危险源及后果
开工前准备			
综掘	掘进机割煤		
炮掘	打眼		
	装药联线		
	放炮		
	攉煤		
支护			
……			

（2）事故机理分析法

事故机理分析法是指针对某个具体事故的事故形式、发生条件、发生前兆、发生地点以及事故危害的识别危险源的存在并确定其特性的过程。瓦斯爆炸事故机理分析如表 4-1-2 所示。

表 4-1-2　瓦斯爆炸事故机理分析表

事故形式	发生条件/原因	发生前兆	易发地点	事故危害
瓦斯爆炸	1. 瓦斯浓度达到爆炸极限 $5\% \sim 16\%$ 2. 氧气浓度大于 12% 3. 存在点火源（$650 \sim 750℃$）或火花（点火能大于 $0.28mJ$）	1. 附近空气有颤动的现象 2. 发出空气流动声	1. 综采工作面回风隅角、后部溜子 2. 掘进工作面迎头 3. 封闭的采空区或其他发火点 4. 巷道冒顶的高冒区 5. 盲巷或微风区，漏风密闭前	1. 产生高温火焰，大量有毒有害气体，直接威胁井下人员的安全 2. 火灾发生后，会产生火风压，出现风流逆转现象，使灾情扩大，破坏矿井生产系统 3. 可能引发煤尘爆炸

（三）风险辨识范围

煤矿企业应当根据安全管理、设备设施、物料材料、工艺技术、作业环境、作业活动、人员行为等风险因素，通过选择合适的辨识方法，对煤矿危险源进行合理化分析、辨识，其主要内容如表4-1-3所示。

表4-1-3　煤矿危险源分析、辨识内容

序号	辨识项目	辨识评估范围和项目
1	安全管理	安全管理体系、管理组织、责任制、管理制度、操作规程、持证上岗、应急救援、员工岗位安全规范等
2	设备设施	生产设备、辅助设施、安全装置、特种设备、电器仪表、避雷设施、消防设施等
3	物料材料	危险化学品、包装材料、储存容器材质等
4	工艺技术	生产工艺、作业方法、物流路线、储存方法等
5	作业环境	周边环境、建（构）筑物、生产场所、防爆区域、作业条件、安全防护等
6	作业活动	脚手架作业、焊接作业、高处作业、起重机械作业、探伤作业、受限空间作业等
7	人员行为	不安全行为梳理、外包人员作业行为监督等

三、安全风险评估分级方法

在煤矿企业建立了本企业风险辨识清单后，要对风险点进行风险评估，以确保在后续安全管理过程中做到分级管控。以下是常见的风险评估方法介绍。

（一）作业条件危险性分析（LEC）

LEC 评估法是一种对在具有潜在危险性的环境中作业时的危险性进行半定量评估的方法，它用与系统风险率有关的 3 种因素 L、E、C 指标值之积来系统评估人员伤亡风险大小。

（1）L 为发生事故的可能性大小

事故或危险性事件发生的可能性大小，当用概率来表示时，绝对不可能的事件发生的概率为 0，必然发生的事件的概率为 1。然而，在进行系统安全考虑时，绝不发生事故是不可能的，所以人为地将"发生事故可能性极小"分数定为 0.1，将必然要发生的事件的分数定为 10，将介于这两者之间的情况指定若干个中间值。

（2）E 为暴露于危险环境中的频繁程度

人员出现在危险环境中的时间越长，则危险性越大。连续出现在危险环境的情况定为 10，而非常罕见地出现在危险环境的情况定为 0.5。同样，将介于两者之间的各种情况规定若干个中间值。

（3）C 为发生事故可能产生的后果

事故造成的人身伤害变化范围很大，对伤亡事故来说，可包括从极小的轻伤到多人死亡的严重后果。由于范围广阔，所以规定分数值为 1~100，把需要救护的轻微伤害分值规定为 1，把造成多人死亡的可能性分值规定为 100，其他情况的分值均在 1 与 100 之间。LEC 分值赋予表如表 4-1-4 所示。

表 4-1-4　LEC 分值赋予表

发生事故的可能性大小（L）		人员暴露于危险环境中的频繁程度（E）		发生事故可能造成的后果（C）	
分值	可能程度	分值	频繁程度	分值	后果严重程度
10	完全可能预料	10	连续暴露	100	大灾难，许多人死亡
6	相当可能	6	每天工作时间暴露	40	灾难，数人死亡
3	可能，但不经常	3	每周 1 次	15	非常严重，1 人死亡
1	可能性小，完全意外	2	每月 1 次	7	严重，重伤
0.5	很不可能，可以设想	1	每年几次	3	重大，致残
0.2	极不可能	0.5	非常罕见	1	引人注目，需要救护
0.1	实际不可能	—		—	

采取半定量计值法，通过给 3 种因素的不同等级分别确定不同的分值，再以 3 个分值的乘积 D 来评估危险性的大小，即 $D = L \times E \times C$。D 值大，说明该系统危险性大，需要增加安全措施，或改变发生事故的可能性，或减少人体暴露于危险环境中的频繁程度，或减轻事故损失，直至调整到允许范围。

根据此公式可以计算作业的危险程度。根据经验，总分值在 20 以下被认为是低危险的；如果危险分值达到 70~160 之间，那就有显著的危险性，需要及时整改；如果危险分值在 160～320 之间，那么这是一种必须立即采取措施进行整改的高度危险环境；分值在 320 以上表示环境非常危险，应立即停止生产，直到环境得到改善为止。

危险等级的划分是凭经验判断的，难免带有局限性，不能认为是普遍适用的，应用时需要根据实际情况予以修正。修正的 LEC 安全风险表如表 4-1-5 所示。

表 4-1-5　LEC 安全风险修正表

安全风险分级	D（值）	危险程度
重大风险	大于等于 320	极其危险，必须高度关注、重点防控
较大风险	小于 320 大于等于 160	高度危险，应采取严密防控措施
一般风险	小于 160 大于等于 70	显著危险，应采取有效防控措施
低风险	小于 70	一般危险，严格按章正规操作

（二）风险矩阵分析法（LS）

风险矩阵分析法是根据事件或事故发生的可能性及其可能造成的后果的乘积来衡量风险的大小，其计算公式是 $D = P \times C$，其中 D 为风险值大小，P 表示事件或事故发生的可能性，C 表示事件或事故可能造成的损失。事件或事故发生可能性分值赋予表、事件或事故可能造成的损失分值赋予表、LS 安全风险表分别如表 4-1-6、4-1-7、4-1-8 所示。

表 4-1-6　事件或事故发生可能性分值赋予表

赋值	有效类别	发生的可能性	发生频率	发生频率量化
1	L	不能	估计从不发生	1/100 年
2	K	很少	10 年以上可能发生一次	1/40 年
3	J	低可能	10 年内可能发生一次	1/10 年
4	I	可能发生	5 年内可能发生一次	1/5 年
5	H	能发生	每年可能发生一次	1/1 年
6	G	有时发生	1 年内能发生 10 次或以上	10/1 年

表 4-1-7　事件或事故可能造成的损失分值赋予表

赋值	有效类别	可能造成的损失	
		人员伤害程度及范围	伤害估算的损失（元）
1	F	一人受轻微伤害	0 到 2000
2	E	一人受到伤害，需要急救；或多人受轻微伤害	2000 到 1 万
3	D	一人受严重伤害	1 万到 4 万
4	C	多人受严重伤害	4 万到 100 万
5	B	一人死亡	100 万到 500 万之间
6	A	多人死亡	500 万以上

表 4-1-8　LS 安全风险表

风险值	风险等级	
30 ~ 36	特别重大风险（Ⅴ级）	红色
18 ~ 25	重大风险（Ⅳ级）	
9 ~ 16	中等风险（Ⅲ级）	橙色
3 ~ 8	一般风险（Ⅱ级）	黄色
1 ~ 2	低风险（Ⅰ级）	蓝色

四、井下作业现场安全风险评估

（一）水灾事故

1. 事故危害

水灾发生会导致人员伤亡或设备损坏，水灾发生后会导致瓦斯积聚、有毒有害气体进入，会导致顶板垮落，严重的水灾会导致淹井。

2. 事故原因分析

水灾出现的原因包括超层越界开采，防水密闭失效透水，违法开采防水煤柱、煤柱突然垮落，防水煤柱设计过小，采空区断层、裂隙、井巷导水、冒顶、放炮、掘进导通水体；矿井排水能力不足，雨季地表洪水也是造成水灾的原因。

3. 事故易发生的地点

（1）接近水淹或者可能积水的井巷、老空或者相邻煤矿的地点。

（2）接近含水层、导水断层、溶洞和导水陷落柱的地点。

（3）打开隔离煤柱放水的地点。

（4）接近可能与河流、湖泊、水库、蓄水池、水井等相通的导水通道的地点。

（5）接近有出水可能的钻孔的地点。

（6）水文地质条件不清的区域。

（7）接近有积水的灌浆区的地点。

4. 事故发生的预兆

采掘工作面或者其他地点发现有煤层变湿、挂红、挂汗、空气变冷、出现雾气、水叫、顶板来压、片帮、淋水加大、底板鼓起或者裂隙渗水、钻孔喷水、煤壁溃水、水色发浑、有臭味等。

（二）火灾事故

1. 事故危害

（1）产生大量有毒有害气体。矿井火灾对人身的危害主要是在火灾发展过程中产生的大量有毒有害气体。火灾产生 CO、CO_2、SO_2、烟尘等，另外坑木、橡胶、聚氯乙烯制品的燃烧也会生成大量的 CO、醇类、醛类及其他复杂的有机化合物。这些有毒有害气体和烟尘随风扩散，伤及井下作业人员。据统计，在火灾事故中的遇难者 95% 以上是死于烟雾中毒。

（2）在火源近邻处产生高温。高温往往引燃近邻处可燃物，使火灾范围迅速扩大。

（3）引起爆炸。火灾不仅提供了瓦斯、煤尘爆炸的引火热源，而且火的干馏作用使可燃物释放出氢气、甲烷和其他多种碳氢化合物等爆炸气体，同时火灾还可以使沉降的煤尘重新悬浮或参与燃烧爆炸。

（4）毁坏设备和资源。井下火灾一旦发生，生产设备和煤炭资源就会遭到严重破坏，使矿井区域性或全矿性停产，损失更加惨重。

2. 火灾事故原因分析

（1）内因火灾。煤层有自燃倾向，呈破碎堆积状态。自燃倾向分三类：

Ⅰ类容易自燃，Ⅱ类自燃，Ⅲ类不易自燃。自燃需要不断的氧气供给；矿井地表覆盖层为基岩，无黄土层，在工作面开采几个分层后，采空区形成通达地表的裂隙，漏风供氧。氧化生成的热量大量积聚，难以及时散失。氧化过程包含三个阶段：潜伏阶段，自热阶段，燃烧阶段。

（2）外因火灾。外因火灾是由于外来热源引起的。地面火灾大部分是外因火灾。井口建筑物内违章使用明火或电焊作业，容易引起外因火灾。其中，使用明火是指吸烟、电炉、灯泡取暖；出现电火花是指电钻、电机、变压器、开关、插销、接线三通、电铃、打点器、电缆等出现损坏、过负荷、短路等，引起电火花。违章放炮是指放明炮、糊炮、空心炮、动力电源放炮、不装水炮泥、倒掉药卷中的消焰粉、炮眼深度不够、最小抵抗线不符合规定等都会产生放炮明火。

瓦斯、煤尘爆炸引起火灾，机械摩擦及物体碰撞产生火花引起火灾，都属于外因火灾。

3. 事故易发生的地点

包括主运输巷道、回风巷道、采掘工作面、采空区、机电硐室、变电所、电气焊作业地点、材料巷等。

4. 火灾事故发生的预兆

（1）在巷道中有煤焦油或松节油的气味。

（2）从自燃发火处流出的水或空气，其温度比通常温度高，CO_2 气体浓度异常增大。

（3）人体有不舒适感，头痛，精神疲乏等。

（4）巷道空气中或密闭及井上下施工的灭火、探火钻孔内出现 CO 气体。

（三）瓦斯事故

1. 事故危害

瓦斯爆炸时产生的瞬时温度在 1850~2650℃ 之间，不仅会烧伤人员、烧坏设备、造成财产损失等，还可能引起火灾。

瓦斯爆炸产生的高温，会使气体突然膨胀而引起空气压力的骤然增大，再加上爆炸波的叠加作用或瓦斯连续爆炸，爆炸产生的冲击压力会越来越高。在高温高压的作用下，瓦斯爆炸产生正向冲击和反向冲击，可能引起火灾和二次爆炸。

瓦斯爆炸后,产生大量的有毒有害气体,尤其是爆炸后产生的高浓度一氧化碳可直接导致井下人员伤亡。

瓦斯爆炸可能引发煤尘爆炸事故。

2. 事故原因分析

发生瓦斯事故必须同时具备三个条件:瓦斯浓度达到爆炸界限 5% ~ 16%;氧气浓度不低于 12%;有 650 ~ 750℃ 的引爆火源存在。三个条件中,氧气无法进行控制,所以瓦斯事故发生的原因提取为:瓦斯浓度达到爆炸界限,遇到引爆火源产生剧烈的化学反应。

3. 事故易发生的地点

事故易发生的场所主要有采掘工作面、采空区、盲巷、高冒区、采煤工作面上隅角。

(四)煤尘事故

1. 事故危害

(1)煤尘爆炸释放大量热能,爆炸火焰温度高达 1600 ~ 1900℃ 以上,破坏性很强。

(2)发生爆炸的地点,空气受热膨胀,空气密度变稀薄,在极短时间内形成负压区,外部空气在气压差的作用下向爆炸地点逆流冲击,带来新鲜空气,这时爆炸地点如遇煤尘、瓦斯和火源,可能连续发生二次爆炸,造成更大的灾害。

(3)煤尘爆炸后,产生大量的有毒有害气体,尤其是爆炸后产生的高浓度一氧化碳可直接导致井下人员伤亡。

2. 事故原因分析

发生煤尘事故必须同时具备三个条件:煤尘具有爆炸性,空气中浮游煤尘浓度达 30 ~ 2000g/m³,存在能点燃煤尘的引爆火源(650 ~ 1050℃)。

上述条件中,煤尘具有爆炸性无法进行控制,因此煤尘事故发生的原因提取为煤尘浓度积聚达到爆炸界限,有引爆火源存在。

3. 事故易发生的地点

采掘工作面、运输巷道、回风巷道、运煤转载点等。

（五）顶板事故

1. 事故危害

局部片帮、冒顶造成人员伤亡及设备损坏；大面积冒顶产生飓风，造成人员伤亡及设备损坏。

2. 事故原因分析

地质情况探测不清，地质条件发生变化后预报不准确；支护设计存在缺陷；作业规程编制不详细，不符合实际；未对破碎带进行补强支护；支护材料不合格；大面积空顶；顶板破碎、层理发育；在掘进与回采中突遇构造，未及时采取措施；工作面初次来压、周期来压、冲击地压。

3. 事故易发生的地点

采煤工作面上下出口前20m范围内、上下端头、煤壁区、空顶的巷道、采空区切顶线处、过空巷及老空；掘进工作面掘进迎头20m范围内、顶板破碎或有淋水巷道、巷道开口处、交岔点及贯通点处、大断面处。

4. 事故发生的预兆

局部冒顶的预兆。工作面出现断层、冲刷带等地质构造。顶板裂隙增多，离层、张开并有掉渣现象。煤层与顶接触面上，极薄的岩石片不断脱落。煤体变软，片帮煤增多，钻眼省力，采煤机割煤时负荷减小。底板松软时支柱钻底严重。顶板的破碎程度明显加剧，顶网极易下沉、撕裂，老空易窜矸。工作面上下两巷支架变形、片帮严重、底鼓。

大面积冒顶的预兆。老顶活动和顶板下沉急剧增加，使支架受力剧增，顶板破碎并出现平行煤壁的裂缝，甚至出现工作面顶板台阶下沉。煤壁片帮范围扩大，在采空区深处发生沉闷的雷鸣声，余后发生剧烈的响动，垮落有的还伴有暴风并扬起大量煤尘。支柱的活柱急剧下缩，并发出强烈的金属摩擦声，柱锁变形，柱体被压坏，单体支柱的安全阀自动放液，损坏的支柱比平时大量增加，折梁断柱现象频繁发生，并出现顶板掉渣。

（六）机械事故

1. 事故危害

引发部件损坏，影响产量；导致人身伤害。

2. 事故原因分析

机械设备在选型、运输、验收保管、安装、使用、检修等环节因人为失误或客观因素都可能导致机械事故，其中重点是使用、检修环节中人为失误导致。

3. 事故易发生的地点

采掘工作面及运输系统。

4. 事故发生的预兆

动接触（移动或转动）部件高温、高热、振动、声响异常、几何尺寸发生变化等，静接触部件发生变形。

（七）运输事故

1. 事故危害

造成人员伤害或设备损坏。

2. 运输事故原因

误启动、停止运输装置，人员违章操作或站立在运输装置上，人为造成设备保护装置失效，人员接触设备运转部位，设备带病运转造成严重后果。

3. 事故发生的主要地点

主要运输巷道、交叉联络巷道、工作面巷道、皮带机头、机尾。

（八）电气事故

1. 事故危害

电气事故可能造成人员伤害或设备损坏。

2. 事故原因分析

作业人员违章作业或误操作，电气设备保护不全或保护失效，未按照三大规程程序要求操作电气设备，未按照设备检修或整定要求对电气设备进行校验。

3. 事故易发生的地点

变电所、机电硐室、采掘工作面和敷设电缆的巷道。

4. 事故发生的预兆

设备高温过热、有异响、烟雾、异味、接点放电。

第十二章　事故现场应急处置措施

第一节　井下水灾事故

煤矿生产建设过程中通过渗入、滴入、淋入、流入、涌入和溃入等方式进入矿井的水统称为矿井水。矿井水可造成巷道积水，顶板淋水加剧顶板破碎冒落，煤壁淋水引起片帮，井下空气湿度加大；对各种金属制品产生腐蚀作用，缩短使用周期；当矿井涌水量大于矿井的排水能力时，就可能发生透水事故；发生老空透水时，聚积在老空区内的瓦斯和硫化氢随之涌出，涌出的瓦斯若达到爆炸浓度遭遇火源就会发生爆炸，也会造成硫化氢中毒死亡事故。作为群监员，现场应急处置措施需掌握的关键点如下。

一、堵水

透水初期，在确保自身安全的前提下，群监员应协助班组长组织、带领现场作业人员利用现有的人力、物力迅速进行抢救工作。所采取的方法和措施，应根据水害事故的具体情况和现有条件合理选取。如果突水点周围围岩坚硬、涌水量不大，可组织力量，就地取材，加固工作面，尽快堵住出水口。在水源情况不明、涌水凶猛、顶帮松散的情况下，决不可强行封堵出水口，以免引起工作面大面积突水，造成人员伤亡，扩大灾情。

二、报告

突水发生后，在场及附近地点工作的人员应在可能的情况下迅速观察和判断突水的地点、来源、涌水量、发生原因和危害程度等情况，并立即报告矿井调度室。同时，应利用可靠的联络方式，及时向下部水平和其他可能受威胁区域的人员发出警报通知。

三、迅速撤离

按照水害事故应急预案中规定的撤退路线，迅速撤退到突水地点以上的水平，不能进入突水地点附近及下方的独头巷道。撤退过程中应绝对听从班组长的统一指挥，不要惊慌失措。

遇水势太猛，无法堵住出水点，也来不及加固工作面时，应有组织地沿预定的避灾路线迅速撤往突水地点以上的水平，不得惊慌失措地进入突水点附近及下方的独头巷道，撤退时可抓牢棚梁、棚腿或其他固定物体，防止被涌水打倒和冲走。

遇老空水涌出使所在地点的有毒有害气体浓度增高时，现场职工应立即佩戴好隔离式自救器或压缩氧自救器。在未确定所在地点的空气成分能否保证人员的生命安全时，禁止任何人随意摘掉自救器，以避免中毒窒息事故的发生。

撤退行进中，应靠近巷道一侧，抓牢支架或其他固定物体，尽量避开压力水头和泄水流，并注意防止被水中滚动的矸石和木料撞伤。

如果因为突水破坏了巷道中的照明和路标而迷失行进方向时，遇险人员应朝着有风流通过的上山巷道方向撤退。

在撤退沿途和所经过的巷道交叉口，应留设指示行进方向的明显标志，以提示救援人员注意。

人员撤退到立井需从梯子间上去时，应遵守秩序，禁止慌乱和争抢。行动中手要抓牢，脚要蹬稳，切实注意自己和他人的安全。

四、避难待救

遇到唯一的出口被水封堵而无法撤退时，应有组织地在独头上山工作面躲避，等待救护人员的救援。严禁盲目潜水求生。

当现场人员被涌水围困无法退出时，应迅速进入预先筑好的避难硐室中避灾，或选择合适地点快速建筑临时避难硐室避灾。迫不得已时，可爬上巷道中高冒空间待救。如系老窑透水，则须在避难硐室处搭建临时挡风墙或吊挂风帘，防止被涌出的有毒有害气体伤害。进入避难硐室前，应在硐室外留设明显标志。

避灾期间，被困人员要保持良好的精神状态，稳定情绪，自信乐观，意志坚强。

避灾时应用敲击轨道或水管的方法有规律、间断地向救援人员发出呼救信号；防止有害气体导致的中毒和窒息；所带食物和矿灯集中统一分配，除轮流担任岗哨观察水情的人员外，其余人员均应静卧，减少体力和氧气消耗，做好长时间避灾准备。

被困期间断绝食物后，即使在饥饿难忍的情况下，也应努力克制自己，决不嚼食杂物充饥。需要饮用井下水时，应选择适宜的水源，并用纱布或衣服过滤。

长时间被困在井下，当救护人员来营救时，切勿过度兴奋和慌乱，以防发生意外。

第二节　井下火灾事故

矿井火灾是一种非控制燃烧现象，具备放热、发光、生成新物质等燃烧特征，具有破坏性、灾难性及继发性等特性。矿井火灾一旦发生，轻则影响安全生产，重则烧毁煤炭资源和物资设备，造成人员伤亡，甚至引发瓦斯煤尘爆炸，扩大灾害的程度与范围。热源、可燃物、空气是构成火灾的基本要素。

根据引火的热源不同，通常将矿井火灾分成内因火灾和外因火灾（又称自燃火灾和明火火灾）两大类。按发火地点不同可分为井筒火灾、巷道火灾、采面火灾、掘进面火灾、煤柱火灾、采空区火灾、硐室火灾。按燃烧物不同可分为机电设备火灾、火药燃烧火灾、油料火灾、坑木火灾、瓦斯燃烧火灾、煤炭自燃火灾等。

作为群监员，现场应急处置措施需掌握的关键点如下。

一、灭火

火灾初期，在确保自身安全的前提下，群监员应协助班组长组织、带领现场作业人员正确佩戴好自救器，根据火灾性质进行救灾，力争在火灾初期扑灭。灭火时，人员必须站在上风侧，注意火风压，避免造成风流逆转伤人；要有充足的水量，应先从火源外围逐渐向火源中心喷射水流；保持正常通风，并要有畅通的回风通道，以便及时将高温气体和蒸汽排出；用水灭电气设备火灾时，首先要切断电源；不用水扑灭油类火灾；灭火人员不准在火源的回风侧，以免烟气伤人。

二、报告

第一时间尽快了解或判明事故的性质、地点、范围和事故区域的巷道情况、通风系统、风流、火灾烟气蔓延的速度、方向以及与自己所处巷道位置之间的关系，迅速向矿调度室报告，请求救护队援救，同时立即投入抢救。抢救时，应立即切断灾区内的电源并设法通知或协助撤出受火灾影响区域的人员。根据矿井灾害预防、事故处理计划和现场实际情况确定撤退路线和避灾自救方法。

三、撤离

按照火灾事故应急预案中规定的撤退路线，有组织地撤退。撤退过程中应绝对听从班组长的统一指挥，不要惊慌失措。

位于火源进风侧的人员，应迎着新鲜风流撤退。位于火源回风侧的人员或是在撤退途中遇到烟气有中毒危险时，应迅速佩戴好自救器尽快通过捷径绕到新鲜风流中去，或是在烟气没有到达之前顺着风流尽快从回风出口撤到安全地点；如果距火源较近而且越过火源没有危险时，也可迅速穿过火区撤到火源的进风侧。

在自救器有效作用时间内不能安全撤出，则应在设有存储备用自救器的硐室换用自救器后再行撤退，或是寻找有压风管路系统的地点以压缩空气供呼吸之用。

撤退行动既要迅速果断又要快而不乱。撤退中应靠巷道有连通出口的一侧行进，避免错过脱离危险区的机会，同时还要随时注意观察巷道和风流的变化情况，谨防火风压可能造成的风流逆转。

禁止逆烟撤退，除非附近有脱离危险区的通道出口，而且又有脱离危险区的把握，或是只有逆烟撤退才有争取生存的希望时，才可采取这种撤退方法。

撤退途中遇平行并列巷道或交岔巷道时，应靠巷口的一侧撤退，随时注意出口的位置，尽快寻找脱险出路。在烟雾大、视线不清的情况下，要摸着巷道壁前进，以免错过联通出口。

当烟雾在巷道内流动时，巷道上部的烟雾浓度大、温度高、能见度低，对人的危害也严重，而靠近巷道底板的情况较好，有时巷道底部还有新鲜的低温空气流动。为此，在有烟雾的巷道里或烟雾不严重的情况下撤退时，不能直立奔跑，应尽量躬身弯腰低头快速行走。如果烟雾大、视线不清或温度较高时，应尽量贴着巷道底板和巷壁，摸着铁道或管道爬行撤退。

在高温浓烟的巷道撤退过程中，还应注意利用巷道内的水浸湿毛巾、衣物或向身上淋水等办法进行降温，改善条件，或是利用随身物件等遮挡头面部，防止高温烟雾的刺激。

在撤退过程中，发现有爆炸的预兆时，要立即避开爆炸的正面巷道，进入旁侧巷道，或进入躲避硐室；如果情况紧急，应迅速背向爆源，就地顺着巷道一侧趴卧，面部朝下紧贴巷道底板、用双臂护住头面部并尽量减少皮肤外露，顺势趴入水中；在爆炸发生的瞬间，要尽力屏住呼吸或是闭气将头面浸入水中，防止吸入爆炸火焰及高温有害气体，同时要以最快的动作佩戴好自救器。爆炸过后，应稍事观察，待没有异常变化迹象，就要辨明情况和方向，沿着安全避灾路线，尽快离开灾区，进入有新鲜风流的安全地带。

四、避难待救

遇逆风或顺风撤离都无法躲避着火巷道或火灾烟气可能造成的危害时，应迅速进入避难硐室。附近没有避难硐室时，应在烟气袭来之前，选择合适的地点就地利用现场条件，快速构筑临时避难硐室，进行避难自救。

第三节　井下瓦斯（煤尘）爆炸事故

瓦斯（煤尘）爆炸事故是井工煤矿八大事故灾害之一，容易导致群死群伤。爆炸事故均伴有巨响发生，产生冲击波，对井下设备设施和人员形成破坏与伤害，造成支架坍塌、设备设施变形、线缆断裂、通风设施破坏、巷道坍塌、密闭倒塌等，伤亡人员内脏出血、肢体破碎、骨折，毛发、工作服有明显过火痕迹，同时造成人员冲击波损伤、中毒、窒息、烧伤、消化系统及呼吸系统灼伤等。

发生瓦斯（煤尘）爆炸事故后，受灾区域充满烟雾和有毒有害气体。作为群监员，现场应急处置措施需掌握的关键点如下。

（1）群监员应协助现场班组长第一时间组织涉险人员按要求佩戴自救器，切断灾区电源，按照瓦斯（煤尘）事故避灾路线迅速撤至最近的新鲜风流中。

（2）协助班组长向矿调度室及当班值班领导汇报事故发生地点、时间、已采取措施、现场受灾情况。

（3）组织涉险人员有序、快速、镇静和低行撤离。

（4）遇巷道避灾路线指示牌破坏，迷失行进方向时，组织涉险人员迎新鲜风流撤退。

（5）时刻关注撤退巷道及巷道交叉口指示牌，保证撤离路线的正确。

（6）撤离途中，听到爆炸声或感觉到爆炸冲击波时，立即背向声音和气浪传播的方向，脸朝下，屏住呼吸，双手置于身体下方，紧闭双眼，迅速卧倒。

（7）遇巷道破坏严重，安全出口不畅通无法撤退时，群监员应协助班组长组织人员躲避在支护完好的位置，搭建临时避难场所，安抚被困人员，救治伤员，检查被困地点瓦斯浓度，通过有规律地敲击管路或岩石发出求救信号，等待救援。

第四节　井下煤（岩）与瓦斯（二氧化碳）突出事故

煤矿生产过程中，大量的煤（岩）和瓦斯（二氧化碳）突然抛向采掘空间，伴随强烈的动力和声响的现象，称为煤（岩）与瓦斯（二氧化碳）突出（以下简称煤与瓦斯）。井下发生突出时，煤流埋人，造成人员窒息死亡；突出时的动力能摧毁巷道、通风设施、机械设备，破坏通风系统，造成灾害扩大，甚至能引起火灾或者瓦斯爆炸。

一、煤与瓦斯突出的一般规律

（1）突出与地质构造的关系。突出多发生在地质构造带内，如断层、褶曲和火成岩侵入区附近。

（2）突出与瓦斯的关系。煤层中的瓦斯压力与含量是突出的重要因素之一。一般说来，瓦斯压力和瓦斯含量越大，突出的危险性越大。但突出与煤层的瓦斯含量和瓦斯压力之间，没有固定的关系。瓦斯压力低、含量小的煤层可能发生突出；反之，瓦斯压力高，含量大的煤层也可能不突出，因为突出是多种因素综合作用的结果。

（3）突出与地压的关系。地压越大，突出的危险性越大。当深度增加时，突出的次数和强度都可能增加；在集中压力区内突出的危险性增加。

（4）突出与煤层构造的关系。煤层构造主要指煤的破坏类型和煤的强度。一般情况下煤的破坏类型越高，强度越小，突出的危险性越大。故突出多发生在软煤层或软分层中。

（5）突出与围岩性质的关系。若煤层顶底板为坚硬而致密的岩层且厚度较大时，其集中压力较大，瓦斯不易排放，故突出危险性越大；反之则小。若顶底板中具有容易风化和遇水变软的岩层时，则突出危险性减少。

（6）突出与水文地质的关系。实践表明，煤层比较湿润，矿井涌水量较大，则突出危险性较小；反之则大。这是由于地下水流动，可带走瓦斯，溶解某些矿物，给瓦斯流动创造了条件。

（7）突出具有延期性。突出的延期性变化就是震动放炮后没有诱导突出而相隔一段时间后才发生突出，其延迟时间从几分钟到几小时不等。

二、突出的预兆

绝大多数的煤与瓦斯突出在突出发生前都有预兆，没有预兆的突出是极少数的。突出的预兆可分为有声预兆和无声预兆。

（一）有声预兆

①响煤炮。由于各矿区、各采掘工作面的地质条件、采掘方法、瓦斯及

煤质特征的不同，所以预兆声音的大小、间隔时间、在煤体深处发出的响声种类也不同。有的像炒豆似的噼噼啪啪声，有的像鞭炮声，有的像机关枪连射声，有的似跑车一样的闷雷、嘈杂、沙沙声、嗡嗡声以及气体穿过含水裂缝时的吱吱声等。

②其他声音预兆。发生突出前，因压力突然增大，支架会出现嘎嘎响、劈裂折断声，煤岩壁会开裂，打钻时会喷煤、喷瓦斯等。

③当声响由远而近、由小而大、由断续变连续即是突出危险信号。

（二）无声预兆

①煤层结构构造方面表现为：煤层层理紊乱，煤变软、变暗淡、无光泽，煤层干燥和煤尘增大，煤层受挤压褶曲变粉碎，厚度变大、倾角变陡。

②地压显现方面表现为：压力增大，使支架变形，煤壁外鼓、片帮、掉渣，顶底板出现凸起台阶、断层、波状鼓起，手扶煤壁感到震动和冲击，炮眼变形装不进药，打眼时垮孔、顶夹钻等。

③其他方面的预兆有：瓦斯涌出异常、忽大忽小，煤尘增大，空气气味异常、闷人，有时变热。

三、应急处置措施

下井人员必须随身携带隔离式自救器，熟悉工作地点的避灾路线。突出预兆并非每次突出时都同时出现，而是出现一种或几种。当发现有突出的预兆时，现场人员要立即按避灾路线撤离。

（1）撤离中快速打开隔离式自救器并佩戴好，迎着新鲜风流继续外撤；

（2）掘进工作面必须向外迅速撤至反向风门之外，之后把反向风门关好，然后继续外撤；

（3）要迅速将发生突出的地点、预兆情况以及人员撤离情况向调度室和当班值班领导汇报；

（4）立即切断突出地点及回风流中的一切电气设备的电源，撤离现场要关闭反向风门，并在突出区域或瓦斯流区域内设置栅栏，以防人员进入；

（5）当确定不能撤离突出的灾区时，如退路被堵或自救器有效时间不够，就要进入就近的避难硐室或压风自救装置处暂避，关好铁门，打开供气阀，做好自救；

（6）也可寻找有压缩空气管路的巷道、硐室躲避，这时要把管子的螺钉接头卸开，形成正压通风，延长避难时间，并设法与外界保持联系，等待救护队援救。

在突出危险区域发现突出预兆后，现场人员可以采取如下避灾措施。

（1）回采工作面发现预兆时，要迅速向进风侧撤离，并通知其他人员同时撤离。撤离中应快速打开隔离式自救器并佩戴好，再继续外撤。掘进工作面发现突出预兆时，也必须向外迅速撤离。撤至防突反向风门外后，要把防突风门关好，再继续外撤。

（2）如果自救器发生故障或佩戴自救器不能到达安全地点时，在撤出途中应进入预先筑好的避难硐室中躲避，或在就近地点快速建筑的临时避难硐室中避灾，等待矿山救护队的救援。

（3）有些矿井，出现了煤与瓦斯突出的某些预兆，但并不立即突出，过一段时间后才发生突出。遇到这种情况时，现场人员不能犹豫不决，必须立即撤出，并佩戴好自救器。

（4）在有煤与瓦斯突出危险的矿井或工作面工作的矿工，必须随身携带隔离式自救器。一旦发生突出事故，应立即佩戴好自救器，以便保护自己，迅速撤离危险区。遇险人员在撤退途中，若退路被突出煤矸所堵，不能到达避难硐室躲避时，可寻找有压风管或铁风筒的巷道、硐室暂避，并与外界取得联系。这时，要把压风管的供气阀门打开或把接头卸开，形成正压通风，以稀释高浓度瓦斯，供遇险人员呼吸。

第五节　井下顶板事故

一、顶板事故的特点

顶板事故是指冒顶、片帮、顶板掉矸、顶板支护垮倒、冲击地压等，底板事故视为顶板事故。根据事故发生地点不同，顶板事故分为采场顶板事故和巷道顶板事故。根据事故发生的范围大小分为局部冒顶和大面积冒顶。

顶板事故发生后，作业人员因被煤矸掩埋、挤压而伤亡，或因长时间被困在有限空间内，造成窒息死亡。由于地质条件、开采技术、人员素质和安全管理等不尽相同，顶板事故致灾因素千差万别，致灾特征均有其偶然性和独特性的一面。但总体而言，顶板事故特点主要表现为破坏性、突发性和继发性。

（1）破坏性。顶板事故发生后，工作面或巷道被破坏，矿井生产系统、通风系统、供电系统、供水系统等不能满足安全生产的需要，造成生产中断，井巷工程和生产设备设施遭到破坏，给应急救援增加难度，尤其是通风系统不能正常工作后，矿井易形成无风、微风、循环风，造成有毒有害气体积聚、人员中毒、瓦斯爆炸、电气失爆等灾害。

（2）突发性。顶板事故发生时间短，多数事故无明显预兆，易造成现场作业人员被煤矸掩埋或围困，管理人员施救过程中救灾措施易出现偏差，造成事故损失扩大。

（3）继发性。顶板事故发生后，由于周边围岩处于不稳定状态，在未能及时有效采取处理措施时，事故地点周边易再次发生顶板事故，扩大事故范围，诱发二次冒顶、片帮。

二、应急处置措施

在处理顶板事故时，应根据事故发生地点、类别，采取不同的抢救方法。在煤矿事故主要集中的采掘工作面，不同事故地点的应急措施不尽相同。

（一）采煤工作面

（1）工作面局部垮落，冒落矸石块度小，冒顶区顶板持续冒落或一动就落时，应采用撞楔法处理冒落顶板。

（2）工作面顶板沿煤壁冒落，冒落矸石块度较破碎，被困人员位于煤壁位置时，应采用自外向里由煤壁向冒顶区掏凿小洞，同时架棚维护顶板，边掏边支。

（3）采空区侧或强制放顶区域发生冒顶，被困人员位于此区域，应采用自外向里由煤壁向冒顶区掏凿小洞，同时架棚维护顶板，木板背带背顶，亦可采用前棚边支边掏。

（4）冒顶区域范围小，被困人员被压在大矸石下方，应采用千斤顶等工具支护岩石，救援被困人员。

（5）冒顶区域范围小于15m²，冒落矸石块度不大，人工可搬运时，应采用如下办法处理：

①冒顶区位于垮落区两端时，应采用自外向里，先双腿套棚，维护顶板，再用小板刹紧背严棚梁，防止顶板持续错动、垮落。当顶板压力过大时，可在冒顶区补打木垛。

②整理工作面，同时支护棚子，将垮落的矸石清理倒入采空区，由专人砌矸石墙。

③处理大块矸石时，应采用煤电钻钻眼，装适量炸药，实施爆破。

④当顶板冒落且矸石破碎不易一次通过时，可先沿刮板输送机开小道，采用人字架先贯通风流，再启动输送机，从冒顶区两侧向中间依次放矸支棚，当梁上有空顶时，应采用小木跺插梁背实。

（6）工作面顶板冒顶范围较大时，应根据冒顶区处于工作面不同位置采用补巷绕过冒顶区的方法。

①冒顶区位于工作面机尾。沿工作面煤壁从回风巷道新开一条补巷绕过冒顶区至支护完好的工作面，从机尾缩至工作面完整支架处继续开车。当工作面同补巷位于同一位置时，接刮板输送机，正常开采。冒顶区掩埋设备用开小巷法搬至补巷中，扒开矸石回收。

②冒顶区位于工作面机头。从煤帮处后撤3～5m，在刮板输送机边缘处向上掘进一条斜上山通至冒顶区上部区域，在斜上山内另安设一部临时刮板输送机或把原刮板输送机安设至此，逐步延长溜槽。掘通补巷后，推进工作面，依次延长工作面刮板输送机，缩短补巷输送机，至工作面取直，撤掉临时输送机。冒顶区掩埋设备回收同机尾冒顶区掩埋设备回收方法。

③冒顶区位于工作面中部。平行工作面留3～5m煤柱，重新补打切眼，对掩埋设备、材料在新切眼内每隔10～15m向冒顶区开凿洞口，分段回收设备。

（二）掘进工作面

掘进工作面冒顶应急处置方法包括撞楔法、木垛法、打绕道法、搭凉棚法等。

1. 撞楔法

采用撞楔法处理垮落巷道时，先把支架立在工作面上，在支架的顶梁和巷道顶板支架打入大板、钢轨等撞楔，使垮落岩层紧靠形成安全通道，然后清理垮落物，实施救护工作。

2. 木垛法

木垛法是巷道冒顶常用的处理方法之一。一般分为"井"字木垛法、"井"字木垛法与小棚结合处理法。

（1）"井"字木垛法。其适用于冒落高度小于5m，垮落范围基本稳定的情况。先将不能形成堆积坡度的部分垮落物清除，留出操作人员上下的空间，在垮落的煤岩层上支设木剁支撑顶板，然后再清理冒落煤矸至空间足够支撑一架支架时，再重复上述操作，至冒顶区处理完毕。

（2）"井"字木垛法与小棚结合处理法。其适用于冒落高度大于5m，垮落范围基本稳定的情况。为防止发生二次冒顶、片帮，快速支护冒顶区域，可采用"井"字木垛法与小棚结合处理法。

3. 打绕道法

当巷道长度较小，处理冒顶困难，存在堵人的情况时，在难以迅速恢复冒顶区的通风的情况下，应当利用压风管、水管或者打钻向被困人员供给新鲜空气、饮料和食物，同时采取打绕道的方法，绕过冒顶区实施救援。

4. 搭凉棚法

当冒落自然拱小于1m，上覆岩层基本稳定，长度不大时，可以采用5～8根长料支在垮落空洞两头完好的支架上，形成"凉棚"，操作人员在"凉棚"下实施清理垮落物、架棚等工作。

第六节　井下机电运输事故

煤矿机电运输是煤矿企业生产过程的重要环节之一，其安全稳定运行是煤矿安全生产的基本保障。随着对煤矿安全生产水平要求的提高与企业对机械化生产的依赖性加大，机械设备广泛使用成为煤矿企业提高生产效率、提升盈利水平的一个关键环节。但在井下环境中对煤矿设备要求较高，加之设备具有多、杂、散等特点，所以近年来机电事故发生的频率也不断增加。

煤矿机运事故从事故类型上可划分为生产型事故和安全型事故两类，其中生产型事故发生的频次较高，但危害较小，通常只影响局部生产；安全型事故频次较低，但往往危害较大，动辄造成人员伤亡。机运事故从生产工艺中可分为机械事故与电气事故两个专业大类，两类事故基本覆盖了井下所有区域，既具有分散性事故特征，又极易引发次生事故。同时，机运事故既有相互独立的部分，又有相互联系的部分，可互为诱因，造成事故的连锁反应。

一、机运事故原因分析

1. 设备管理体制不健全

煤矿不够重视机电设备管理是造成设备管理体制不健全的主要原因，设备管理体制不健全造成机电设备管理的相关职能不能充分发挥作用。一方面，表现为机电管理部门身兼生产与管理双重职能，大量时间和精力重点投入完成生产任务上，往往忽视了常规的设备管理工作。另一方面，相当一部分矿井没有完全按照煤矿生产标准化规定，没有设置应有的机电主管部门和电气、电缆、防爆检查、配件、设备、油脂等专业化管理小组以及相关的制度，作为设备使用、管理、维护并重的基层单位，仍处于粗放式的管理状态。

2. 机电设备运行环境恶劣

煤矿机电设备的运行环境通常都比较恶劣。在井下，粉尘大、湿度高、有腐蚀性气体存在，机电设备在使用、运输、存放过程中，如果不注意日常维护与保养，采取防尘、防锈、防潮等有效措施，往往会造成设备的腐蚀和损坏；同时多数电气设备为一体化设备，内部运行变化情况存在隐性特征，带病运转情况无法及时发现，往往事故发生后才具有显性特征，因此具有一定的滞后性。

3. 设备超负荷运转

受经济快速发展以及煤炭作为基础能源和重要原料的战略地位的影响，

煤炭需求量居高不下。煤炭企业常把生产任务摆在第一位，而机电安全往往摆在被动应付生产、充当配角的位置，设备"连轴转"现象普遍，多数设备均在满负荷甚至超负荷状态下运行，老化加剧。据统计，多数煤矿的固定资产总额当中，有55%～65%是机电设备和设施，用于设备的能耗、油脂、配件、维修费用等的支出总和占煤炭生产成本的40%以上，由此可见一斑。

4. 机电设备升级投入不足

部分矿井重产出轻投入，设备投入不足，设备新度系数低、隐患多。甚至有的煤矿主系统设备不可靠，安全设施不全、保护不全，系统不优化、能力不匹配，给机电设备安全的管理带来不少困难；主要设备均处于服役期限的后半段甚至超期服役状态，导致因设备损坏而引发的事故时常发生。

5. 机电设备综合管理不到位

《煤矿安全生产标准化基本要求及评分办法》规定，每个煤矿矿井都应至少建有17种基本机电管理制度。但多数煤矿存在设备管理规章制度不健全情况，或是虽然建立了相应的管理制度，但无法有效执行。另外，技术管理手段落后，机电设备基础管理的电子化程度不高，一些设备的账务卡、图牌卡不齐全，或者账实不符；技术档案、图纸资料残缺不全；固定设备、流动设备管理不平衡，以固定设备为重点，忽视面广、量大、隐患多的流动设备。

二、触电事故应急措施

在发生触电事故时，现场人员一定要沉着冷静、迅速果断地采取应急措施。

首先，救援人员应当落实避免触电的措施，如发现有人触电，要先切断触电人员所在区域的供电（保障自身安全），然后采取措施使触电（昏迷）者尽快脱离电源。

（1）如开关就在触电地点附近，现场人员可立即拉下闸刀或按下停止按钮，断开电源。

（2）如触电地点距离开关、停止按钮较远，应迅速用绝缘良好的工具或有干燥木柄的器具砍断电缆或将电缆从触电（昏迷）者身上挑开。

（3）如果触及高压电源，应立即通知有关人员停电，或由有经验的人员采取特殊措施切断电源。

其次，对于触电（昏迷）者及时实施救护，可按以下三种情况分别进行救治。

（1）对触电后神志清醒者，要有专人照顾、观察，待情况稳定后，方可正常活动；对轻度昏迷或呼吸微弱者，可针刺或掐人中、涌泉等穴位，并送医院救治。

（2）对触电后呼吸暂时停止但心脏有跳动者，现场人员应立即采用口对口人工呼吸；对有呼吸但心脏停止跳动者，现场人员则应立刻采取胸外心脏按压法进行抢救；对于虽有呼吸但微弱者，现场人员则应进行口对口人工呼吸和胸外心脏按压法进行抢救。

（3）如触电（昏迷）者心跳和呼吸都已停止，则须同时采取人工呼吸和俯卧压背法、仰卧压胸法、胸外心脏按压法等措施交替进行抢救。

三、运输事故应急措施

（1）井下任何时候发生运输事故时，都应根据事故的大小来确定是否直接救援，并迅速打电话报矿调度室。

（2）现场跟班矿长、班长及全部工作人员迅速撤离，并准备随时参加救援工作。

（3）当运输事故范围较大，现场人员无力抢救时，跟班矿长、班长要迅速组织避难和自救。

（4）在运输巷内发生事故造成火灾，烟雾已充满巷道时，不可心慌乱跑，迅速辨别发生火灾的地区和风流方向，然后沿着地面俯身摸着轨道或管道有秩序地外撤。

（5）实在无法撤出时，尽快在附近找一个硐室暂避，并把硐室入口的门关闭，隔断风流，防止有害气体进入。

（6）发生井筒提升运输事故时，现场人员应及时向调度室汇报，并采取相应应急处理措施：

①提升过程中如发生全矿井停电，司机必须与变电所值班员联系，并及

时送电。

②提升机运行中发生机械或电气故障时，要立即停车汇报调度室，组织人员抢修。

③处理井筒提升事故时，乘坐人员应系好安全带，等待救援人员救援，根据现场情况立即制定措施进行处理，处理事故时要锁紧系牢安全带。

④处理井筒提升事故时，上、下井口必须设专人把守好井口，事故处理由专人统一指挥；事故处理过程中，信号工及绞车司机必须坚守岗位，并规定好联络信号。

第十三章　井下现场应急救护

井下现场应急救护是指在突发伤病或灾害事故的现场，在专业人员到达前，为伤病员提供初步、及时、有效的救护措施。这些救护措施不仅包括对伤病员受伤身体和疾病的初步救护，也包括对伤病员的心理支持。

第一节　应急救护的程序

应急救护时，要在环境安全的条件下，迅速、有序地对伤病员进行检查、采取相应的救护措施。

一、评估环境

在任何事故现场，救护员都要冷静地观察周围，判断环境是否存在危险，必要时采取安全保护措施或呼叫救援。只有在确保安全的情况下才能进行救护。

二、初步检查和评估伤（病）情

（一）检查反应

如怀疑伤病员意识不清，救护员应用双手轻拍伤员的双肩，并在其耳边大声呼唤，观察是否有反应，如图 4-3-1 所示。

（二）检查气道

对没有反应的伤病员，要保持其气道通畅，采用仰头举颏法打开气道，如图 4-3-2 所示。

（三）检查循环

如发现伤病员没有呼吸（或叹息样呼吸），即可以假定伤病员已出现心搏骤停，应立即施行心肺复苏。

257

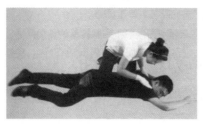

图4-3-1 检查反应　　　　　图4-3-2 检查气道

如伤病员有呼吸，应继续检查伤病情况，注意伤病员有无外伤及出血，采取相应救护措施，并将伤病员安置于适当体位。

（四）检查清醒程度

在抢救过程中，要随时检查伤病员的伤病程度，判断伤病情是否发生变化。

（1）完全清醒。伤病员眼睛能睁开，能正确回答救护员的问题。

（2）对声音有反应。伤病员对救护员的大声问话有反应，能按指令做动作。

（3）对疼痛有反应。伤病员对救护员的问话没反应，但对疼痛刺激有反应。

（4）完全无反应。伤病员对任何刺激都没有反应。

（五）充分暴露检查伤情

在伤病员情况较平稳、现场环境许可的情况下，应充分暴露受伤部位，以便进一步检查和处理。

三、呼救

发现伤病员病情严重时，通过直通电话，通知调度室，寻求外部支援。

第二节　心肺复苏

心肺复苏是最基本和最重要的抢救呼吸、心搏骤停者生命的医学方法，可以通过徒手、辅助设备及药物来实施救护以维持人工循环和呼吸，纠止心律失常。在急救情况下，通常采用徒手心肺复苏术完成抢救。

一、判断并启动胸外按压复苏术

（一）评估环境、判断意识及呼吸

评估现场环境，确定不会威胁患者和急救人员安全时开展救护。先进行意识判断，通过轻拍重喊，判断患者的反应，救护者轻拍患者双肩并在双耳边大声呼叫"你怎么了？"如无反应，可判断其意识丧失。此时，应该尽可能避免摇动患者的肩部，防止加重骨折等损伤，同时直接观察患者有无胸腹部起伏，判断呼吸状况，时间 5 ~ 10 秒，如图 4-3-3 所示。

（二）判断脉搏

把伤病员放置于进风侧的位置，进行脉搏判断，一手放于患者前额，让其头部保持后仰，同时另一手触摸其颈动脉，如图 4-3-4 所示。

图 4-3-3　判断意识及呼吸

图 4-3-4判断脉搏

二、实施胸外按压复苏术

当判定伤病员意识丧失，无呼吸或仅有叹息样呼吸时，实施胸外按压复苏术。

（1）体位。在确认周围环境安全的前提下，将伤病员仰卧于地上，如图 4-3-5 所示。

（2）按压部位在患者胸骨中下三分之一交界处。定位时操作者位于患者一侧，将一手的食指和中指沿肋弓下缘向上滑移至两侧肋弓交点处，即胸骨下切迹。中指定位于胸骨下切迹，食指紧贴中指，另一手的掌根紧贴第一

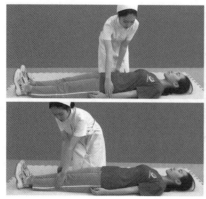
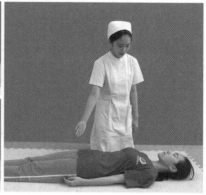

图4-3-5 体位

只手的食指平放，定位之手放在另一手的手指上，两手掌根部重叠，手指并拢或相互握持，手指跷起离开胸壁。抢救者也可快速定位于两乳头连线中点，如图4-3-6所示。

图4-3-6 按压部位

操作者肘关节伸直，借助双臂和躯体重量向脊柱方向垂直下压，双肩在患者胸部上方正中间，按压力量足以使胸骨下沉5~6cm，不能采取弹跳或冲击式的按压，以免发生肋骨骨折、血气胸和肝脾破裂的并发症，如图4-3-7所示。

按压幅度为胸骨下沉5~6cm，按压后放松胸骨使胸部回弹，便于心脏舒张，但手不能离开按压部位，在胸骨回到原来位置后再次下压，如此反复进行。

（3）频率。按压频率100~120次/分。连续操作五个循环后迅速观察判

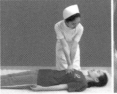

图4-3-7　按压

断一次，直至复苏为止。

（4）按压和放松时间比为1∶1。

三、开放气道

（一）患者体位

正确的抢救体位是仰卧位，且患者的头、颈、躯干平直无扭曲，双手放于躯干两侧，如果患者是侧卧位，则要使其各部分保持为一整体，小心地转为仰卧位，如图4-3-8所示。尤其要注意保护颈部，操作方法为救护者跪于患者肩颈侧，一手托住其颈部，另一手扶其肩部，使其平稳地转为仰卧位，最好能解开患者的上衣，暴露胸部或仅留内衣。

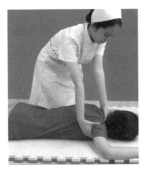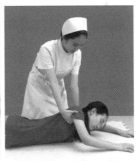

图4-3-8　侧卧位转为仰卧位

（二）畅通气道

先查看伤病员口中有无污物、呕吐物和义齿等异物，然后置患者为侧卧位或平卧位，将头部偏向一侧，救护者将一手大拇指和其他手指抓住患者的舌和下颌拉向前，可部分解除阻塞，然后用另一手的食指伸入患者口腔深处直至舌根部,将异物清除干净,如图4-3-9所示。

(三)开放气道的方法

1. 仰头举颏法

施救者一手置于患者前额,手掌紧贴前额用力向后下压使头后仰,另一手的食指和中指放在下颌骨近下颌角处,将颏部向前抬起,帮助头部后仰,气道开放,如图4-3-10所示。

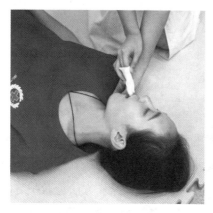
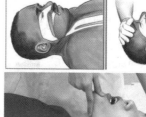

图4-3-9　畅通气道　　　　　　图4-3-10　仰头举颏法

2. 仰头抬颈法

伤病员仰卧,抢救者一手抬起患者颈部,另一手用小鱼际侧下压患者前额,使其头后仰,气道开放,如图4-3-11所示。

3. 双手抬颌法

伤病员平卧,抢救者用双手从两侧抓紧患者的双下颚并托起,使头后仰,下颌骨前移,即可打开气道,如图4-3-12所示。此方法适用于颈部有外伤者,以下额上提为主,不能将患者头部后仰及左右转动,避免加重

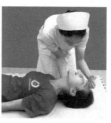

图4-3-11　仰头抬颈法　　　　　　图4-3-12　双手抬颌法

颈椎损伤。

四、人工呼吸

人工呼吸的目的是保证机体的供氧和排出二氧化碳。

首先，将患者置仰卧位，头后仰，迅速松解衣领和裤带，以免阻碍呼吸动作。急救人员用仰头举颏法开放患者气道，并用按下压前额那只手的拇指和食指捏紧患者的鼻孔（捏在鼻翼下端），以防吹气时气体从鼻孔溢出。

其次，急救人员深吸一口气，以嘴唇密封住患者的口部，用力吹气，使患者胸廓上抬，如图 4-3-13 所示。

图 4-3-13　人工呼吸

最后，一次吹气完毕，放开捏紧的鼻孔，同时将口唇移开，使患者被动呼气。

如有面罩或通气管，则可通过口对面罩或通气管吹气，前者可保护术者免受感染，后者还可较好地保护患者口咽部的气道畅通，避免舌根后坠所致的气道阻塞。

吹气时间宜短，每次吹气量为 500 ~ 600 毫升，每次吹气时间不少于 1 秒，频率为每分钟 10 ~ 12 次。

对于口部外伤或张口困难者，可采用口对鼻人工呼吸。在保持气道通畅的情况下，救护者于深吸气后以口唇密封患者鼻孔，用力向其鼻孔内吹气。吹气时，应用手将伤病员颈部上推，使上下唇合拢，呼气时松开。

五、心肺复苏有效指标

心肺复苏有效指标可根据以下 6 个方面综合加以判断。

（1）自主呼吸开始出现。

（2）可触及大动脉搏动。

（3）面色及口唇由发干转为红润，如患者面色变为苍白，则提示复苏无效。

（4）患者出现眼球活动、睫毛反射、肢体抽动，发出呻吟声。

（5）瞳孔由大变小，对光反射恢复。

（6）血压收缩压在 60mmHg 以上。

第三节　创伤救护

创伤是常见的对人体的伤害。严重创伤的应急救护需要快速、正确、有效，以挽救伤员的生命，防止损伤加重，减轻伤员的痛苦。本节重点介绍应急救护创伤的基本原则，止血、包扎、固定、搬运四项基本技术，以及特殊损伤的早期处理原则和基本方法等。

一、创伤类型划分及初步检查

创伤主要指机械性致伤因素（或外力）造成的机体损伤。创伤常见原因有：撞击、烧烫、电击、坠落、跌倒等。创伤的特点是发生率高，危害性大，严重的创伤如救治不及时，将导致残疾，甚至威胁生命。根据创伤的损伤形态、受伤部位不同等，创伤可以按如下方法分类。

（1）按有无伤口分类，可分为开放性损伤和闭合性损伤。

（2）按受伤部位分类，可分为颅脑伤、额面伤、颈部伤、胸部伤、腹部伤、脊柱伤、骨盆伤、四肢伤等。

（3）按受伤部位的多少及损伤的复杂性，可分为单发伤、多发伤、多处伤及复合伤等。

在应急救护中，救护员要遵守救护原则。在有大批伤员等待救援的现场，应突出"先救命，后治伤"的原则，要尽量救治所有可能救活的伤员。

对于伤势较重的伤员，一般在情况较平稳（如止住了活动性出血或解除了呼吸道梗阻）后，应立即检查伤员头、胸、腹是否有致命伤。检查顺序如下：

（1）观察伤员呼吸是否平稳，头部是否有出血。

（2）双手贴头皮触摸检查是否有肿胀、凹陷或出血。

（3）手指从颅底沿着脊柱向下轻轻、快捷地触摸，检查是否有肿胀或变形，检查时不可移动伤员，如果怀疑有颈椎损伤，应固定头颈部。

（4）双手轻按双侧胸部，检查双侧呼吸活动是否对称，胸廓是否有变形或异常活动。

（5）双手上、下、左、右轻按腹部4个象限，检查腹部软硬以及是否有明显包块、压痛。

此外，还应注意伤员是否有盆骨以及四肢的损伤。

二、创伤出血

严重的创伤常引起大量出血而危及伤病员的生命，在现场及时有效地为伤员止血，是挽救生命必须采取的措施。

血液由血浆和血细胞组成，成人的血液量约占身体重量的8%，每公斤体重含有60~80毫升血液。

（一）出血类型

（1）按出血部位分为外出血和内出血。外出血是指血液经伤口流到体外，在体表可看到出血；内出血是指血液流到组织间隙、体腔或皮下。身体受到创伤时可能同时存在内、外出血。

（2）按血管类型分为动脉出血、静脉出血和毛细血管出血。

动脉血含氧量高，血色鲜红。一旦动脉受到损伤，出血可呈涌泉状或随心博节律性喷射。

静脉血含氧量少，血色暗红。一旦静脉受到损伤，血液可大量涌出。

任何出血都包括毛细血管血，血色鲜红，出血量一般不大。

（3）按失血量与症状分为轻度失血、中度失血和重度失血。

轻度失血。突然失血占全身血容量20%（约800ml），可出现轻度休克症状，口渴，面色苍白，出冷汗，手足湿冷，脉搏快而弱，可达每分钟100次以上。

中度失血。突然失血占全身血容量20%～40%（约800～1600ml），可出现中度休克症状，呼吸急促，烦躁不安，脉搏可达每分钟100次以上。

重度失血。突然失血占全身血容量40%以上，可出现重度休克症状，伤员表情冷漠，脉搏细、弱或摸不到，血压测不清，随时可能危及生命。

（二）出血救护流程

出血救护流程如图4-3-14所示。

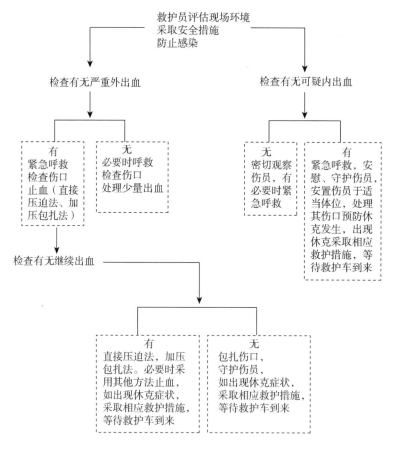

图4-3-14　出血救护流程

三、创伤止血

凡是出血的伤口都需现场止血。在现场急救中可用绷带、三角巾、消毒敷料，也可用干净的毛巾、布料。如条件允许，可采用橡胶止血带、气压止血带。常用止血方法包括指压止血法、直接压迫止血法、加压包扎止血法和止血带止血法。

（一）指压止血法

适用于中等或较大的动脉出血，是一种临时的止血方法，用手掌或拳头压迫伤口近心端的动脉，将其压迫向深部的骨骼上，阻断血液流通，达到临时止血的目的。

（1）头顶部出血。在伤侧耳前，对准耳屏上方1.5cm处，用拇指压迫颞浅动脉，如图4-3-15（a）所示。

（2）颜面部出血。用拇指压迫伤侧下颌骨下缘与咬肌前缘交界处的面动脉止血，如图4-3-15（b）所示。

（3）头面部、颈部出血。用拇指或其他四指压迫颈部胸锁乳突肌中段内侧的颈总动脉，将其用力向后压向颈椎横突上止血。注意禁止同时压迫双侧颈总动脉，以免造成大脑缺血，如图4-3-15（c）所示。

（4）肩部、腋部、上臂出血。用拇指或用四指并拢压迫伤侧锁骨上窝中部锁骨下动脉，将锁骨下动脉压向第一肋骨，如图4-3-15（d）所示。

（5）前臂出血。一手抬高患肢，另一手四个手指压迫肘窝处肱动脉末端，如图4-3-15（e）所示。

（6）手掌、手背出血。抬高患肢压迫伤侧手腕横纹稍上方内外、侧尺、桡动脉止血，如图4-3-15（f）所示。

（7）下肢出血。用双手拇指重叠或拳头用力压迫伤侧大腿根部腹股沟韧带中点稍下方动脉，如图4-3-15（g）所示。

（8）足部出血。用两手拇指分别压迫伤侧足背中部近足腕处的胫前动脉和外踝与跟腱之间的胫后动脉止血，如图4-3-15（h）所示。

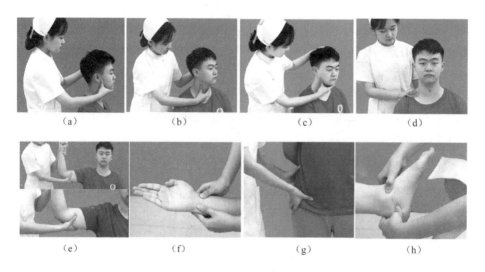

图4-3-15　指压止血法

（二）直接压迫止血法

这是最直接、快速、有效、安全的止血方法，可用于大部分外出血的止血。

救护员快速检查伤员伤口内有无异物，如有表浅小异物要先将其取出，将干净的纱布或手帕等作为敷料覆盖在伤口上，用手持续用力直接压迫止血。这种方法的关键是必须持续用力压迫。

（三）加压包扎止血法

在直接压迫止血的同时，可再用绷带（或三角巾）加压包扎。

救护员首先直接压迫止血，压迫伤口的敷料应超过伤口周边至少3cm；用绷带（或三角巾）环绕敷料加压包扎，包扎后检查肢体末端血液循环。

（四）止血带止血法

当四肢有大血管损伤，直接压迫无法控制出血，或不能用其他方法止血而危及生命时，可使用止血带止血。常用止血带止血法为布袋止血带止血。

在事故现场，往往没有专用的止血带，救护员可根据现场情况，就地取材，利用三角巾、围巾、衣服等作为布带止血带，但布带止血带缺乏弹性，止血效果差，如果过紧还容易造成肢体损伤或缺血坏死。因此，尽可能在短时间内使用。

首先，将三角巾或其他布料折叠成约5cm宽平整的条状带。

其次，如上肢出血，在上臂的上1/3处（如下肢出血，在大腿的中上部）垫好衬垫（可用绷带、毛巾、平整的衣物等），用折叠好的条状带在衬垫上加压绕肢体一周，两端向前拉紧，打一个活结。

最后，将一绞棒（如筷子、勺把、竹棍等）插入活结的外圈内，然后提起绞棒旋转绞紧直到伤口停止出血为止，将棒的另一端插入活结的内圈固定，结扎好止血带后，在明显的部位注明结扎止血带的时间。

四、可疑内出血

（一）可疑内出血常见表现

伤员面色苍白，皮肤发绀；口渴，手足湿冷，出冷汗；脉搏快而弱，呼吸急促；烦躁不安或表情淡漠，甚至意识不清；发生过外伤或有相关疾病史；皮肤有撞击痕迹，局部有肿胀；体表未见到出血。

（二）可疑内出血的应急救护措施

（1）拨打急救电话或尽快送伤员去医院。

（2）伤员出现休克症状时，应立即采取救护休克的措施。

（3）在急救车到来前，应密切观察伤员的呼吸和脉搏，保持气道通畅。

第四节　现场包扎技术

快速、准确地包扎伤口是外伤救护的重要一环。它可以起到快速止血、保护伤口、防止进一步感染、减轻疼痛的作用，有利于转运和进一步的治疗。

常用的包扎材料有创可贴、尼龙网套、三角巾、绷带、弹力绷带、胶带，以及就便器材如手帕、领带、毛巾、头巾、衣服等。

常见包扎方法包括卷轴绷带包扎法、三角巾包扎法。

一、卷轴绷带包扎法

（一）环形包扎法

适用于四肢、额部、胸腹部等粗细相等部位的小伤口。将绷带作环形缠绕，后一周完全覆盖前一周。第一周应斜形缠绕，第二周作环形缠绕时，将第一周斜出圈外的绷带角折回圈内压住，然后再重复缠绕，可防止绷带松动滑脱，如图4-3-16所示。

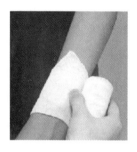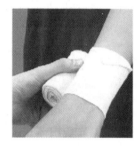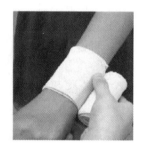

图4-3-16　环形包扎法

（二）蛇形包扎法

适用于临时固定敷料或夹板。先将绷带环形缠绕数周后，斜形环绕肢体包扎，尾端固定同环形包扎法，如图4-3-17所示。

（三）螺旋形包扎法

适用于上臂、大腿、躯干、手指等径围相近的部位。先环形缠绕数周，后呈螺旋状缠绕，如图4-3-18所示。

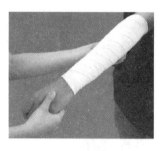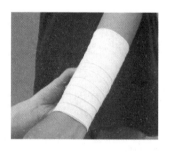

图4-3-17　蛇形包扎法　　图4-3-18　螺旋形包扎法

（四）螺旋反折形包扎法

适用于如前臂、小腿等处。在螺旋形包扎的基础上每周反折成等腰三角形，如图4-3-19所示。

图4-3-19　螺旋反折形包扎法

（五）"8"字形绷带包扎法

适用于关节处的包扎。将绷带从伤口的远心端开始作环形缠绕两周后，由下而上，再由上而下，重复作"8"字形旋转缠绕，如图4-3-20所示。

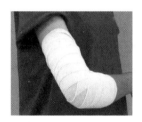

图4-3-20　"8"字形绷带包扎法

（六）回环形包扎法

适用于头部、指端或截肢残端伤口的包扎。头部包扎时先环形缠绕自眉弓至枕后两周，后自头顶正中开始，呈"V"字形来回向两侧回返，直至包没头顶，后再沿眉弓至枕后两周，最后固定，如图4-3-21所示。

图4-3-21　回环形包扎法

二、三角巾包扎法

三角巾制作简单，应用方便和快捷，操作方法容易掌握，包扎部位广泛，适用于身体各部位。

（一）头巾包扎法

将三角巾底边向上反折约 3cm，正中部位放于患者的前额，与眉平齐，顶角置于脑后，拉紧三角巾底边经耳后于枕部交叉，交叉时将顶角压住与底边一端一起绕到前额，打结固定，如图 4-3-22 所示。

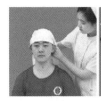

图 4-3-22　头巾包扎法

（二）风帽式包扎法

将三角巾顶角和底边的中央各打一结，成风帽状，将顶角置于前额，底边结置于枕后下方，包住头部，两角向面部拉紧，包绕下颌后于枕后打结固定，如图 4-3-23 所示。

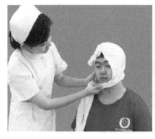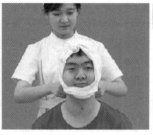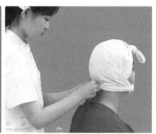

图 4-3-23　风帽式包扎法

（三）单肩包扎法

将三角巾折叠成燕尾状，尾角向上放在受伤肩侧，大片在上覆盖住肩部及上臂上部，顶角绕上臂与燕尾底边打结，另两燕尾角分别经胸、背部拉至对侧腋下打结固定，如图 4-3-24 所示。

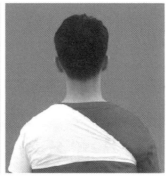

图 4-3-24　单肩包扎法

（四）双肩包扎法

将三角巾折叠成等大燕尾角的燕尾巾，夹角向上对准颈部，燕尾披在双肩上，两燕尾角分别经左、右两肩拉紧至腋下与燕尾底角打结固定，如图4-3-25所示。

（五）单胸包扎法

将三角巾底边横放在胸部，底边中央对准伤侧胸部，两底角绕至背部打结，顶角越过伤侧胸部垂向背部，与底角结共同打结固定，如图4-3-26所示。

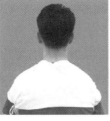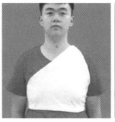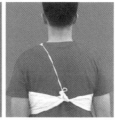

　　图 4-3-25　双肩包扎法　　　　　图 4-3-26　单胸包扎法

（六）双胸包扎法

将三角巾折叠成燕尾状，两尾角向上，底边向下并反折一道边横放于胸部，先将两尾角拉至颈后打结，再用顶角的带子绕至对侧腋下与燕尾底角打结固定，如图4-3-27所示。

（七）背部包扎法

与胸部包扎相同，只是位置相反，于胸前打结固定，如图 4-3-28
所示。

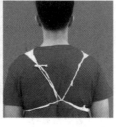

　　图 4-3-27　双胸包扎法　　　　　　图 4-3-28　背部包扎法

（八）下腹部包扎法

将三角巾底边向上，顶角向下，底边横放于脐部，两底角拉紧至腰部打
结，顶角经会阴拉至臀上方与底角余头打结固定，如图 4-3-29 所示。

　　　　　　图 4-3-29　下腹部包扎法

（九）双臀包扎法

将两块三角巾的顶角打结连接在一起，放在腰部，提起上面两角围绕腰
部并打结固定，下面两角各绕至大腿内侧与各自相对的底边打结固定，如图
4-3-30 所示。

（十）上肢包扎法

将三角巾一底角打结并套在伤侧手上，另一底角沿伤侧手臂后侧拉至对
侧肩上，顶角缠绕伤肢包裹，将伤侧手臂屈曲于前胸，拉紧两底角打结固
定，如图 4-3-31 所示。

（十一）手、足部包扎法

将伤侧手掌掌面朝下平放于三角巾的中央，底边位于腕部，手指朝

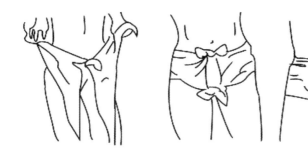

图 4-3-30　双臀包扎法

图 4-3-31　上肢包扎法

向顶角，将顶角反折覆盖手背，然后拉紧两底角在手背部交叉并压住顶角，缠绕腕部于手背部打结固定。足的包扎手法与手相同，如图4-3-32所示。

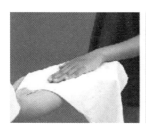

图 4-3-32　手、足部包扎法

三、伤口包扎流程

伤口包扎流程如图4-3-33所示。

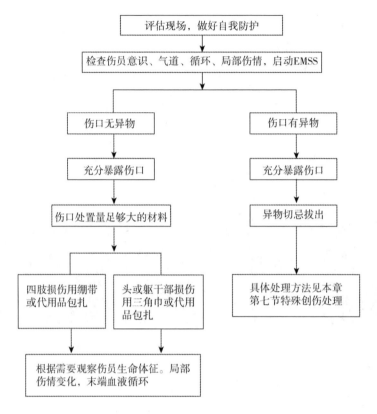

图 4-3-33　伤口包扎流程

第五节　骨折固定及搬运

一、骨折

骨的完整性由于受直接、间接外力和积累性劳损等原因的作用，其完整性和连续性发生改变，称为骨折。

现场骨折固定是创伤救护的一项基本任务。正确、良好的固定能迅速减轻伤员伤痛，减少出血，防止损伤脊髓、神经、血管等重要组织，也是搬运伤员的基础，有利于转运后的进一步治疗。

如果在现场安全，专业急救人员也能很快到达的情况下，应保持伤员原有的体位不动（制动）。

（一）骨折判断

骨折的表现包括疼痛、肿胀、瘀斑、功能障碍和畸形。

（1）疼痛。突出表现是剧烈疼痛，移动时有剧痛，安静时则疼痛减轻。

（2）肿胀或瘀斑。出血和骨折端的错位、重叠，都会使外表呈现肿胀现象，瘀斑严重。

（3）功能障碍。原有的运动功能受到影响或完全丧失。

（4）畸形。骨折时肢体会发生畸形，呈现短缩、成角、旋转等。

（二）固定原则

现场环境安全，救护人员做好自我防护。

（1）检查伤员意识、呼吸、脉搏，并处理严重出血。

（2）用绷带、三角巾、夹板固定受伤部位。夹板与皮肤、关节、骨突出部位之间加衬垫。

（3）夹板的长度应能将骨折处的上、下关节一同加以固定。

（4）固定时，在可能的条件下，上肢为屈肘位，下肢呈伸直位。

（5）骨断端暴露，不要拉动，不要送回伤口内；开放性骨折现场不要冲洗，不要涂药，应该先止血，包扎再固定。

（6）暴露肢体末端以便观察末梢循环。

（7）固定伤肢后，如有可能应将伤肢抬高。

（三）固定方法

1. 锁骨固定法

用毛巾或厚敷料垫于两肩前上方，将三角巾折叠成带状，两端分别绕两肩呈"8"字形，使两肩向后、外方扩张，拉紧三角巾两端，在背后打结固定，如图4-3-34所示。

2. 肱骨骨折固定法

准备一长一短两块夹板，将长夹板置于上臂后外侧，短夹板置于上臂前内侧，在骨折部位上下两端固定。固定后伤侧肘关节屈曲90°，前臂呈中立位，用三角巾将上肢悬吊，固定于前胸，如图4-3-35所示。

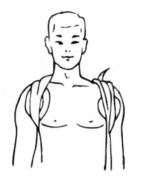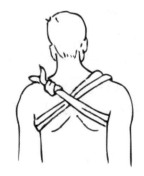

图 4-3-34　锁骨固定法

3. 前臂骨折固定法

伤病者侧屈肘 90°，拇指向上，将两块夹板（长度超过肘关节至腕关节）分别置于前臂的掌、背侧，用绷带固定。最后，用三角巾将前臂呈功能位悬吊于前胸，如图 4-3-36 所示。

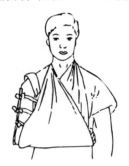

图 4-3-35　肱骨骨折固定法　　　　图 4-3-36　前臂骨折固定法

4. 股骨干骨折固定法

将伤侧大腿伸直，取一长夹板（长度自足跟至腰部或腋下）置于伤侧大腿外侧，另一夹板（长度自足跟至大腿根部）置于伤侧大腿内侧，用绷带或三角巾固定。

5. 小腿骨折固定法

将两块夹板（长度自足跟至大腿）分别置于伤侧小腿的内、外侧，用绷带分段固定，如图 4-3-37 所示。

6. 脊柱骨折固定法

将患者仰卧或俯卧于硬板上，避免移位。必要时，用绷带将患者固定于硬板上，使脊柱保持中立位，如图4-3-38所示。

图4-3-37 小腿骨折固定法

图4-3-38 脊柱骨折固定法

（四）骨折固定流程

骨折固定流程如图4-3-39所示。

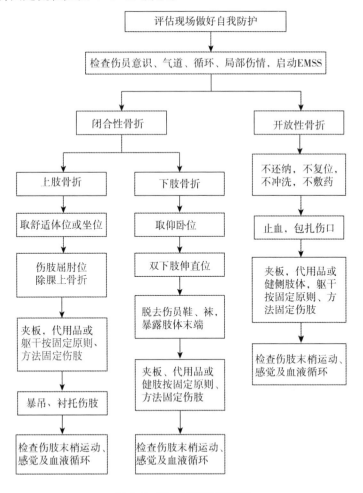

图4-3-39 骨折固定流程

二、搬运

现场急救后，由于现场条件的限制和抢救的需要，为防止再损伤，要及时、迅速、安全地将患者转运至安全地带。使用正确的搬运方法是急救成功的重要环节。现场搬运多采用徒手搬运法，有条件也用担架搬运。

（一）搬运原则

（1）搬运应有利于伤员的安全和进一步救治。

（2）搬运前应做必要的伤病处理（如止血、包扎、固定）。

（3）根据伤员的情况和现场条件选择适当的搬运方法。

（4）搬运护送中应保证伤员安全，防止发生二次损伤。

（5）注意伤员伤病变化，及时采取救护措施。

（二）搬运方法

1. 徒手搬运法

徒手搬运法是指救护人员不使用工具，只运用技巧徒手搬运伤员。

（1）单人搬运法适用于病情较轻、路程较近的患者，包括扶持法、抱持法和背驮法。

（2）双人搬运法适用于病情较轻、路程较近但体重较重的患者，包括椅托法、轿杠法和拉车法。

2. 担架搬运法

担架搬运法是创伤急救搬运患者的常用方法之一，利用多人搬运法将患者抬至担架前行。

第六节　肢体离断伤

严重创伤如机器碾轧伤、绞伤等可造成肢体离断，伤员伤势较重。多数肢体离断伤，血管很快回缩，并形成血栓，出血并非喷射性。

一、伤员的处理

伤员坐位或平卧，迅速启动救护，第一时间用大块敷料或干净毛巾覆盖伤口，并用绷带回返式包扎；如出血多，加压包扎达不到止血目的，可用止血带止血。肢体离断伤伤员的处理如图4-3-40所示。

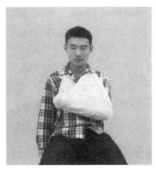

图4-3-40　肢体离断伤伤员的处理

二、离断肢体的处理

离断肢体的处理如图4-3-41所示。

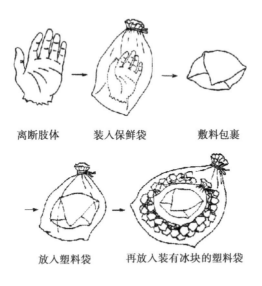

离断肢体　　装入保鲜袋　　敷料包裹

放入塑料袋　　再放入装有冰块的塑料袋

图4-3-41　离断肢体现场处理

（1）将离断肢体用干净的敷料或布包裹，将包裹好的断肢放入塑料袋中密封。

（2）再放入装有冰袋的塑料袋中，交给医务人员。

（3）断肢不能直接放入水中、冰中，也不能用酒精浸泡，应将断肢放入 2~3℃的环境中。

第七节　伤口异物及骨盆骨折的处理

一、伤口异物处理

锚杆、梯子梁异物等扎入机体深部，不能拔除，因为可能引起血管、神经或内脏的再损伤或大出血，处理时需遵循如下要求。

（1）伤员取坐位或卧位，迅速启动救护，如图4-3-42（a）所示。

（2）用两个绷带卷（毛巾、布料等做成布卷代替）沿肢体或躯干纵轴，左右夹住异物；用两条宽带围绕肢体或躯干固定布卷及异物；在三角巾适当部位穿洞，套过异物暴露部位，包扎，如图4-3-42（b）所示。

（3）将伤病员置于适当体位，随时观察生命体征，如图4-3-42（c）所示。

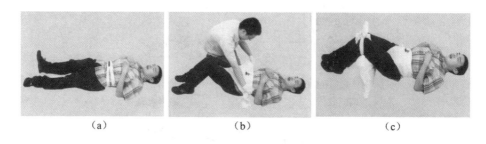

（a）　　　　　　　　　（b）　　　　　　　　　（c）

图4-3-42　伤口异物的处理

二、骨盆骨折的处理

高空作业坠落、冒顶砸伤等往往可造成骨盆骨折。骨盆骨折常合并内脏损伤，因骨盆血运丰富，骨折后易发生大出血，处理时需遵循如下要求。

（1）伤员取仰卧位，迅速启动救护。

（2）用三角巾或衣服自伤员腰下插入后向下抻至臀部，将伤员双下肢弯曲，膝间加衬垫，固定双膝，如图4-3-43（a）所示。

（3）用三角巾由后向前包绕臀部捆扎紧，在下腹部打结固定，膝下垫软垫，如图4-3-43（b）所示。

（4）随时观察生命体征。

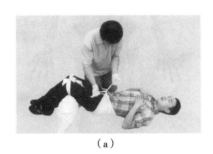 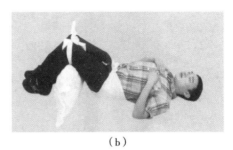

（a）　　　　　　　　　　　　　　　　（b）

图4-3-43　骨盆骨折的处理

第五部分

特聘煤矿安全群众监督员职业病危害防治

　　煤矿安全生产与职业病危害防治工作是煤矿各项工作的重中之重，工会监督是煤矿安全生产与职业病危害防治工作实行群众监督的重要形式，煤矿企业必须支持群众组织的监督活动，发挥群众的监督作用。群监员作为工会现场监督的前哨，必须熟悉煤矿职业病危害，掌握作业场所职业病危害防治、职业健康监护和职业病诊断及职业病病人保障的相关规定，监督检查作业地点设备设施、作业环境和工作岗位职业病危害防治的落实情况。

第十四章 煤矿职业病危害

第一节 煤矿职业病危害管理

职业病危害是指从事某种职业活动的劳动者可能导致职业病的各种危害，包括职业性尘肺病及其他呼吸系统疾病、职业性皮肤病、职业性眼病、职业性耳鼻喉口腔疾病、职业性化学中毒、职业性肿瘤等。

煤矿职业病危害是指煤矿企业从业人员因接触煤尘、岩尘、水泥尘等粉尘，氮氧化物、碳氧化物、硫化物等化学物质，噪声、高温、振动、电磁辐射等物理因素，氡及气体等放射性物质等而导致职业病的危害。

煤矿职业病危害防治管理包括主体责任落实，职业病防治计划制订及实施，开展煤矿职业健康培训，职业病危害因素监测、检测和评价等。

一、落实主体责任

职业病防治工作是煤矿企业生产过程中经常性、长期性的工作任务，煤矿企业主要负责人（含法定代表人、实际控制人）作为单位职业病危害防治工作的第一责任人，对本单位职业病危害防治工作全面负责。

煤矿应设置专门的职业健康科室，配备具备煤矿职业卫生知识和管理能力的职业卫生专业人员，明确职责及岗位安全生产责任制，制订工作计划，负责企业的职业病防治日常管理，切实开展职业病防治工作。

二、制订并实施职业病防治计划

根据职业病防治工作需要，煤矿应制订切合实际的职业病防治计划和具体实施方案。计划通常以年为单位，包括目标、指标、进度安排、保障措施、考核评价方法等，并按计划要求，制定具体实施方案，确保计划的落实。

三、开展煤矿职业健康培训

职业健康培训是提高职业病防治管理知识和能力的有效途径，煤矿企业主要负责人、职业健康管理人员（职业卫生专业人员）、职业病危害监测人员和接触职业病危害的从业人员应接受职业卫生培训，培训考核不合格者不得上岗。

接触职业病危害的从业人员应当进行上岗前、在岗期间的定期职业病危害防治知识培训，包括国家职业病防治法规基本知识，本单位职业卫生管理制度和岗位操作规程，所从事岗位的主要职业病危害因素和防范措施，个人劳动防护用品的使用和维护，劳动者的职业卫生保护权利与义务等。

《煤矿作业场所职业病危害防治管理规定》规定，接触职业病危害的从业人员上岗前培训时间不少于 4 学时，在岗期间的定期培训时间每年不少于 2 学时。

四、开展职业病危害因素监测、检测和评价

（一）职业病危害因素监测

煤矿生产过程中，要配备专（兼）职职业病危害因素监测人员，配备相应仪器设备，以矿井为单位开展日常监测，其中，呼吸性粉尘浓度每月监测 1 次，噪声每 6 个月测定 1 次。

（二）职业病危害因素检测

煤矿应定期委托具备资质的职业卫生技术服务机构对其产生职业病危害的工作场所进行检测，每年至少进行 1 次全面检测。

煤矿应当建立职业病危害因素定期检测制度，将职业病危害因素定期检测工作纳入年度职业病防治计划和实施方案，明确责任部门或责任人，所需检测费用纳入年度经费预算予以保障。

煤矿与职业卫生技术服务机构签订委托协议后，应将其生产工艺流程、产生职业病危害的原辅材料和设备、职业病防护设施、劳动工作制度等与检测有关的情况告知职业卫生技术服务机构。煤矿应当在确保正常生产的状况

下，配合职业卫生技术服务机构做好采样前的现场调查和工作日写实工作，并由陪同人员在技术服务机构现场记录表上签字确认。

煤矿应当要求职业卫生技术服务机构及时提供定期检测报告，定期检测报告经煤矿主要负责人审阅签字后归档。在收到定期检测报告后一个月之内，煤矿应当将定期检测结果向所在地安全生产监督管理部门报告，并及时在工作场所公告栏向从业人员公布定期检测结果和相应的防护措施。

（三）职业病危害因素评价

为保障职业病防护设施防护效果，煤矿企业应委托具有资质的职业卫生技术服务机构每三年进行一次现状评价。

（四）职业病危害因素监测、检测和评价结果处置

煤矿应根据监测、检测、评价结果，制定整改方案，落实整改措施，要将日常监测、检测、评价、落实整改情况存入本单位职业健康档案，并向监管部门报告，向从业人员公布。

五、落实职业病危害告知、公告和警示、应急措施

（一）职业病危害告知

煤矿应履行职业病危害告知义务，与从业人员订立或者变更劳动合同时应将作业过程中可能产生的职业病危害及其后果、防护措施和相关待遇等如实告知从业人员，不得隐瞒或者欺骗。

职业病防治过程中，从业人员有知情权，如职业健康检查的结果，煤矿应书面通知从业人员。

（二）设置公告栏

职业病防治工作与从业人员的个人防护意识有关，应进行动态管理，使从业人员了解本岗位职业危害情况，提高个人防护意识，在企业和作业场所醒目位置设置公告栏，公布有关职业病危害防治的规章制度、操作规程、职业病危害事故应急救援措施和职业病危害因素检测结果。

（三）醒目位置规范设置警示标识和中文警示说明

《职业病防治法》规定，对产生严重职业病危害的作业岗位，应当在其醒目位置，设置警示标识和中文警示说明。警示说明应当载明产生职业病危

害的种类、后果、预防以及应急救治措施等内容。

警示标识是为了使从业人员对职业病危害产生警觉，并采取相应防护措施的图形标识、警示线、警示语句和文字等。如在产生粉尘的作业场所设置"注意防尘"警告标识和"戴防尘口罩"指令标识。在产生噪声的作业场所，设置"噪声有害"警告标识和"戴护耳器"指令标识。在高温作业场所，设置"注意高温"警告标识。煤矿常用警示标识如图5-1-1所示。

图5-1-1 煤矿常用警示标识

警示说明应当载明产生职业病危害的种类、后果、预防以及应急救治措施等内容，针对某一职业病危害因素，告知劳动者危害后果及其防护措施的提示卡或《有毒物品作业岗位职业病危害告知卡》，如图5-1-2所示。

噪声职业危害告知牌

作业会产生噪声，对听力有损害，提请注意防护。

危害物质	危害因素	理化特性
噪声有害	长时间处于噪声环境，会引起听力减弱、下降，时间长可引起永久性耳聋；并引发消化不良、呕吐、头痛、血压升高、失眠等全身性病症。听力损失在25dB以上为耳聋标准，26~40dB为轻度耳聋，41~55dB为中度耳聋，56~70dB为重度耳聋，71dB以上为极度耳聋。	声强和频率的变化都无规律、杂乱无章的声音。
防护措施		**应急处理**
必须戴护耳器	1.控制声源：采用无声或低声设备代替发出强噪声的机械设备； 2.控制声音传播：采用吸声材料或吸声结构吸收声能； 3.个体防护：佩戴耳塞、耳罩、防声帽等防护用品； 4.健康监护：进行岗前健康体检，定期进行岗中体检； 5.合理安排工作和休息：适当安排工间休息，休息时离开噪声环境。	1.使用防声器，如：耳塞、耳罩、防声帽等，并立即离开噪声场所； 2.如发现听力异常，及时到医院检查、确认。

图5-1-2 噪声警示牌

（四）设置应急设施和职业病防护设施用品管理

《职业病防治法》规定，对可能发生急性职业损伤的有毒、有害工作场所，用人单位应当设置报警装置，配置现场急救用品、冲洗设备、应急撤离通道和必要的泄险区。对职业病防护设备、应急救援设施和个人使用的职业病防护用品，用人单位应当进行经常性的维护、检修，定期检测其性能和效果，确保其处于正常状态，不得擅自拆除或者停止使用。

急性职业损伤的有毒、有害工作场所，是指发生有毒有害气体、毒物、强腐蚀物质、刺激物质等对劳动者生命健康造成急性危害的工作场所。这些工作场所，应当针对其存在的急性职业损伤因素，设置足够数量的相应的报警装置、现场急救用品、洗眼器、喷淋装置等冲洗设备，所设置的应急撤离通道应当标识清楚，备有应急照明等设施。如果可能泄漏的有毒有害气体、毒物、强腐蚀刺激物质的弥散、流动具有方向性和规律性，可以根据实际需要，按照这些急性职业损伤因素的流向，在远离人群、重要财产设施和相对较为安全的地方设置泄险区，用于吸纳、消除、处理急性职业损伤因素，减少事故造成的伤亡和损失。

六、落实职业病危害申报

煤矿职业病危害申报指煤矿要根据原安监总局令第 73 号明确规定的危害申报文件、材料，通过网络和纸质文件形式向煤炭管理部门就单位的基本情况，作业场所接触职业病危害因素的种类，作业场所接触职业危害因素的人数，以及法律法规规定的其他文件、资料等职业病危害情况进行申报。每年申报 1 次，本年度申报上一年度情况。

七、配备劳动防护用品

作业过程中，劳动防护用品的使用有利于减少职业危害因素对从业人员的身体损害，煤矿企业要按照《煤矿职业安全卫生个体防护用品配备标准》（AQ1051）规定，为接触职业病危害的从业人员提供符合标准的个体防护用品，并指导和督促其正确使用。严禁以普通劳保用品代替个体防护用品，严禁收取任何费用。《职业病防治法》规定，用人单位必须采用有效的职业病防护设施，并为劳动者提供个人使用的职业病防护用品。

煤矿个人使用的职业病防护用品包括：头部防护类，如橡胶安全帽、玻璃钢安全帽、工作帽、女工帽等；呼吸防护类，如防尘口罩；眼、面部防护类，如防冲击眼护具类、焊接眼面防护具、化学护目镜、紫外护目镜；听力防护类，如耳塞、耳罩；上肢防护类，如布手套、绒手套、浸胶手套、浸塑手套、耐酸碱手套、绝缘手套、电焊手套、护肘；下肢防护类，如胶面防砸安全靴、工矿靴、防护胶鞋、耐酸碱胶靴、绝缘胶靴、护腿或膝盖垫；防护服装类，如矿工普通工作服、反光背心、劳动防护雨衣、耐酸碱围裙、棉上衣、绒衣裤、秋衣裤、皮上衣、皮裤、护腰、棉背心等。

八、保障煤矿职业健康工作经费

煤矿要落实职业病危害防治专项经费，保障生产工艺技术改造、危害预防控制、检测评价、健康监护和培训等。经费按财政部、国家安全监管总局《关于印发〈企业安全生产费用提取和使用管理办法〉的通知》（财企〔2012〕16号）列支。

九、建立健全职业病防治各项管理制度

《煤矿作业场所职业病危害防治规定》（原总局令73号）规定，煤矿企业应制定职业病危害防治责任制度，职业病危害警示与告知制度，职业病危害项目申报制度，职业病防治宣传、教育和培训制度，职业病防护设施管理制度，职业病个体防护用品管理制度，职业病危害日常监测及检测和评价管理制度，建设项目职业病防护设施与主体工程同时设计、同时施工、同时投入生产和使用的制度，劳动者职业健康监护及其档案管理制度，职业病诊断、鉴定及报告制度，职业病危害防治经费保障及使用管理制度，职业卫生档案管理制度，职业病危害事故应急管理制度，以及法律、法规、规章规定的其他职业病危害防治制度。

十、建立健全职业卫生档案

职业卫生档案是指在职业卫生监督执法、职业卫生技术服务、职业卫生防治管理以及职业卫生科学研究活动中形成的，具有保存价值的文字、材料、图纸、照片、报表、录音带、录像、影视、计算机数据等文件材料。煤矿企业必须建立健全职业卫生档案，定期报告职业病危害因素。

《煤矿作业场所职业病危害防治规定》规定，煤矿企业职业卫生档案应当包括：职业病防治责任制文件、职业卫生管理规章制度、作业场所职业病危害因素种类清单、岗位分布以及作业人员接触情况等资料；职业病防护设施，应急救援设施基本信息及其配置、使用、维护、检修与更换等记录；作业场所职业病危害因素检测、评价报告与记录；职业病个体防护用品配备、发放、维护与更换等记录；煤矿企业主要负责人、职业卫生管理人员和劳动者的职业卫生培训资料；职业病危害事故报告与应急处置记录；劳动者职业健康检查结果汇总资料，存在职业禁忌证、职业健康损害或者职业病的劳动者处理和安置情况记录；建设项目职业卫生"三同时"有关技术资料；职业病危害项目申报情况记录；其他有关职业卫生管理的资料或者文件。

十一、建立健全职业病危害事故应急救援预案

职业病危害事故应急救援预案是指煤矿发生职业病危害事故时，组织应急处理、病人救治、财产保护的程序、方法和措施，有利于及时控制事态，减少事故造成的伤亡和损失。应急救援预案应当包括救援组织、机构和人员职责、应急措施、人员撤离路线和疏散方法、财产保护对策、事故报告途径和方式、预警设施、应急防护用品及使用指南、医疗救护等内容。

第二节　常见煤矿职业病

职业病是指企事业单位和个体经济组织等用人单位的劳动者在职业活动中，因接触粉尘、放射性物质和其他有毒、有害因素而引起的疾病。

法定职业病是指由国家职业卫生主管部门发布的职业病目录中所列的职业病。法定职业病需满足的基本条件包括在职业活动中产生，与劳动用工行为相联系，接触粉尘、放射性物质和其他有毒、有害因素，列入国家职业病目录等四项。

根据《职业病分类和目录》（国卫疾控发〔2013〕48号），职业病分为10类132种。井工煤矿涉及的常见职业病包括尘肺病、职业性噪声聋、手臂振动病、中暑、化学中毒和滑囊炎等。

一、尘肺病

尘肺病是煤矿企业从业人员在生产过程中长期吸入高浓度粉尘而引起的以肺组织纤维化为主的全身性疾病，主要症状包括咳嗽、咳痰、胸痛、气短、咯血等，常见于采掘、运输等接触粉尘作业的各工种。

尘肺病可造成劳动能力部分或全部丧失，目前尚无彻底治愈的方法，不同时期尘肺病理片如图5-1-3所示。

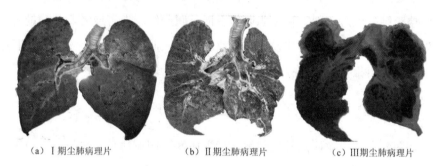

（a）Ⅰ期尘肺病理片　　　　（b）Ⅱ期尘肺病理片　　　　（c）Ⅲ期尘肺病理片

图5-1-3　不同时期尘肺病理片

据不完全统计，我国新发职业病人数中，尘肺病发病人数占每年新发各类职业病80%以上，如表5-1-1所示。

表5-1-1　新发职业病与尘肺病统计

年份	新发职业病（例）	新发尘肺病（例）	尘肺病占比（%）	集中行业
2010	27240	23812	87	
2011	29879	26401	88	煤炭、铁道、有色金属、机械、建筑等
2012	27420	24206	88	
2013	26393	23152	87.7	
2014	29972	26873	89.66	

尘肺病是我国煤矿企业重点防治的职业病。根据粉尘种类的不同，煤矿

常见尘肺病分为矽肺、煤工尘肺、水泥尘肺。

二、职业性噪声聋

职业性噪声聋是指从业人员长期在超过国家职业卫生标准的噪声环境中作业，导致听力永久性丧失的职业病。

噪声对听觉系统的损害，一般经历从生理变化到病理改变的过程，即先出现暂时性听阈位移（听力下降），经过一定时间逐渐成为永久性听阈位移。根据损伤程度，永久性听阈位移又分为听力损失（听力损伤）和噪声性聋。噪声对听觉系统的损害属于噪声的特异作用。煤矿井下部分设备噪声测定结果如表5-1-2所示。

表5-1-2　煤矿井下部分设备噪声测定结果

噪声源	噪声强度 dB（A）	噪声源	噪声强度 dB（A）
风锤	117	皮带运输机	95
风钻	92～96	水泵	90
采煤机	104	装岩机	90～100
局扇	99	罐笼	107（保持值）
电钻	90	放炮	128（保持值）
空气压缩机	99	斜井车	100

职业性噪声聋常见于井下凿岩、打眼、放炮、割煤、运输、机修、通风等作业环节，使用的风动凿岩机、风镐、风扇、煤电钻、乳化液机、采煤机、掘进机、皮带运输机等是井下常见的噪声源。此外，局部通风机、空气压缩机、提升机、水泵、刮板输送机、装岩机也是主要噪声源。暴露噪声的主要工种有：掘进工、采煤工、辅助工、锚喷工、注浆注水工、维修工、水泵工等。

三、手臂振动病

手臂振动病是长期从事手传振动作业引起的以手部末梢循环和（或）手臂神经功能障碍为主的疾病，并能引起手臂骨关节、肌肉的损伤，发病部位多在上肢末端，典型表现为发作性手指变白。主要见于锚杆钻机司机等。

四、中暑

煤矿工人接触的不良气象条件主要有高温、高湿和通风不良等。职业性中暑是在高温环境下作业时，由于热平衡和（或）水盐代谢紊乱而引起的以中枢神经和（或）心血管障碍为主要表现的急性热致疾病，表现为肌肉痉挛、消化系统症状、肾脏损害、心血管功能障碍或突然昏厥、衰竭。主要见于有热害的高温场所作业的工种。

五、化学中毒

从业人员接触作业场所产生的高浓度有毒有害气体使身体发生中毒反应，称之为化学中毒。

煤矿生产过程遇到的有毒有害气体主要包括碳氧化物、氮氧化物、硫化氢、二氧化硫、氨气等，其中，氮氧化物中毒主要见于爆破工，一氧化碳中毒主要见于爆破工、瓦斯监测人员、救护人员等。

六、煤矿井下工人滑囊炎

煤矿井下工人在特殊的劳动条件下，受不良工作体位等影响，老工人中部分人员患有煤矿井下工人滑囊炎职业病。

第十五章 煤矿作业场所职业病危害防治

第一节 粉尘防治

一、煤矿粉尘分类

煤矿掘进、回采、运输及提升等各生产过程中，打眼放炮、清理工作面、装载、运输、转载、顶板管理等作业操作均能产生煤矿粉尘。

按粉尘的成分不同，煤矿粉尘可划分为矽尘、煤尘和水泥粉尘。其中，矽尘是指游离二氧化硅含量超过10%的粉尘。煤矿产生矽尘的工种包括岩巷凿岩、装载、掘进，出矸推车，半煤岩巷打眼、爆破，喷浆砌碹，煤巷加固等。煤尘是指游离二氧化硅含量小于10%的粉尘，直径小于1mm，具有爆炸性，煤矿产生煤尘的工种包括采煤面各工种，煤巷掘进各工种，煤矿运输、转载，洗煤厂运输、转载、筛选、破碎等。水泥粉尘含有钙、硅、铝和铁等矿物颗粒，直径小于5μm，没有化学毒性，有碱性，对皮肤有腐蚀性，对肺部有危害，可使煤矿工人得水泥尘肺。煤矿产生水泥粉尘的工种包括喷浆、拌料、砌碹等。

按粉尘在人体沉积的部位可划分为总粉尘和呼吸性粉尘。其中，总粉尘主要指能够进入人体呼吸道并在整个呼吸道沉积的、粉尘采样时获得的包括各种粒径在内的矿尘的总和，其粒径一般在15μm以下。呼吸性粉尘主要指在人体呼吸道肺泡区沉积的、粒径一般在5μm以下的微细尘粒。呼吸性粉尘是导致尘肺病的主要病因，对煤矿工人的危害威胁最大。

二、煤矿粉尘危害

（一）尘肺病

尘肺病是煤矿粉尘危害最常见的疾病，是从业人员在生产过程中长期吸入高浓度粉尘而导致的以肺组织纤维化为主的疾病。按吸入矿尘成分的不同，煤矿尘肺病可分为矽肺、煤工尘肺和水泥尘肺。

矽肺是因吸入游离二氧化硅含量较高的岩尘所引起的尘肺病，患者多为长期从事岩巷掘进的工人。多在接触粉尘 5～10 年开始发病，病情进展快，对身体危害大。患者咳痰为灰色黏痰，多伴有胸痛、呼吸困难、咯血等症状。

煤工尘肺是指长期吸入煤尘所引起的尘肺病，患者多为长期从事采掘的工人。煤工尘肺的发病工龄在 15～20 年或者更长，早期几乎没有症状，随着病情进展先后出现咳嗽、咳黑痰、胸闷、气短等症状，这些症状常与气候变化和并发慢性支气管炎及吸烟有关，症状常在冬春两季明显，尤其气候恶劣时加剧，晚期病人上述症状加重，尤其合并肺部感染时尤甚。

水泥尘肺是长期吸入水泥粉尘而所引起的尘肺病，属于硅酸盐尘肺。患者多为长期从事拌料、喷浆、锚喷等工种的工人，发病工龄一般在 10～20 年，临床表现主要是以气短为主的呼吸系统症状，早期出现轻微气短，平路急走、爬坡、上楼时加重。

（二）上呼吸道炎症

粉尘首先侵入上呼吸道黏膜，早期引起其机能亢进，黏膜下血管扩张、充血，黏膜腺分泌增加，终将造成萎缩性病变，如萎缩性鼻炎等。

（三）局部作用

粉尘沉着于皮肤可能堵塞皮脂腺，容易继发感染而引起暴露性皮炎、毛囊炎等，进入眼内的粉尘颗粒可引起结膜炎等。

三、煤矿粉尘防治措施

减少粉尘对人体的健康损害及避免尘肺病的关键在于生产过程中的治理，使作业场所粉尘符合国家职业卫生标准。煤矿企业生产过程中，必须采取粉尘防治措施。

（一）粉尘浓度监测

粉尘浓度应要求如表 5-2-1 所示，不符合要求的应当采取有效措施。

表 5-2-1　煤矿作业场所粉尘浓度要求

粉尘种类	游离 SiO$_2$ 含量（%）	时间加权平均容许浓度（mg/m^3）	
		总粉尘	呼吸性粉尘
煤尘	<10	4	2.5
矽尘	10≤ ~ ≤50	1	0.7
	50< ~ ≤80	0.7	0.3
	>80	0.5	0.2
水泥粉尘	<10	4	1.5

注：时间加权平均容许浓度是以时间加权数规定的 8h 工作日、40h 工作周的平均容许接触浓度。

煤矿进行粉尘监测时，其监测点的选择和布置要求如表 5-2-2 所示。

表 5-2-2　煤矿作业场所测尘点的选择和布置要求

类别	生产工艺	测尘点布置
采煤工作面	司机操作采煤机、打眼、人工落煤及攉煤	工人作业地点
	多工序同时作业	回风巷距工作面 10~15m 处
掘进工作面	司机操作掘进机、打眼、装岩（煤）、锚喷支护	工人作业地点
	多工序同时作业（爆破作业除外）	距掘进头 10~15m 回风侧
其他场所	翻罐笼作业、巷道维修、转载点	工人作业地点

粉尘监测采用定点或者个体方法进行，推广实时在线监测系统。粉尘监测应满足如下要求。

（1）总粉尘浓度，煤矿井下每月测定 2 次或者采用实时在线监测，地面每月测定 1 次或者采用实时在线监测，在气压低的季节应当适当增加测定次数；

（2）呼吸性粉尘浓度每月测定 1 次；

（3）粉尘分散度每 6 个月监测 1 次；

（4）粉尘中游离 SiO$_2$ 含量，每 6 个月测定 1 次，在变更工作面时也应当测定 1 次。

煤矿应当使用粉尘采样器、直读式粉尘浓度测定仪等仪器设备进行粉尘浓度的测定。井工煤矿的采煤工作面回风巷、掘进工作面回风侧应当设置粉尘浓度传感器，并接入安全监测监控系统。

（二）粉尘防治

（1）井工煤矿必须建立防尘洒水系统，永久性防尘水池容量不小于 200m³，且贮水量不得小于井下连续 2h 的用水量，备用水池贮水量不得小于永久性防尘水池的 50%。防尘管路应当敷设到所有能产生粉尘和沉积粉尘的地点，没有防尘供水管路的采掘工作面不得生产。静压供水管路管径应当满足矿井防尘用水量的要求，强度应当满足静压水压力的要求。

（2）井工煤矿掘进井巷和硐室时，必须采用湿式钻眼，使用水炮泥，爆破前后冲洗井壁巷帮，爆破过程中采用高压喷雾（喷雾压力不低于 8MPa）或者压气喷雾降尘、装岩（煤）洒水和净化风流等综合防尘措施。在煤岩层中钻孔应当采取湿式作业。煤（岩）与瓦斯突出煤层或者软煤层中难以采取湿式钻孔时，可采取干式钻孔，但必须采取除尘器捕尘、除尘，除尘器的呼吸性粉尘除尘效率不得低于 90%。

（3）采煤机作业时，必须使用内、外喷雾装置。内喷雾压力不得低于 2MPa，外喷雾压力不得低于 4MPa。内喷雾装置不能正常使用时，外喷雾压力不得低于 8MPa，否则采煤机必须停机。液压支架必须安装自动喷雾降尘装置，实现降柱、移架同步喷雾。破碎机必须安装防尘罩，并加装喷雾装置或者除尘器。放顶煤采煤工作面的放煤口，必须安装高压喷雾装置（喷雾压力不低于 8MPa）或者采取压气喷雾降尘。

（4）掘进机作业时，应当使用内、外喷雾装置和控尘装置、除尘器等构成的综合防尘系统。掘进机内喷雾压力不得低于 2MPa，外喷雾压力不得低于 4MPa。除尘器的呼吸性粉尘除尘效率不得低于 90%。

（5）采煤工作面回风巷、掘进工作面回风侧应当分别安设至少 2 道自动控制风流净化水幕。井下煤仓放煤口、溜煤眼放煤口以及地面带式输送机走廊必须安设喷雾装置或者除尘器，作业时进行喷雾降尘或者用除尘器除尘。煤仓放煤口、溜煤眼放煤口采用喷雾降尘时，喷雾压力不得低于 8MPa。

（6）井工煤矿所有煤层必须进行煤层注水可注性测试。对于可注水煤层必须进行煤层注水。煤层注水过程中应当对注水流量、注水量及压力等参数进行监测和控制，单孔注水总量应当使该钻孔预湿煤体的平均水分含量增量不得低于1.5%，封孔深度应当保证注水过程中煤壁及钻孔不漏水、不跑水。在厚煤层分层开采时，在确保安全前提下，应当采取在上一分层的采空区内灌水，对下一分层的煤体进行湿润。

（7）井工煤矿打锚杆眼应当实施湿式钻孔，喷射混凝土时应当采用潮喷或者湿喷工艺，喷射机、喷浆点应当配备捕尘、除尘装置，距离锚喷作业点下风向100m内，应当设置2道以上自动控制风流净化水幕。

（8）井工煤矿转载点应当采用自动喷雾降尘（喷雾压力应当大于0.7MPa）或者密闭尘源除尘器抽尘净化等措施。转载点落差超过0.5m，必须安装溜槽或者导向板。装煤点下风侧20m内，必须设置一道自动控制风流净化水幕。运输巷道内应当设置自动控制风流净化水幕。

此外，粉尘防治措施应做好个体防护措施，接触粉尘岗位的从业人员须正确佩戴符合要求的防尘口罩。

第二节　噪声防治

一、煤矿噪声来源

煤炭行业是高噪声行业之一，噪声污染相当严重，不仅声压级高且声源分布面广，从井下的采煤、掘进、运输、提升、通风、排水、压气，到露天矿的开采、地面选煤厂煤的分选加工，以及机电设备的装配维修等，噪声源无处不在。

井下凿岩、打眼、放炮、割煤、运输、机修、通风等作业环节使用的风动凿岩机、风镐、风扇、煤电钻、乳化液机、采煤机、掘进机、皮带运输机等是井下常见的噪声源。此外，局部通风机、空气压缩机、提升机、水泵、刮板输送机、装岩机也是主要噪声源。

井下噪声的特点是强度大、声级高、声源多、干扰时间长、反射能力强、衰减慢等。如风动凿岩机噪声强度可达105～117dB（A），气动凿岩机可达120dB（A）以上，刮板机可达92～95dB（A）。

暴露噪声的主要工种有掘进工、采煤工、辅助工、锚喷工、注浆注水工、维修工、水泵工等。

二、噪声对人体健康的危害

长期暴露于一定强度的噪声中，人体会受到不良影响，严重的可导致职业性噪声聋。在某些特殊条件下，如进行爆破，由于防护不当或缺乏必要的防护设备，可因强烈爆炸所产生的冲击波造成急性听觉系统的外伤，造成爆震性耳聋。而且，噪声对人体的其他系统如心血管、消化、生殖等系统也可能会构成伤害。

（一）听觉系统

噪声对听觉系统的危害，一般经历从生理变化到病理改变的过程，即先出现暂时性听力下降，经过一段时间可发展为永久性听力下降。

（二）心血管系统

在噪声作用下，心率可表现为加快或减慢，心电图出现缺血性改变。血压早期表现为不稳定，长期接触较强的噪声可以引起血压持续性升高。

（三）内分泌及免疫系统

在中等强度噪声〔70～80dB（A）〕作用下，肾上腺皮质功能增强；在高强度〔100dB（A）〕噪声作用下，肾上腺皮质功能减弱。接触较强噪声的工人可出现免疫功能降低，接触时间越长，变化越显著。

（四）消化系统及代谢功能

受噪声的影响，可出现胃肠功能紊乱、食欲不振、胃液分泌减少、胃的紧张度下降、胃蠕动减慢等变化。有研究认为，噪声会引起人体脂肪代谢障碍，血胆固醇升高。

（五）生殖机能及胚胎发育

长期接触强噪声的女性会产生月经不调，表现为月经周期异常、经期延长、血量增多及痛经等，特别是在接触100dB（A）以上强噪声的女工中，妊娠高血压综合征发病率有所增高。

三、煤矿噪声防治措施

1. 加强噪声监测

严格执行煤矿作业场所噪声危害判定标准：劳动者每天连续接触噪声时间达到或者超过8h的，噪声声级限值为85dB（A）；劳动者每天接触噪声时间不足8h的，可以根据实际接触噪声的时间，按照接触噪声时间减半、噪声声级限值增加3dB（A）的原则确定其声级限值，如表5-2-3所示。

表5-2-3　噪声日接触限值

日接触时间/h	接触限值 dB （A）
8	85
4	88
2	91
1	94
0.5	97

煤矿应当配备2台以上噪声测定仪器，并对作业场所噪声每6个月监测1次。煤矿作业场所噪声的监测地点主要包括如下作业地点：

（1）井工煤矿的主要通风机、提升机、空气压缩机、局部通风机、采煤机、掘进机、风动凿岩机、风钻、乳化液泵、水泵等；

（2）露天煤矿的挖掘机、穿孔机、矿用汽车、输送机、排土机和爆破作业等；

（3）选煤厂破碎机、筛分机、空压机等。

煤矿进行监测时，应当在每个监测地点选择3个监测点，监测结果以3个监测点的平均值为准。

2. 控制噪声技术措施

声源上控制。一是煤矿应当优先选用低噪声设备或改革工艺过程、采取减振、隔振等措施；二是提高机械设备的装备质量，加强机械设备的检修维护，减少部件之间的摩擦和撞击，以降低噪声。

传播上控制。通过隔声、消声、吸声等材料和装置，阻断和屏蔽噪声的传播。

人耳上控制。加强个体防护，在作业场所噪声得不到有效控制的情况下，正确合理佩戴防护耳塞（罩），也是预防噪声危害的有效措施。

3. 实行轮班制

实行轮班制，减少噪声接触时间。

4. 定期体检

对职工进行定期体检，发现问题及时采取措施，保障职工身体健康。

第三节　高温防治

一、煤矿高温的来源

造成矿井高温的原因主要有以下几个因素：一是矿井开采深度大，岩石温度高；二是地下热水涌出，易于流动，且热容量大，是良好的载热体；三是机械设备散热，如采掘、机电、通风等设备运转时放热；四是通风不良，风量偏低。

二、高温对人体健康的危害

高温作业时，人体会出现一系列生理改变，许多系统会受到不同程度的影响，严重的情况下可以引起中暑等疾病。

（一）体温调节障碍

正常人的体温相对恒定，以保证机体生命活动的正常进行。当环境温度变化时，人体可以通过一系列的调节，如气温升高时出汗量增加，以维持体温的相对稳定，大致在37℃。高温作业时，人体一方面从环境中接收许多热量，另一方面人体产生的热量也大量增加，体内的热量如果不能及时散发出去，就会引起热量的蓄积，进一步发展使体温升高，严重者引起中暑。

（二）水盐代谢紊乱

在高温环境下工作，人体为了维持正常体温，必须将多余的热量散失掉，汗液的蒸发是重要的散热措施。汗液中除了水分以外，还含有大量盐分，因此大量出汗会导致人体内水和盐的代谢紊乱，从而引起相应的疾病。

（三）循环系统变化

高温环境和体力劳动，都会使人体血流加速，这就要求心脏向血管输送大量血液，大大增加了心脏的负担，长时间工作，超过心脏的负荷能力，从而引起心脏的病变。

（四）消化系统疾病增多

高温作业时，消化系统血流减少，引起消化液分泌减弱，消化酶活性和胃液酸度下降；胃肠道的收缩和蠕动减弱，吸收能力降低；唾液分泌减少，引起食欲减退和消化不良，胃肠道疾病增多。

（五）神经系统变化

高温作业使中枢神经系统出现抑制现象，造成注意力不集中，动作的准确性和反应速度降低，不仅导致工作效率的降低，而且易发生工伤事故。

（六）泌尿系统变化

高温条件下人体的水分主要经汗腺排出，肾血流量和肾小球过滤率下降，经肾脏排出的水盐量会加重肾脏负担。

三、煤矿高温的防治措施

长期的高温作业，对井下工人的工作效率、安全和健康有着极大的影响，因此必须采取有效措施，以保证井下有适宜的作业环境，预防并控制与高温作业相关疾病的发生。

（一）合理设计工艺流程

合理设计工艺流程，改进生产设备和操作方法，尽量实现机械化，降低劳动强度。

（二）采用充填采矿法降温

充填采矿法有利于采场降温，因为可以减少采空区岩石散热的影响，同时采空区漏风量大大降低，另外充填物还可大量吸热，起到冷却井下空气的作用。

（三）减少热源法降温

（1）采用隔热物质喷涂岩层，防止围岩传热；提高风速等方法控制岩层热。

（2）大型机电硐室采用独立风流，将设备散热直接排至总回风流中，降低工作面风流的初始温度。

（四）井工煤矿采掘工作面和机电设备硐室设置温度传感器

根据《煤矿安全规程》的要求，当采掘工作面空气温度超过 26℃、机电设备硐室超过 30℃时，必须缩短超温地点工作人员的工作时间，并给予高温保健待遇。当采掘工作面空气温度超过 30℃、机电设备硐室超过 34℃时，必须停止作业。

（五）降低工作面温度

井工煤矿应当采取通风降温、采用分区式开拓方式缩短入风线路长度等措施，降低工作面的温度；采用上述措施仍然无法达到作业环境标准温度的，应当采用制冷等降温措施。

（六）井工煤矿地面辅助生产系统和露天煤矿高温危害的控制技术措施

尽量实现机械化，控制高温、热辐射的产生和影响；合理安排劳动者作业时间，避开日照最强烈时段，减少高温时段室外作业；合理布置和疏散热源。

（七）补充水分和盐分

高温作业工人在排汗量较大的情况下，及时补充适量的水分和盐分对维持身体健康十分必要。

（八）加强个人防护

高温工人的工作服应宽大、轻便及不妨碍操作，宜采用质地结实、耐热、导热系数小、透气性能好并能反射热辐射的织物。对露天煤矿作业者应配备宽边草帽、遮阳隔热帽或通风冷却帽等以防日晒。

（九）合理的劳动休息制度

高温作业必须有足够的降温设施和饮料，应尽量缩短工作时间，可采取小换班。增加工作休息次数，延长午休时间等，休息室应尽可能设置在远离热源处。根据地区气候特点，适当调整夏季露天高温作业劳动和休息制度。大型煤矿可提供专门设立空气调节系统的工人休息公寓，保证高温作业工人在夏季有充分的睡眠和休息，这对预防中暑有重要意义。

第十六章　职业健康监护

第一节　职业健康监护种类

煤矿以预防为目的，根据煤矿从业人员的职业危害接触史，通过系统的定期或不定期的医学健康检查和健康相关资料的收集，连续地、动态地监测煤矿从业人员的健康状况，以便及时采取干预措施，保护从业人员的健康。

煤矿职业健康监护包括一系列的职业健康检查，如上岗前、在岗期间、离岗时、离岗后医学随访、应急职业健康检查。职业健康检查不等同于普通的体检，煤矿企业应委托有资质的医疗卫生机构，安排从业人员进行职业健康检查。

一、上岗前职业健康检查

上岗前的健康检查一般应在开始从事有害作业前完成。下列人员应该进行上岗前健康检查：

（1）准备从事接触粉尘、噪声、高温热害、有毒有害气体等职业病危害因素作业的新录用人员，包括转岗到该种作业岗位的人员；

（2）准备从事有特殊健康要求作业的人员，如高处作业、电工作业、职业机动车驾驶作业等。

煤矿不得安排未经上岗前职业健康检查的人员从事接触职业病危害的作业；不得安排有职业禁忌的人员从事其所禁忌的作业，如患有高血压、心脏病、高度近视等病症以及其他不适应高空（2m 以上）作业者不得从事高空作业；不得安排未成年工从事接触粉尘、噪声等职业病危害的作业；不得安排孕期、哺乳期的女职工从事对本人和胎儿、婴儿有危害的作业。

二、在岗期间职业健康检查

从事接触粉尘、噪声、高温热害、有毒有害气体等职业病危害因素作业的煤矿从业人员应按国家相关规定进行在岗期间的定期健康检查，以便于早期发现职业病病人或疑似职业病病人或从业人员的其他异常改变。定期健康检查的周期应根据国家相关规定执行，如表5-3-1所示。

表5-3-1　接触职业病危害作业的劳动者的职业健康检查周期

接触有害物质	体检对象	检查周期
煤尘（以煤尘为主）	在岗人员	2年1次
	观察对象、Ⅰ期煤工尘肺患者	每年1次
矽尘（以矽尘为主）	在岗人员、观察对象、Ⅰ期矽肺患者	
噪声	在岗人员	
高温	在岗人员	
化学毒物	在岗人员	根据所接触的化学毒物确定检查周期

三、离岗时职业健康检查

煤矿从业人员在准备调离或脱离所从事的接触职业病危害的作业岗位前，应进行离岗时健康检查，主要目的是确定其在停止接触职业病危害因素时的健康状况。

如最后一次在岗期间的健康检查是在离岗前的90日内，可视同离岗时检查。

对未进行离岗时职业健康检查的从业人员，煤矿不得解除或者终止与其订立的劳动合同。

四、离岗后医学随访

离岗后医学随访主要是针对接触粉尘的从业人员在脱离粉尘作业后，根据接触粉尘种类和从业人员工龄，在较长时间内应进行身体健康检查。《职业健康监护技术规范》（GB Z188）规定：

（1）接触矽尘工龄在 10 年（含 10 年）以下者，随访 10 年，接触矽尘工龄超过 10 年者，随访 21 年，随访周期原则上为每 3 年 1 次；若接触矽尘工龄在 5 年（含 5 年）以下者，且接尘浓度达到国家职业卫生标准，可以不随访。

（2）接触煤尘工龄在 20 年（含 20 年）以下者，随访 10 年，接触煤尘工龄超过 20 年者，随访 15 年，随访周期原则上为每 5 年 1 次；若接触煤尘工龄在 5 年（含 5 年）以下者，且接尘浓度达到国家职业卫生标准，可以不随访。

五、应急健康检查

当发生急性职业病危害事故时，对遭受或者可能遭受急性职业病危害的劳动者，应及时组织健康检查。应急健康检查应在事故发生后立即开始。煤矿企业在发生一氧化碳、二氧化硫、硫化氢、氮氧化物、氨气等有毒有害气体中毒事故后，需进行应急健康检查。

第二节　职业健康监护组织安排及档案

一、煤矿职业健康监护组织安排

（1）制定职业健康工作制度、年度工作计划，将此项工作落实到部门及人员，明确工作内容，建立岗位责任制等。

（2）选择有资质的医疗机构，并签订委托协议书。

（3）经费保障。职业健康检查的费用由煤矿企业承担。煤矿应根据工作计划，准备经费，不得挪用，应作为生产成本据实列支。

（4）向职业健康检查机构提供相应材料。

煤矿向职业健康检查机构提供相应材料，包括：

①煤矿的基本情况；

②工作场所职业病危害因素种类和接触人数；

③职业病危害因素监测的浓度和强度资料；

④产生职业病危害因素的生产技术、工艺和材料；

⑤职业病危害防护设施、应急救援设施；

⑥职业健康检查的其他有关资料。

（5）职业健康工作落实。

职业健康检查安排中，要根据不同岗位，不同危害因素，安排检查项目。目前煤矿企业开展的职业检查种类主要有上岗前、在岗期间和离岗时的职业健康检查。

《煤矿作业场所职业病危害防治管理规定》（原国家安监总局令73号）规定：煤矿企业要按规定组织从业人员进行上岗前、在岗期间和离岗时的职业健康检查。

（6）职业健康检查结果提供及处置。

按照委托协议要求，职业健康检查机构应向煤矿提供职业健康检查结果，包括汇总评价报告及个人检查结果报告。汇总报告通常包括本次受检人数、总体评价、职业禁忌证名单、疑似职业病人名单、意见和建议等情况。个人检查结果是个人身体健康状况报告，应书面通知从业人员，并将其放入职业健康监护档案。

煤矿应根据职业健康检查结果合理安排从业人员，有职业禁忌证的人员应调离原岗位，妥善安置；疑似职业病人员应积极安排进行职业病诊断；有其他职业损害的人员，应进一步诊疗、康复。

二、职业健康监护档案

煤矿应当为从业人员建立个人职业健康监护档案，并按照有关规定的期限妥善保存。

职业健康监护档案应当包括本人基本情况、本人职业史和职业病危害接触史，历次职业健康检查结果及处理情况，职业病诊疗等资料。

从业人员离开煤矿时，有权索取本人职业健康监护档案复印件，煤矿必须如实、无偿提供，并在所提供的复印件上签章。

第十七章　职业病诊断及职业病病人保障

第一节　职业病诊断

一、职业病诊断流程

职业病应当经省、自治区、直辖市人民政府批准的医疗卫生机构进行诊断。根据国家相关规定，煤矿从业人员可以选择煤矿企业所在地、本人户籍所在地或者经常居住地的职业病诊断机构进行职业病诊断。

二、职业病诊断所需提供材料

（1）申请诊断人员职业史和职业病危害接触史（包括在岗时间、工种、岗位、接触的职业病危害因素名称等）；

（2）申请诊断人员职业健康检查结果；

（3）工作场所职业病危害因素检测结果；

（4）与诊断有关的其他资料。

上述资料主要由煤矿企业和申请诊断人员提供，也可由有关机构和职业卫生监管部门提供。煤矿企业未在规定时间内提供的，职业病诊断机构可以依法提请安全生产监督管理部门督促用人单位提供。职业病诊断需要了解工作场所职业病危害因素情况时，可以对工作场所进行现场调查，也可以向安全生产监督管理部门提出，安全生产监督管理部门应当在十日内组织现场调查，煤矿企业不得拒绝、阻挠。煤矿企业解散、破产，不提供上述资料的，职业病诊断机构应当依法提请用人单位所在地安全生产监督管理部门进行调查。

第二节　职业病病人保障措施

根据相关法律法规的规定，职业病属于工伤，职业病病人应当享受工伤保险的待遇，同时，用人单位应当采用下列措施，保障职业病病人待遇。

（1）用人单位应当及时安排对疑似职业病病人进行诊断。在疑似职业病病人诊断或者医学观察期间，不得解除或者终止与其订立的劳动合同。疑似职业病病人在诊断、医学观察期间的费用，由用人单位承担。

（2）用人单位应当按照国家有关规定，安排职业病病人进行治疗、康复和定期检查。

（3）用人单位对不适宜继续从事原工作的职业病病人，应当调离原岗位，并妥善安置。

（4）用人单位的职业病病人的诊疗、康复费用，伤残以及丧失劳动能力的职业病病人的社会保障，按照国家有关工伤保险的规定执行。

（5）用人单位的职业病病人除依法享有工伤保险外，依照有关民事法律，尚有获得赔偿的权利的，有权向用人单位提出赔偿要求。

（6）用人单位的从业人员被诊断患有职业病，但用人单位没有依法参加工伤保险的，其医疗和生活保障由该用人单位承担。

（7）用人单位的职业病病人变动工作单位，其依法享有的待遇不变。

用人单位在发生分立、合并、解散、破产等情形时，应当对从事接触职业病危害的作业的劳动者进行健康检查，并按照国家有关规定妥善安置职业病病人。

（8）用人单位已经不存在或者无法确认劳动关系的职业病病人，可以向地方人民政府民政部门申请医疗救助和生活等方面的救助。

第六部分

特聘煤矿安全群众监督员
监督检查先进实例

　　山西省能源行业能够取得良好的发展态势，离不开扎实的安全生产基础工作的保驾护航。近年来，各级煤矿工会准确把握当前安全生产工作面临的新形势新任务，不断加强对做好群众安全生产工作重要性的认识，深刻理解煤矿工会组织在安全生产中肩负的职责，不断增强维护职工安全健康权益的责任感和使命感，并涌现出一批先进的典型实例。

第十八章　阳煤集团、焦煤集团工会先进实例

第一节　阳煤集团工会群监工作五项工作法

阳煤集团新景公司隶属阳煤集团，其井口群众安全工作站创建于2011年3月，自工作站创建以来，在各级工会的正确领导下，坚持贯彻落实"安全第一、预防为主、综合治理"的安全生产方针，以创建五星级井口群众安全工作站为奋斗目标，认真开展群众性安全工作。

一、建立健全管理机制，考核考评优胜劣汰

"没有规矩不成方圆"。新景公司井口群众安全工作站根据上级相关文件要求，组织制定了《新景公司井口群众安全工作站管理制度汇总》，包括《井口群众工作站管理办法》《群监例会制度》《群监网员岗位责任制》《群监网员绩效考核管理办法》《群监网员津贴发放办法》《群监网员培训管理办法》《预防重大事故奖励办法》《三网联动机制》和《群监网员隐患查处流程》等制度，完善了工作站组织机构，明确了工作目标，细化了工作职责，强化了群监网员学习和培训措施，为提高群监工作打下了坚实基础。

制度管理的核心是落实，经过多年的运作，实现了群监工作常态化、正规化和制度化，坚持有奖有罚，每月进行"双文明"通报，使群监工作步入正轨，有效开展群监网各项工作活动，促进企业安全健康发展。

二、深入开展培训教育，推广五项工作方法

群众安全监督是群监工作的基础，但来自一线的职工群众文化程度参差不齐，特别是安全隐患认知水平有高有低，安全管理尺度严紧不一，严重制

约群监工作的有效开展。为此，新景公司井口群众安全工作站坚持组织群监网员参加集团公司特聘煤矿安全群众监督员培训，再进行脱产学习，提高群监网员队伍的整体素质，使群监网员在各自的工作岗位上能够更好地履行职责，提高群众安全检查监督能力，充分给予群监网员抓、管、制止"三违"的权力，配合区队班子抓好安全工作，杜绝了各类重大事故的发生，为创建"六好区队""五型班组"打下了坚实的基础。

此外，创新性提出在全体群监网员中推广"学、勤、责、情、比"五项工作方法。

一是"学"。引导群监员学习、掌握好安全生产知识，作为发挥群监员作用、履行群监员职责的基础性工作来抓。在原有队组、工区、公司三级培训基础上，采取群监员脱产学习和业余培训相结合、走出去与请进来相结合等形式，为群监员充足"电"。

二是"勤"。要求群监员做到"六勤"，即上岗作业勤观察、遇到问题勤思考、排除隐患勤动手、"三违"帮教勤动口、安全事项勤汇报、勤填安全检查表。

三是"责"。要求每一个生产班组都有群监员上岗登记，群监员要尽职尽责，特别是群监小组长（区队书记），做到班前会议提醒、现场盯岗和巡回检查，并有针对性地加大巡查力度；群监员要立足本职工作，尽心尽力排查隐患，发现安全隐患及时汇报，协助安监员、安全员做好安全管理工作。

四是"情"。要求工作站人员注重以情感人、以情育人、以情改变人，动真情搞教育，按照公司工会的要求，采取上门说教、言传身教、事故案例解析、帮助安全不放心人员解决实际困难等形式，逐渐改变了"三违"人员的违章蛮干行为。

五是"比"。在全公司群监员中开展争做优秀群监员、群监员安全知识竞赛等多项活动，坚持每月进行评优奖励，充分调动和激发群监员工作的积极性、主动性和创造性。

三、重视安全文化建设，加强职工安全宣教

工作站在公司创办了安全文化内刊《安全你我他》，刊物始终贯穿"安全生产"这条主线，突出"安全主题月"工程，紧密结合职工群众，围绕群监工作，突出安全教育，贴近安全生产，服务职工群众，以图文并貌的形式开展企业安全文化宣传，丰富群监员文化生活。

工作站定期组织群监网员下队组进行安全宣教，增加了安全宣传漫画和事故案例学习，得到广大职工的认可，在丰富职工生活的同时，潜移默化地将安全深入职工内心。特别是着力抓好"12类60种安全不放心人员"的动态管理，进一步规范工作，充分发挥安监、群监、女工家属联保"三网"的信息共享与交流，在"三网"联动工作中，做到"隐患不排除、跟踪不停止、违章不处理、生产不恢复"，保障"三网联动"工作效果。

充分利用"井口安全工作站"活动阵地，积极开展各项宣传教育工作。坚持开展"月月有活动、次次有主题"的安全宣教行动，发放各类安全宣传材料，有效树立职工"我要安全"意识。办好"三台一栏"，把"竞赛台""警钟台""亮相台""安全专栏"建设成职工热爱安全教育和培训的流动讲台。

组织事故案例巡回展等各种安全宣传教育活动，组织工亡、工伤、"三违"相关人员讲述事故案例，组织文艺会演知识问答、上门家访等活动，把"安全为人、人要安全"理念进一步深入扎根到职工及家属中，在全公司营造出和谐、文明、安全的生产活动氛围。

四、狠抓"四项工程"建设，坚决筑牢安全防线

群监工作是一项事无巨细、重在效果的长期性、连续性，甚至是一项"费力不讨好"的工作。为此，新景公司井口群众安全工作站结合本单位实际，开展了四项工程建设工作。

第一，"安全主题月"工程。从2012年开始，井口群众安全工作站按照公司安全形势的需要，结合群监安全工作需要，组织开展了"安全主题月"建设工程。突出安全宣传主题月，做到每月开展重点安全宣传教育。如：每年两节期间突出"迎两节，促安全"宣传活动，6月举办全国安全生产月宣传活动，年终岁尾重点开展杜绝"零打碎敲"事故安全宣传活动，雨季期间突出"雨季三防"与顶板管理宣传活动等。

第二，群监网员培训工程。工作站每年按照年初计划分别开展群监员全员培训，组织参加集团公司及省总工会举办的群监员培训。同时，有针对性地到队组参加"二五安全"学习，开展培训宣传活动，提高群监网员的业务素质。在此基础上，工作站积极到兄弟单位交流和学习，提高整体工作能力。

第三，"查隐患，反三违"标化工程。工作站在保证群监网员出勤上岗的基础上，联合安监处和生产区队，着重提高《安全检查表》的填写质量，严格落实隐患处理结果跟踪，杜绝了虚假隐患、避重就轻、知情不报以及只查处不处理等情况发生。同时，加大群监网员津贴绩效管理，对不合格、不达标的群监网员进行清理，对认真负责、敢说真话的群监网员给予重奖。坚持每月评优评差，进行绩效考核，淘汰不能胜任的群监网员。

第四，班组安全宣教工程。队组是安全生产的基础单位，为提高队组管理人员和职工群众对群监工作的认识，工作站坚持下到基层，深入队组进行安全宣教活动，提高基层单位和职工群众对群监安全工作的关注度和支持力度。

五、闭合隐患排查流程，推进群监安全上台阶

新景公司井口群众安全工作站创立以来，通过不断实践，制定了一套完善的隐患排查流程，如图6-1-1所示，确保隐患发现一处排除一处，为群监安全工作保驾护航。

同时，为更好地发挥网员的工作热情，出台绩效考核办法，以群监网员挂牌和隐患排查为基础，结合隐患治理实际情况进行绩效考核，充分调动群监网员的工作积极性，对工作突出的网员，根据公司安全一号文件，分月、季度和半年进行评比奖励，极大促进了群监安全监督工作的有效开展。

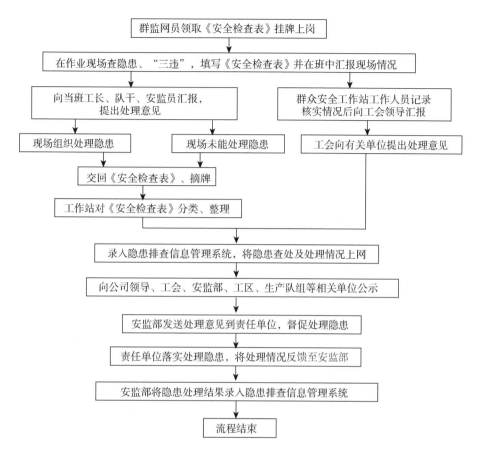

图6-1-1 群监网员隐患排查流程图

第二节 焦煤集团工会井口群众安全工作站隐患排查系统建设及应用

一、单位概况

东曲煤矿隶属山西焦煤集团，始建于1985年，是山西焦煤西山煤电集团本部下辖的主力生产矿井之一。矿井设计生产能力400万吨/年，截至2018年底，矿井剩余可采储量4.3亿吨，剩余服务年限77年。

矿井采用平硐开拓方式，目前分+973m、+860m两个水平开采。采煤方法为倾斜长臂后退式一次采全高顶板全部垮落法，采掘机械化程度达到100％；矿井原煤运输系统全部采用胶带机运输，实现了从回采到洗选煤不落地，高效运行；安全生产、调度指挥实行信息化监控、自动化控制，建成了安全避险六大系统，井下机房站所无人值守，远程操控应用达到集团公司领先水平。

二、井口群众安全工作站隐患排查系统建设

安全是煤矿生产永恒的主题，事故是煤矿安全的天敌，隐患是潜藏的事故，消除隐患对安全发展至关重要。

东曲煤矿是煤与瓦斯突出矿井，同时地质构造属于中等，地质类型被划分为极复杂。矿井主要运输巷道超过 10000 米，同时开采 2#、4#、8#和 9#煤层，10 个掘进工作面和 4 个采煤工作面同时作业，井下作业地点多、人员分散。

职工年龄跨度从"60 后"到"90 后"，对于安全培训的接受程度不同。很多职工在同一岗位连续工作 10 ~ 30 年，对于身边存在的隐患常常存在侥幸心理，可能导致安全事故的发生。

东曲煤矿工会本着对安全隐患"零容忍"的态度，2017 年，根据自身实际情况，利用互联网信息技术，与井口群众安全工作站工作进行深度融合，结合智能手机使用人数多、功能强的特点，充分发挥井口群众安全工作站"前沿阵地"和群监网员"安全哨兵"的作用，打造矿井"群防群治"工作体系。发动广大职工力量发现隐患、整改隐患、消除隐患，隐患治理由被动的"排查治理"变为主动的"发现治理"。

根据井口群众安全工作流程与群监网员的工作特性，围绕"随手上传、责任明晰、快速处理、隐患可追"的核心思维，自主研发建设《井口群众安全工作站隐患排查系统》，如图 6-1-2 所示。

（一）功能模块介绍

1. 隐患上报

群监网员通过东曲煤矿官方微信公众号、企业微信等入口进入《井口群众安全工作站隐患排查系统》，根据发现隐患的实际情况填写隐患信息卡，

如图 6-1-3 所示。

图 6-1-2　系统主菜单　　　图 6-1-3　隐患排查系统

　　隐患信息卡需要填写隐患地点、班次、隐患级别、专业、类别、检查项目、隐患描述和备注等内容。群监网员上报隐患方便快捷，区队接收到隐患信息可以快速掌握隐患发生的情况。

　　2. 隐患通知

　　隐患通知利用短信强制查收的特性，保证信息的快速流转，包括隐患上报、现场处理、隐患"四定"、隐患复查。

　　隐患上报完成后，短信自动发送至责任区队负责人（书记、队长、技术员）。

　　现场处理完成后，短信自动发送至当班责任班长。

　　隐患"四定"完成后，短信自动发送至责任群监网员。

　　隐患复查完成后短信自动发送至责任班长。

　　3. 隐患"四定"

　　队组收到群监网员上传的隐患后，结合实际情况及时隐患"四定"（定隐患、定责任人、定措施、定时间），第一时间对隐患进行治理。

4. 隐患追踪

井口群众安全工作站、群监网员、队级干部、班长均可通过隐患追踪实时跟踪隐患处理情况，如图6-1-4所示。

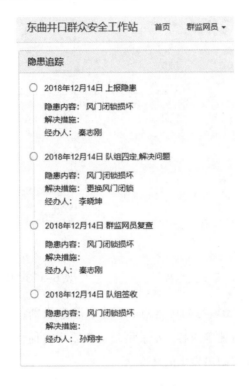

图6-1-4　隐患追踪

5. 隐患归档

隐患档案分为临时档案和永久档案两部分，如图6-1-5所示。

（1）临时档案。群监网员隐患上报后，立即在井口群众安全工作站后台生成临时档案。隐患成功处理完成闭合后，临时隐患档案自动删除。井口群众安全工作站可通过临时档案实时掌握隐患处理的最新动态。

（2）永久档案。隐患成功处理完成闭合后，隐患自动归档至永久档案，为管理者查询隐患历史记录、区队班组绩效考核、群监网员绩效考核、管理决策提供数据支持。

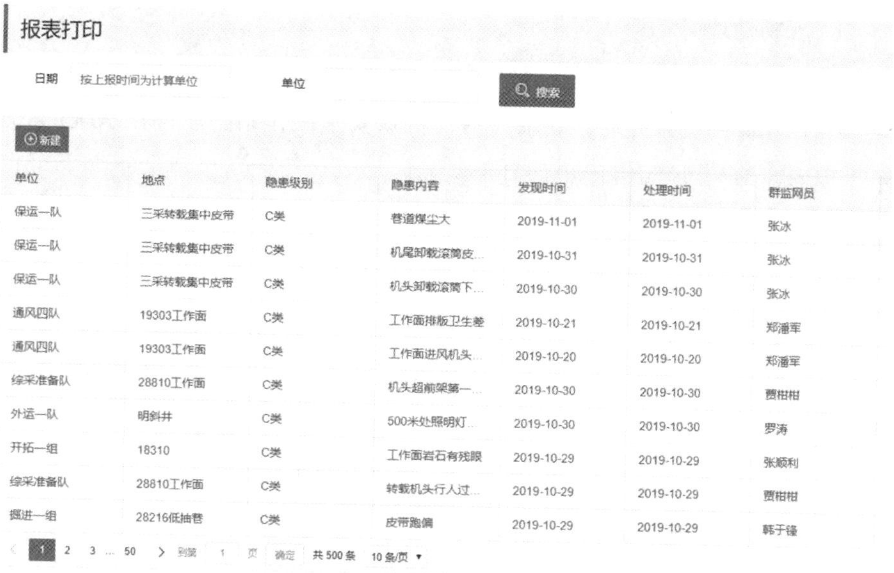

单位	地点	隐患级别	隐患内容	发现时间	处理时间	群监网员
保运一队	三采转载集中皮带	C类	巷道煤尘大	2019-11-01	2019-11-01	张冰
保运一队	三采转载集中皮带	C类	机尾卸载滚筒皮…	2019-10-31	2019-10-31	张冰
保运一队	三采转载集中皮带	C类	机头卸载滚筒下…	2019-10-30	2019-10-30	张冰
通风四队	19303工作面	C类	工作面排版卫生差	2019-10-21	2019-10-21	郑潘军
通风四队	19303工作面	C类	工作面进风机头…	2019-10-20	2019-10-20	郑潘军
综采准备队	28810工作面	C类	机头超前架第一…	2019-10-30	2019-10-30	贾柑柑
外运一队	明斜井	C类	500米处照明灯…	2019-10-30	2019-10-30	罗涛
开拓一组	18310	C类	工作面岩石有残眼	2019-10-29	2019-10-29	张顺利
综采准备队	28810工作面	C类	转载机头行人过…	2019-10-29	2019-10-29	贾柑柑
掘进一组	28216低抽巷	C类	皮带跑偏	2019-10-29	2019-10-29	韩于锋

图 6-1-5 隐患归档

6. 数据分析

按照隐患发生的专业类别、发生区队班组、发生班次和一定周期内处理隐患总数进行全面数据分析，通过数据分析图表直观地展示各类隐患发生的地点、频次和特性，帮助管理人员优化决策，有针对性地开展相关工作。

7. 绩效考核

根据东曲煤矿隐患排查相关文件，分别对区队班组和群监网员进行动态绩效考核。主要考核指标为：实时自动统计本年度累计已处理隐患、年度未处理隐患、年度上报安监处隐患，本月已处理隐患、本月未处理隐患、本月上报安监处隐患。

考核结果与区队班组、群监网员工资结算挂钩。

8. 学习交流

隐患归档后，放置在系统公共学习平台中，供所有队组和群监网员学习，区队班组点击“隐患概况”获取相应的隐患详细信息。

（二）隐患排查流程

隐患排查流程分为现场处理和上报处理两大类。

1. 现场处理

群监网员现场发现隐患，当班完成隐患整改。

（1）群监网员升井后，登录《井口群众安全工作站隐患排查系统》，选择"现场处理"，填写《隐患信息卡》。

（2）隐患信息发送至责任班长进行隐患签收闭环。

（3）隐患自动归档至井口群众安全工作站后台。

2. 上报处理

群监网员发现隐患，当班无法完成隐患整改，需要区队班组组织力量整改隐患。

（1）群监网员升井后，登录《井口群众安全工作站隐患排查系统》，选择隐患上报，填写隐患信息卡。

（2）隐患发送至责任区队班组主要负责人（书记、队长、技术员）进行在线"四定"（定隐患、定责任人、定措施、定时间）。完成隐患在线"四定"后，隐患发送至责任班长，班长根据隐患信息组织力量整改隐患。

（3）责任群监网员根据隐患整改情况复查隐患，如隐患按时、按期整改完毕，则发送隐患确认信息至责任班长签收隐患完成闭环；未完成隐患整改的，则继续发送至责任队组负责人整改隐患。

（4）隐患自动归档至井口群众安全工作站后台。

三、现场应用效果

平台运行后，主要取得的效果包括提高工作效率、提升管理水平、促进安全生产、实现数字化办公、实现减人提效和做到超前治理等。

（一）提高工作效率

未实施系统前，群监网员上报隐患至井口群众安全工作站，工作站经过人工分拣后通知责任队组整改隐患。每日上报的隐患有40～80条，群监网员安全工作需要长时间的反复沟通，来回确认。工作站工作压力巨大，容易造成失误。

使用系统后，能够在任何地点通过手机了解和处理隐患，把安全管理的基础材料搬到了"云"上，实现了隐患信息自动归档、自动传递、即传即查，群监网员第一时间上报隐患，责任队组第一时间接收隐患，通过电话联系现场、指挥作业，能够迅速开始实施整改措施，压缩了中间环节，减少了井口群众安全工作站的工作量，隐患的处理周期也由过去 8~36 小时缩短至 4~8 小时。

（二）提升管理水平

井口群众安全工作站利用实时综合服务报表，可最短时间了解当前隐患治理工作的总体情况，发现隐患整改不落实的现象，可立即查询到隐患详细信息，追踪隐患整改进度，第一时间督促相关责任人员整改，将隐患延期处理带来的损失降到最低。

未处理的隐患在队组隐患待办事项中永久存在，时刻提醒队组尽快处理隐患，帮助队组合理调配人员，整改隐患。

（三）促进安全生产

在隐患排查移动管理系统中，隐患排查的节点工作与岗位责任人一一对应，上至管理人员，下至班组长，均按各自责任参与到隐患排查治理工作中，全员上下齐抓共管，理顺了管理关系，把隐患处理与责任人进行绑定，责任追究有章可循，提升了安全监管的便利性、针对性和系统性。群监网员上报隐患信息更加精准，队组处理隐患更有方向，井口群众安全工作站跟踪核查问题整改更加有效，利于吸取教训，控制风险，形成了齐抓共管的良好局面，大大提高了作业现场的安全系数。

（四）实现数字化办公

井口群众安全工作站工作周而复始，日积月累留下的大量记录材料需要整理、归档、保存到期销毁，整个过程费时费力。隐患排查系统上线后，东曲煤矿多年来形成的安全巡查反馈情况纸质材料正在逐步消失，"数字化"的安全管理新模式正在逐步成熟，所有操作均在手机上完成，节省了办公耗材费用，提高了矿井经济效益。

（五）实现减人提效

井口群众安全工作站，需配备 8 人轮岗完成隐患治理衔接工作。由于单位出现结构性缺员、编制等问题，井口群众安全工作站无法配齐 8 人轮岗，影响隐患治理工作的顺利开展。

使用该系统后，只需 3 人就可以轻松、高效地完成隐患治理衔接，井井有条地开展工作。

（六）做到超前治理

隐患排查系统有图形化数据分析功能，通过数据分析图表、隐患 KPI 指标直观地展示各类隐患发生的规律，管理人员以数据为依据优化决策，超前治理，将隐患扼杀在萌芽中，最大限度地保证安全，最小阻力地完成生产任务。

应急管理部 人力资源和社会保障部 教育部 财政部 国家煤矿安全监察局关于高危行业领域安全技能提升行动计划的实施意见

应急〔2019〕107 号

各省、自治区、直辖市及新疆生产建设兵团应急管理厅（局）、人力资源和社会保障厅（局）、教育厅（局）、财政厅（局）、煤矿安全培训主管部门，各省级煤矿安全监察局，有关中央企业，各有关单位：

按照《国务院办公厅关于印发职业技能提升行动方案（2019—2021 年）的通知》（国办发〔2019〕24 号）要求，为认真实施高危行业领域安全技能提升行动计划，现提出以下意见。

一、目标任务

从现在开始至 2021 年底，重点在化工危险化学品、煤矿、非煤矿山、金属冶炼、烟花爆竹等高危行业企业（以下简称高危企业）实施安全技能提升行动计划，推动从业人员安全技能水平大幅度提升。

——高危企业在岗和新招录从业人员 100% 培训考核合格后上岗；特种作业人员 100% 持证上岗；高危企业班组长普遍接受安全技能提升培训，其中取得职业资格证书或职业技能等级证书或接受相关专业中职及以上学历教育的人员比例提高 20 个百分点以上；化工危险化学品、煤矿、金属非金属地下矿山、金属冶炼、石油天然气开采企业从业人员中取得职业资格证书或职业技能等级证书的比例达到 30% 以上。

——遴选培育 50 个以上具有辐射引领作用的安全技能实训和特种作业人员实操考试示范基地、50 个以上安全生产教育培训示范职业院校（含技工院校，下同）、100 家以上安全生产产教融合型企业；安全技能培训基础进一步夯实，培训供给能力和质量大幅度提升。

——安全技能培训制度机制更加完善，以企业为主体、各类机构积极参与、劳动者踊跃参加、部门协调配合、政府激励推动的高危行业领域安全技能培训格局初步形成。

二、有针对性地开展安全技能提升培训

（一）开展在岗员工安全技能提升培训。高危企业是安全技能提升培训的责任主体，企业主要负责人要组织制订并推动实施安全技能提升培训计划。培训计划要覆盖全员，将被派遣劳动者、外包施工队伍人员纳入统一管理和培训。要围绕提升职工基本技能水平和操作规程执行、岗位风险管控、安全隐患排查及初始应急处置的能力，构建针对性培训课程体系和考核标准。要分岗位对全体员工考核一遍，考核不合格的，按照新上岗人员培训标准离岗培训，考核合格后再上岗。企业要制订计划，2021 年底前安排 10% 以上的重点岗位职工完成职业技能晋级培训，取得职业资格证书或职业技能等级证书后，按照有关规定给予职业培训补贴或参保职工技能提升补贴。

（二）严把新上岗员工安全技能培训关。高危企业新上岗人员安全生产与工伤预防培训不得少于 72 学时，考核合格后方可上岗；要建立健全并严格落实师带徒制度，出徒后方可独立上岗。要加大从职业院校招收新员工力度，逐步提高从业人员中高中阶段及以上文化程度的招收比例。工作岗位调整或离岗 3 个月以上重新上岗的人员要接受针对性安全培训，考核合格方可重新上岗。人力资源社会保障、教育、财政部门要会同应急管理、煤矿安监部门在危险化学品"两重点一重大"装置操作、矿山井下作业、石油天然气钻井作业、油气管道带压开孔、金属冶炼煤气作业等风险偏高的技能操作型岗位新招录员工中，推行企业新型学徒制，实行"入企即入校"企校合作培养培训，按规定给予职业培训补贴。

（三）实施班组长安全技能提升专项培训。各省级应急管理、煤矿安全培训主管部门要统筹制定总体方案，明确目标进度、培训内容、考核形式、实施主体、保障措施等，2021 年底前将高危企业班组长轮训一遍。实行企业内安全培训、职业技能培训等学习成果互认。各级应急管理、煤矿安全培训主管部门要会同教育、人力资源社会保障部门搭建校企合作平台，推动职业院校设置安全管理相关专业，通过"文化素质＋职业技能"等多种方式面向高危班组长招生，由校企共研培养方案，根据企业生产特点灵活安排学习，推行面向真实生产环境的任务式培养模式，实施"学历证书＋若干职业技能等级证书制度"试点。对于符合条件人员，按规定给予职业培训补贴。

（四）强化特种作业人员安全技能培训考试。各企业要依法明确从事特种作业岗位的人员，新任用或招录特种作业人员要参加专门的安全技能培训，考试合格后持证上岗。严格危险化学品和新申请煤矿安全作业的特种作业人员须具备高中阶段及以上文化程度，严格特种作业人员理论和实际操作培训课时要求，不具备实际操作条件的机构不得承担培训任务，鼓励企业建立特种作业人员培训考试点。应急管理部门、煤矿安全培训主管部门要组织实施特种作业实操考点创优提升计划，取消以问答代替实际操作的培训和考试方式。结合培训内容、培训时长、考核结果、物价水平等因素，确定特种作业人员安全技能培训补贴。

（五）将安全生产知识贯穿各类人员职业培训全过程。人力资源社会保障部门要把安全生产与工伤预防内容编入各类人员职业技能标准和培训教材，明确培训课时要求，考核评价中涉及安全生产的关键技能不合格的，则技能考核成绩不及格。教育、人力资源社会保障部门要在职业院校相关专业教学标准中增加安全生产知识，作为必修内容。应急管理部门要提供专家、内容资源等支持，会同人力资源社会保障和教育部门组织编制培训大纲和有关教材。

三、提高安全技能培训供给质量

（一）重点提升企业安全技能培训能力。鼓励有能力的企业设立职工培训中心、编制课程体系、建立考核标准和题库，自主组织安全技能培训考核；其他不具备能力的企业要委托有能力的企业或机构，提供长期、量身定制的培训考核服务。强化规划布局和经费投入，支持在高危企业集中的地区新建或提升改造一批具有辐射引领作用的高水平安全生产和技能实训基地，其中2021年底前实现省级以上化工园区都有具备实训条件的专业机构、其他化工园区都有自建、共建或委托具备实训条件的专业机构提供安全技能培训服务。应急管理、煤矿安全培训主管部门要遴选一批安全技能培训示范企业，推荐纳入产教融合型企业，按规定给予政策激励。

（二）推动职业院校开展安全技能培训。应急管理、人力资源社会保障和教育部门要联合遴选公布一批安全技能提升培训能力和意愿较强的示范职业院校，引导强化高危行业安全技能培训供给，开展化工危险化学品产业工人培养试点。应急管理部门要会同有关部门经常举办高危行业产教融合对接洽谈活动，推动一批化工园区与职业院校建立产教联盟，推动一批职业院校在高危企业设立分校区，推动一批高危企业依托职业院校设置职工培训机构、实训基地。应急管理部门、煤矿安全培训主管部门要共建一批安全生产特色职业院校，支持职业院校申报特种作业人员考试点。鼓励社会培训机构开展安全技能提升培训，落实同等支持政策。

（三）建设安全生产网络平台和机制。应急管理部门要引导各类力量参与，建设企业安全生产网络学院和高危行业分院，建立完善课程超市和自主选学机制。建立高危行业安全技能学习培训学分银行制度，有序开展学习成果的认定、积累、转换，制定线上学习课时按比例计入培训总课时的标准，逐步实现理论知识更新再培训以线上培训为主。探索为每位高危企业从业人员建立安全技能培训学习个人终身账号和档案，存储个人学习、培训、从业等信息，一人一档、终身有效，使培训和考核过程可追溯。推动现代模拟实训考试技术应用，防止过度虚拟化。

（四）强化专兼职师资队伍建设。高危企业要建立健全内部培训师选拔、考核和退出机制，大力推动管理、技术人员和能工巧匠上讲台，并给予授课技巧培训和基本课件、通用案例等支持，逐步实现企业在岗培训以企业内训师承担为主。省级以上应急管理部门要公开遴选、择优公布若干区域性、专业性安全技能培训师资研修基地。各培训机构要制订师资培养培训计划，并组织教师每年到企业实践或调研，提高授课针对性和感染力。

（五）规范培训考核标准体系。应急管理部门、煤矿安全培训主管部门要发挥标准在安全技能培训中的基础性作用，加快构建培训机构标准、实训条件标准体系。推广结构化、模块化的矩阵培训方法和职业培训包制度，提升培训规范性、系统性。按照看得懂、记得住、用得上原则，开发分层次、分专业、分岗位的教材体系，倡导使用新型活页式、工作手册式教材，鼓励企业编写企业内部培训教材。建设安全生产数字资源库，推动安全培训课件、事故案例、电子教材等资源共建共享。

四、强化保障措施

（一）强化组织领导保障。各省级应急管理部门要会同人力资源社会保障、教育、财政、煤矿安全培训主管部门研究制定本地区高危行业领域安全技能提升行动计划实施方案。要建立工作抽查评估和情况通报机制，将方案实施情况纳入对下级政府安全生产和消防综合考核内容，作为安全生产标准化达标评审必要条件。发挥行业协会在促进校企合作对接、培训考试标准建设等方面的作用。注重总结经验、推广典型，层层培育示范企业、示范院校、示范基地。强化政策解读和宣传，适时举办全国性安全技能竞赛，营造良好的工作氛围。

（二）落实职业培训补贴政策。要将高危行业领域安全技能提升行动计划中相关内容纳入职业技能提升行动，细化有关资金补贴条件和具体标准。高危企业要在职工教育培训经费和安全生产费用预算中配套安排安全技能培训资金，用于一般从业人员安全技能培训；落实企业职工教育经费税前扣除限额提高至工资薪金总额8%的税收政策。依法从工伤保险基金中提取工伤预防费用于工伤预防的宣传培训。推动安全生产责任险保险机构为参保企业提供安全技能培训服务。通过现有渠道安排资金，对安全技能实训基地建设、培训教材开发、师资培训、数字资源建设等给予支持。省级应急管理部门、煤矿安全培训主管部门要会同人力资源社会保障部门建立完善安全技能培训机构管理制度，将符合条件的安全技能培训机构名单，纳入人力资源社会保障部门统一目录清单管理；要建立安全技能培训实名制管理平台，及时向人力资源社会保障部门推送补贴性培训人员信息，减少企业及个人报送纸质材料，提高审核拨付补贴资金工作效率。

（三）加大执法检查力度。各级应急管理部门、煤矿安监部门要把企业安全培训纳入年度执法计划，规范安全培训执法程序和方法，将抽查企业培训计划、持证情况、抽考安全生产常识作为培训执法重要内容，发现应持证未持证或未经培训就上岗的人员，依法责令企业限期改正并予以处罚。发现不按统一的培训大纲组织教学培训、不按统一题库进行考试等行为的安全培训和考试机构，要依法严肃处理。

应急管理部　人力资源和社会保障部

教育部　财政部　国家煤矿安全监察局

2019 年 10 月 28 日

全国煤炭系统工会群众安全工作条例

第一章　总　则

第一条　为全面加强煤炭系统工会群众安全工作，推动煤炭企业安全生产，维护职工安全健康权益，根据国家有关法律法规和全国总工会颁发的《工会劳动保护监督检查员工作条例》《基层工会劳动保护监督检查委员会工作条例》《工会小组劳动保护检查员工作条例》，制订本条例。

第二条　工会群众安全工作坚持"安全第一、预防为主、群防群治、群专结合、依法监督"的原则，以发挥职工群众的重要作用为出发点，以实现煤矿安全生产为目标，以规范现场管理和操作、加强安全隐患排查整治为重点，不断提高群众安全工作的整体水平。

第三条　工会群众安全工作是企业安全工作的重要组成部分。企业党政要重视支持工会群众安全工作，落实活动经费和有关人员待遇，帮助解决实际困难和问题，为工会群众安全工作创造良好的环境和条件。

第二章　群众安全监督检查委员会

第四条　群众安全监督检查委员会（以下简称群监会）是在同级工会的领导和上级群监会的指导下，履行工会劳动保护监督检查职责，维护职工在劳动过程中安全健康权益的群众组织。

各级煤炭产业工会根据工作需要成立群监会，各集团公司、子（分）公司（矿、处）工会须逐级成立群监会，区队（车间、段）工会须设立群监会或群监分会。

第五条　群监会设主任一名、副主任及委员若干名。各级群监会主任由工会主席担任。群监会委员由熟悉劳动保护业务、热心群众安全工作的工会干部、安全生产管理人员以及生产一线群监员担任。群监会委员由同级工会提名，安全生产管理人员所占比例不超过群监会总人数的三分之一。

群监会的日常工作机构设在工会劳动保护业务部门。

群监会日常工作机构成员享受本单位安全生产管理部门人员的相关待遇。

第六条 群监会工作职责

（一）向职工宣传党和国家的安全生产方针政策和有关劳动保护方面的法律法规，对职工进行安全思想、安全知识和遵纪守法教育。组织职工开展群众安全生产活动和各种形式的安全竞赛活动，提高职工安全生产意识和技能。

（二）监督和协助行政贯彻执行国家劳动安全和职业卫生法律法规，参加涉及职工劳动安全与健康规章制度的制定，参与本单位劳动安全和职业卫生计划、措施和经费投入等方案的制定，并监督实施。

（三）参与集体合同中关于劳动安全、职业卫生、工作时间、休息休假和工伤保险等条款的协商与制定，对执行情况进行监督检查。

（四）组织职工代表对劳动安全和职业卫生工作进行监督检查，及时向行政和有关部门反映职工对安全生产工作的意见、建议和要求。涉及职业安全健康的重大问题，提交职代会讨论审议。

（五）对职代会审议通过的安全提案落实情况进行监督检查，组织或协同行政进行安全生产检查，协助和督促行政解决劳动安全和职业卫生方面存在的问题，改善劳动条件和作业环境。

（六）坚持开展独立的安全生产监督检查和职业危害检查活动，对事故隐患和职业危害作业点建立档案。对违反国家法律法规、不符合劳动安全和职业卫生标准规定的问题，提出整改意见；对问题严重、拒不整改的，向上级工会和行政部门报告，建议采取措施强制整改。

（七）对新建、改建、扩建和技术改造工程项目的劳动安全和职业卫生设施与主体工程同时设计、同时施工、同时投入使用的情况进行监督检查，提出意见或建议。

（八）发现明显重大事故隐患和严重职业危害，并可能危及职工生命安全的紧急情况，有权要求行政或现场指挥人员采取紧急措施，包括立即停止作业、从危险区内撤出作业人员，支持或组织职工采取必要的避险措施。

（九）按照"四不放过"原则参加职工伤亡事故调查和处理，提出对事故责任者的处理建议，协助行政制定防范措施，并监督落实。对发生的职工伤亡事故和职业危害进行研究、分析，提出意见和建议。

第七条　群监会工作制度

（一）集团公司群监会每年召开一次群众安全工作经验交流会，每半年至少组织一次安全宣传教育活动，每月至少组织一次现场群众监督检查活动。

（二）子（分）公司（矿、处）群监会每季度召开一次群众安全办公会，每季度至少组织一次安全宣传教育活动，每月至少组织一次现场群众监督检查活动。

（三）每年对群监员队伍进行充实整顿，保持队伍的稳定性和完整性。对群监员每年组织不少于40学时的专业培训。

（四）经常向同级工会和上级有关部门汇报工作、反映情况。当发生人身伤亡事故时应按规定及时报告上级工会。

（五）群监会工作资料须建档管理。做好年度工作计划和总结，并及时上报上级群监会。

第八条　各级群监会应积极争取同级党政领导对工会群众安全工作的重视和支持。对妨碍、阻挠工会群众安全工作的单位和个人，有权要求有关部门进行严肃处理。

第三章　女职工家属协管安全委员会

第九条　女职工家属协管安全委员会（以下简称协管会）是在同级工会领导和上级协管会指导下，女职工和家属志愿参与煤矿安全宣传、教育、监督和服务等活动的群众组织。

各省级煤炭产业工会根据工作需要成立协管会，各集团公司、子（分）公司（矿、处）工会须成立协管会；区队（车间、段）女职工集中的单位、家属区、单身宿舍、周边农村等，本着便于工作的原则，成立协管会或协管分会。

第十条 各级协管会由工会、行政、家属委员会等有关方面的负责人组成：协管会设主任一名、副主任及委员若干名。协管会主任由同级工会主席或分管专职工作的副主席、女职工委员会主任担任。

煤炭系统各级工会女职工部是协管会的日常工作机构，有条件的单位应配备一名专职协管工作人员。

第十一条 协管会工作职责

（一）向职工和家属宣传党和国家的安全生产方针政策和法律法规，宣传煤矿安全生产规章制度，传播安全文化和安全知识，提高职工和家属的安全意识，增强女职工和家属参与协管安全工作的自觉性。

（二）深入开展形式多样的"送温暖、保安全"协管活动，动员组织女职工和家属共同参与安全宣传、安全帮教、安全服务等工作，筑牢安全生产第二道防线。

（三）积极参加行政部门组织的有关安全检查和各种形式的安全竞赛活动，提高职工的安全意识和安全技能。

（四）掌握职工队伍和家属状况，定期向同级工会和上一级协管组织汇报职工安全思想动态和协管工作情况。

第十二条 协管会工作制度

（一）协管安全工作要做到有计划、有安排、有总结、有表彰。各级协管会定期召开工作会议，研究分析协管工作情况，部署协管工作重点。

（二）抓好各级协管会的组织建设和队伍建设，加强女工家属井口安全服务站等协管阵地建设和窗口建设。

（三）定期对协管员进行安全业务知识培训，制定规章制度和工作计划，对协管工作实行目标管理。

（四）企业基层协管组织与安监部门、生产区队建立联系制度，及时掌握井下"三违"人员情况，做好"三违"职工及家属的思想工作。

第四章 井口接待站

第十三条 生产矿（处）井口设立群监员接待站（以下简称接待站）。

第十四条 接待站设专兼职接待员。接待员由热心安全工作，认真负责、具有一定实践经验、能够大胆管理的人员担任。

第十五条　接待站职责

（一）对井口上下井人员进行安全宣传教育，建立职工"三违"档案，协助其所在单位开展安全帮教工作。

（二）按时整理、筛选、汇总安全工作信息，及时向工会、群监会及行政有关部门通报；向事故隐患单位下发"隐患整改通知单"；对隐患处理情况进行跟踪检查，督促落实，将处理结果反馈有关部门。

（三）负责群监员的上岗考勤、安全汇报和事故隐患的建档登记工作，协助群监会做好群监员的管理、考核、调整工作。

（四）配合行政抓好安全管理工作，完成群监会交办的其他工作任务。

第五章　群众安全监督检查员

第十六条　班组设群众安全监督检查员（以下简称群监员）。

第十七条　群监员应由初中以上文化程度、三年以上本工种工龄，具有一定的现场工作经验，熟悉安全生产法律法规，热爱群众安全工作、责任心强、敢于监督、敢于管理的职工担任。群监员经民主推选产生，经考试合格，持证上岗。

第十八条　群监员的职责

（一）认真学习生产和安全技术知识，自觉接受安全培训，严格遵章守纪，以身作则，搞好自主保安，制止"三违"行为。

（二）督促和协助班组长宣传贯彻落实劳动安全和职业卫生法律法规及企业规章制度，组织本班组职工开展安全合理化建议活动，对本班组职工进行安全教育，提高职工安全生产意识和技能，共创安全生产合格班组。

（三）对本班组生产场所、生产设备、防护设施、工作环境进行安全监督检查。对发现的不安全因素，迅速向跟班领导或班组长汇报，并及时处理。如发现的重大安全隐患得不到及时整改，可越级向上级群监会、安全主管部门、安全监察部门报告。

（四）监督检查工作场所存在的职业危害和相应防范措施的落实。带头应用《有毒有害化学物质信息卡》，提高职工辨识有毒有害物质的能力。

（五）工作现场出现危及职工生命安全的紧急情况时，有权停止作业，组织职工及时采取必要的避险措施，并向有关领导或部门报告。

（六）主动参加伤亡事故的抢险、急救工作，协助保护事故现场，并立即向上级工会报告。

（七）每个工作日向井口接待站汇报现场安全情况，认真填写《煤矿安全检查表》，做好工作范围内事故隐患的监督整改工作。

（八）有权向行政提出改善劳动条件和作业环境的建议。发现发放的劳动保护用品、用具不符合国家规定标准，及时向群监会报告。

第十九条　群监员因进行正常监督检查活动而受到打击报复时，有权报告上级工会，要求严肃处理责任者。

第二十条　群监员每班的补贴标准按井下一线、生产辅助、地面服务岗位，分别不低于 10 元、5 元、3 元执行。

第六章　女职工家属协管安全员

第二十一条　女职工家属协管安全员（以下简称协管员）由思想进步、热心协管安全工作、责任心强、乐于奉献、敢于监督，具有一定组织能力和文化水平且身体健康的女职工和职工家属担任。

第二十二条　协管员的职责

（一）努力学习、积极宣传党和国家的安全生产方针政策，了解和掌握煤矿安全生产的基本常识及本企业的安全情况，自觉提高协管能力和水平。

（二）积极参加协管会组织的活动，认真履行协管职责，完成协管工作任务。

（三）经常走访职工家庭，及时帮助化解家庭矛盾，配合做好一线职工的保安全、保生产工作。

（四）认真做好重点人、重点户和"三违"人员的思想工作，督促其按章作业，保障安全生产。

第二十三条　协管员每人每月补贴不低于 100 元，本着严格考核的原则，按时兑现。

第二十四条　聘用无职业的职工家属为协管员，应每年为其办理意外伤害保险。

第二十五条　各级工会定期对群众安全工作进行检查、考核和总结，对做出突出成绩的先进单位和个人予以表彰奖励。

第二十六条　发生重特大伤亡事故或严重职业危害事件的单位，其群监会要向上一级工会作出工作说明。上级工会发现下级工会或群监会有关人员没有履行职责并导致严重后果的，应进行调查，提出处理建议。

第二十七条　对不认真履行职责的群监员、协管员，群监会、协管会要及时进行批评教育，严格按照考核要求作出相应处罚。

第七章　经费

第二十八条　群监会、协管会开展工作所需经费由企业行政支付，不足部分由工会给予补助。群监会、协管会活动经费专款专用，不得挪作他用。

第二十九条　群监员、协管员补贴及办理协管员意外伤害保险所需费用由企业行政支付，随工资水平的提高向上调整。

第八章　附则

第三十条　本条例适用于全国煤炭系统各级工会群监会、协管会。各级群监会、协管会可结合实际情况，制定实施细则。

第三十一条　本条例解释权属中国能源化学工会全国委员会。

第三十二条　本条例自下发之日起实施。《煤矿群众安全监督检查委员会工作条例（试行）》《煤矿女职工家属协管安全委员会工作条例（试行）》同时废止。

特聘煤矿安全群众监督员管理办法

（总工发〔2011〕57号）

第一章　总　则

第一条　为贯彻落实"安全第一、预防为主、综合治理"安全生产方针，加强煤矿企业群众安全监督管理基础工作，充分发挥特聘煤矿安全群众监督员（以下简称特聘群监员）在安全生产中的监督作用，促进煤矿安全生产工作，保障煤矿职工的生命安全和身体健康，制定本办法。

第二条　特聘群监员由中华全国总工会和国家煤矿安全监察局统一聘任，地方工会和驻地煤矿安全监察机构监督指导，企业工会负责日常管理。

第三条　特聘群监员对煤矿井下作业现场、工作岗位的安全进行监督检查，及时发现、排查、报告各类事故隐患，督促整改，跟踪落实。

第四条　本办法适用于中华全国总工会和国家煤矿安全监察局联合在煤矿井下生产一线班组中聘任的特聘群监员。

第二章　特聘群监员聘任

第五条　聘任范围

煤矿井下生产一线班组职工。班组长一般不得兼任特聘群监员。

第六条　聘任条件

（一）掌握煤矿安全生产法律法规，熟悉煤矿安全规程、标准和本企业安全生产规章制度。

（二）敢于坚持原则，群众威信较高，热心群众安全监督工作，有较强的事业心和责任感。

（三）一般应具有3年以上井下工作经历和初中以上文化程度，具有丰富的现场生产经验，有较强的隐患排查能力，能胜任煤矿安全群众监督工作。

第七条　聘任程序

（一）区（队）工会按照特聘群监员聘任条件，组织职工民主推荐，提出特聘群监员人选报矿工会。

（二）经矿工会审核，并征求矿安检部门意见后，逐级报上级工会。

（三）省（区、市）总工会负责辖区内特聘群监员的审核、统计汇总，及时上报中华全国总工会，并抄送驻地煤矿安全监察机构。

（四）中华全国总工会会同国家煤矿安全监察局及时审核聘任，颁发《特聘煤矿安全群众监督员》聘任证书。

第三章　特聘群监员职权

第八条　监督作业现场落实煤矿安全生产法律法规和安全生产管理制度，当好班组安全参谋，收集当班职工有关安全生产方面的合理化建议，认真做好当班安全记录。

第九条　及时制止作业现场违章指挥、违章作业、违反劳动纪律的行为；制止无效，应及时向上级领导反映；特殊情况可随时、直接向地面调度指挥系统或值班矿领导报告。

第十条　发现作业场所内有毒有害气体、温度、粉尘等不符合安全标准或主要生产安全设施及环境异常，应及时向带班领导或值班领导汇报；发现重大事故隐患并可能危及职工生命安全时，应要求所有人员停止作业、撤离现场，并协助做好疏导工作。

第十一条　加强煤矿安全生产法律法规和安全技术学习，不断提高安全监督能力。在履行职责中要以身作则，坚持实事求是、客观公正的原则。

第十二条　对阻挠或打击报复特聘群监员履行安全职责的行为，有权向上级工会或政府有关部门举报和投诉。

第四章　特聘群监员组织管理

第十三条　企业工会对本单位的特聘群监员的日常管理负有下列职责：

（一）建立健全特聘群监员的管理规章制度和动态管理档案，依照制度严格考核。

（二）加强对特聘群监员的教育培训，培训时间每年不得少于48学时。

（三）创造良好的工作条件，帮助解决工作中遇到的实际困难和问题。

（四）保持特聘群监员队伍的相对稳定，对需要增补或不符合聘任条件变动调整的，按程序及时上报。

第十四条　地方工会和驻地煤矿安全监察机构负责对特聘群监员的监督指导：

（一）建立健全特聘群监员动态管理档案，指导企业日常管理工作，督促落实企业特聘群监员各项规章制度。

（二）制订特聘群监员培训计划，定期或不定期开展教育培训。

（三）总结、交流、推广特聘群监员先进工作经验。

第十五条　特聘群监员在履职期间，享受岗位特殊津贴，津贴标准由各企业自行制定，津贴费用由企业行政列支。

第十六条　特聘群监员聘任证书和标识由中华全国总工会和国家煤矿安全监察局统一监制。

第十七条　各级工会、煤矿安全监察机构及煤炭管理、煤矿安全监管部门要维护特聘群监员的合法权益；特聘群监员因正常开展监督检查工作受到打击报复的，要严肃追究有关人员责任。

第五章　特聘群监员表彰奖励

第十八条　企业工会每年应对特聘群监员工作开展情况进行总结考核、表彰奖励。

企业在组织职工休（疗）养、外出学习考察活动时，优先选派优秀特聘群监员参加。

第十九条　地方总工会会同安监、行管部门，定期或不定期对做出突出贡献的特聘群监员进行表彰奖励。

第二十条　中华全国总工会、国家安全生产监督管理总局和国家煤矿安全监察局结合班组安全建设"三优创建"活动，对做出突出贡献的特聘群监员进行表彰。

第六章　附　则

第二十一条　省（区、市）总工会和省级煤矿安全监察机构可依据本办法制定实施细则。

第二十二条　本办法解释权属中华全国总工会和国家煤矿安全监察局。

第二十三条　本办法自颁发之日起实施。

山西省煤矿班组安全建设规定

第一章 总 则

第一条 为进一步规范和加强煤矿班组安全建设，提高煤矿作业现场安全管控水平，预防和减少生产安全事故，促进煤矿安全生产，依据《安全生产法》《煤炭法》《工会法》等法律法规，中共中央国务院《新时期产业工人队伍建设改革方案》和《煤矿班组安全建设规定（试行）》（安监总煤行〔2012〕86号），制定本规定。

第二条 本省行政区域内从事生产建设的各类煤矿企业开展班组安全建设适用本规定。

第三条 班组是煤矿企业最基层的组织单元，是煤矿安全生产的前哨、任务完成的主体、职工技能提升的基地和贯彻落实企业安全生产管理规章制度的基础。

煤矿班组安全建设是煤矿企业为了提高班组安全管理效能，通过制定和实施班组安全管理规章制度、流程和标准，推动实现班组安全生产、质量达标、职业健康绩效目标的管理工程。

第四条 煤矿（井）是班组安全建设的责任主体，区队（车间）是班组安全建设的直接管理层。煤矿企业各级工会组织要积极宣传、指导和参与班组安全建设，提升职工队伍整体素质，维护职工合法权益。

第五条 煤矿班组安全建设坚持自主管理、民主管理、人本管理的原则，培养安全、知识、技术、创新型煤矿职工队伍，做到班组管理制度化、作业过程规范化、岗位操作标准化、工作步骤流程化、绩效考核数据化，切实提高班组安全建设的质量和水平。

第六条 煤矿班组安全建设以"作风优良，技能过硬，管理严格，生产安全，团结和谐"为总要求，以提升班组管理水平为核心，以班组长和班组成员素质提升为重点，以强化作业现场安全管控为抓手，着力加强职工安全健康保护、职工安全教育培训、班组安全文化建设，筑牢煤矿安全生产第一道防线。

第二章　组织保障和职责

第七条　煤矿企业要加强对班组安全建设的组织领导，煤矿企业和煤矿（井）主要负责人要定期主持召开专题会议，研究班组安全建设工作，制定班组安全建设规划、目标和实施方案。

煤矿企业要围绕班组安全建设，强化煤矿安全基层基础管理，把班组建设纳入企业发展总体规划，建立健全班组安全建设各层级组织领导体系，制定完善班组安全管理规章制度，推动实现班组规范化管理，落实安全生产责任制和岗位安全责任制。

第八条　各省属煤炭集团公司、中央驻晋煤炭企业、地方煤炭主体企业要明确班组安全建设的管理部门，各煤矿（井）要设立班组安全建设专（兼）职管理部门，配备相应管理人员。

煤矿（井）班组管理部门负责组织推进班组区队安全建设各项工作计划落实与考核，班组长日常考核，组织开展班组安全竞赛、技术革新等活动，总结推广班组安全建设的做法和经验。

第九条　煤矿（井）要根据本矿井安全生产实际，完善矿部、区队、班组三级组织结构。区队（车间）主要负责人应当落实班组安全建设的组织管理、工作实施、监督检查，建立有效工作机制。煤矿（井）要制定班组定员标准，确保班组基本配置，班组中设正、副班组长。

第十条　煤矿（井）应当制定班组作业现场应急处置预案，明确班组长应急处置指挥权及行使权利的具体情形，保障职工紧急避险逃生权。

第十一条　煤矿（井）要建立完善区队、班组工会组织体系，依法选举产生工会小组长，负责班组民主监督、民主评议、组织开展班组民主活动。依照有关规定各班组至少选举产生 1 名工会小组群众安全监督员，井工生产矿井的采煤、掘进班组至少选举产生 1 名特聘煤矿安全群众监督员，负责对本班组职工劳动保护和作业现场的安全管理工作开展群众性的监督检查。班组工会小组群众安全监督员、特聘煤矿安全群众监督员不得由正、副班组长兼任。

煤矿（井）其他职能管理部门根据各自的职责分工，支持、配合做好煤矿班组安全建设工作。

第三章　班组长管理

第十二条　煤矿（井）要建立班组长的选聘、使用、培养、考核和激励制度和机制，明确考核内容、激励项目，并将考核结果作为班组长提拔、评优、任免的重要依据。

煤矿（井）要加强班组长后备队伍建设，择优配备班组长，把班组长纳入区队管理人才培养计划，区队安全生产管理人员原则上要有班组长经历。

第十三条　班组长任用一般遵循以下程序：

（一）采取组织推荐、公开竞聘或民主选举等方式选拔班组长；煤矿企业在各类技术比武中成绩优秀者可优先聘任为班组长。

（二）经选拔的班组长，要按规定履行正式聘任手续，形成文件材料，并备档留存。撤免班组长应当由区队或者煤矿（井）班组安全建设管理部门提出撤免理由和建议，严格按相应程序办理，不得随意更换班组长。

（三）班组长违反煤矿（井）安全管理规定，发生重大违章指挥、违章作业造成生产安全事故，或者出勤率达不到煤矿（井）规定要求时，区队应当提出撤免班组长建议。

（四）煤矿（井）班组安全建设管理部门每年对班组长的履职情况进行综合考评，建立班组长业绩档案，对于不能胜任工作的应当提出撤免班组长建议。煤矿（井）相关职能部门有提出撤免班组长建议的权利。

第十四条　新任班组长一般应具备以下任职条件：

（一）服从组织领导，认真贯彻执行党和国家安全生产方针，模范遵守安全生产法律法规、企业规章制度和规程措施。

（二）熟悉本班组生产工艺流程，熟练掌握矿井相关专业灾害预防知识、应急处置路线，具备现场急救技能。

（三）身体健康、爱岗敬业，安全意识强，具有较好的组织管理能力，在职工中有较高的威信。

（四）具备煤矿相关专业中专（技校、职高）以上学历、《班组长安全培训合格证》，并具有 3 年及以上相关现场工作经验。煤矿（井）已担任 5 年以上班组长的人员可适当放宽至高中学历。

第十五条　班组长应履行以下职责：

（一）班组长是本班组安全生产的第一责任人，同时又是本班组安全建设的第一责任人，对管辖范围内的现场安全管理工作负责，严格执行安全生产法律法规，监督检查落实各岗位安全生产责任制，实行全员、全过程、全方位动态安全管理。

（二）负责分解落实安全生产任务，严格按照《煤矿安全规程》、作业规程和煤矿安全技术操作规程组织生产，科学合理安排组员、配置生产要素、提高生产效率，实现岗位操作达标、班组作业达标、作业动态达标。

（三）负责班组安全生产标准化建设，加强班组作业现场安全风险管控、隐患排查治理、应急处置和职业危害防治。当作业现场发现重大事故隐患时，应当及时向矿调度室进行汇报。

（四）负责班组现场精细化管理，实行绩效考核，落实班组民主管理。

（五）负责班组团队、安全文化建设和规范化管理等其他职责。

（六）企业规定的其他职责。

第十六条　班组长享有以下权利：

（一）有权在生产过程中出现危及现场作业人员安全的险情时，第一时间下达停止生产，组织人员安全撤离的直接决策权和指挥权，并组织班组人员安全有序撤离。煤矿企业不得因此降低班组员工工资、福利等待遇或者解除与其订立的劳动合同。

（二）有权按规定组织落实安全规程措施，检查现场安全生产环境和职工安全作业情况，对安全生产工作中存在的问题提出建议、批评、检举、控告，对违章指挥和强令冒险作业有权拒绝执行；对职工的违章行为，有权加以制止，并依据企业规定进行处罚。

（三）有权根据区队生产作业计划和本班组的实际情况，合理安排劳动组织等。

（四）有权核算班组安全、质量、生产等指标完成情况，根据企业规定，对班组成员的工作绩效进行考核。

（五）在企业制定安全生产规章制度措施、工资分配、安全奖罚、民主评议时有知情权、参与权、表达权、监督权。

（六）企业赋予的其他权利。

第十七条 班组长应尽以下义务：

（一）有宣传贯彻党和国家安全生产方针、各项安全生产法律法规、企业规章制度和规程措施的义务。

（二）有安排师带徒、技术交底和同职工谈心的义务。

（三）有遇到突发事故第一时间组织职工应急避险、开展自救互救的义务。

（四）有对安监部门和班组工会小组群众安全监督员、特聘煤矿安全群众监督员指出的班组安全问题及时整改落实的义务。

（五）有维护班组职工的合法权益的义务。

第四章　班组基础管理

第十八条 煤矿（井）应当加强班组安全基础管理体系建设，包括制度、标准、台账等。

第十九条 煤矿（井）应当建立完善以下班组安全管理规章制度：

（一）班组长安全生产责任制；

（二）班前、班后会和交接班制度；

（三）班组工作例会制度；

（四）班组安全生产标准化和文明生产管理制度；

（五）学习培训制度；

（六）安全承诺制度；

（七）民主管理班务公开制度；

（八）安全绩效考核制度；

（九）班组工分（工资）分配制度；

（十）隐患排查治理报告制度；

（十一）安全风险管控制度；

（十二）事故报告和应急处置制度；

（十三）特聘煤矿安全群众监督员管理制度；

（十四）煤矿企业认为需要制定的其他制度。

煤矿（井）制定、修改班组安全管理规章制度时，应当由煤矿（井）分管领导组织，班组安全建设管理机构与工会代表、区队长代表、班组长代表共同协商确定。

第二十条　煤矿（井）应当构建班组安全管理机制。

（一）开展民主管理。煤矿（井）应当建立班组民主管理机构，组织开展班组民主活动，执行班务公开制度，支持职工参与企业管理，维护职工合法权益。赋予职工在班组安全生产管理、规章制度制定、安全奖罚、班组长民主评议等方面的知情权、参与权、表达权、监督权，构建和谐劳动关系。

（二）实行例会制度。班组应当按规定召开班前会、班后会和班组工作例会，明确会议流程和内容。班前会重点开展安全学习、工作安排、风险预控、不放心职工排查等工作，组织安全宣誓；班后会重点总结评议当班工作，分析存在问题，开展绩效分配等工作；班组工作例会每月至少组织召开一次，研究班组当月安全生产、成本管理、工资分配等工作。当劳动组织、班组结构、班组长人选发生变化或调整时，要适时召开班组工作例会。

（三）公开管理信息。班组应当结合本区队实际，采用牌板、电子显示屏、微信公众号等多种方式建立管理信息公开园地。管理信息要突出班组管理的核心要素，并与日常管理结合，包括班组的基本情况、安全目标、重点工作、绩效考核、安全文化、经典案例、工作创新、荣誉展示等。

（四）鼓励改革创新。区队要建立有利于员工开展工作创新的激励机制，鼓励建立创新工作室，鼓励以班组为单位开展课题攻关、经济技术创新和"五小"竞赛等活动。

第二十一条　煤矿（井）应当规范班组安全管理内容。

（一）安全目标管理。煤矿（井）必须实施安全生产目标管理，将企业安全生产目标层层分解落实到班组。班组安全目标管理要与安全、生产、成本、效益结构工资挂钩，区队每月进行考核兑现。

（二）技术标准管理。煤矿（井）应根据国家、行业相关标准、规范，建立适用于本企业安全生产管理的技术标准体系，由相关专业职能部门逐级传导落实到各区队、班组和岗位。

（三）作业流程管理。煤矿（井）应建立健全班组全员岗位安全责任制，制定各岗位的作业流程和操作标准，组织班组员工正规循环作业和规范操作。

（四）工作台账管理。煤矿（井）应当监督区队班组建立完善风险管控和隐患排查治理、工程质量及验收、材料消耗、设备及工器具等工作台账和职工考勤、班组例会记录、业务学习等管理台账。

（五）职业健康防护。煤矿（井）应当依据国家标准、行业标准规定，改善作业环境，完善安全防护设施，按标准为职工配备合格的劳动防护用品，按规定对职工进行职业健康检查，建立职工个人健康档案，对接触有职业危害作业的职工，按有关规定落实相应待遇。

第五章　现场安全管控

第二十二条　煤矿（井）应当依据《煤矿安全规程》、作业规程和煤矿安全技术操作规程等规定，制定班组安全作业标准、操作标准，规范班前会、入井、开工、班中、交班、出井、班后会工作流程。

实行班组长挂牌上岗制度，班组应当在作业现场显著位置悬挂当班班组长姓名牌。

第二十三条　班组开工作业前开展安全风险辨识，班组长对施工组织、作业人员要对岗位操作进行安全风险预测、预知、预报、预控，分析可能存在危险因素以及可能引发的安全事故，班组人员要熟知现场各岗位的风险点、风险内容、风险级别和管控措施，严格作业前安全确认。经确认现场安全，班组长下达作业命令后，方可开始作业。

第二十四条　班组必须严格执行交接班制度，明确交接班实施的主体责任人、交接内容、交接程序，采用手指口述、岗位描述或安全确认等方法，重点交接清楚作业现场安全状况、存在隐患及整改情况、生产条件和应当注意的安全事项等。

第二十五条　班组要强化作业现场隐患动态管控，班组长要对作业环境、安全设施、生产系统进行巡回检查，对作业过程中重点环节、关键工序进行动态监控排查，及时治理现场隐患，隐患未消除前不得组织生产。

第二十六条　班组岗位人员要对岗位作业环境、设备设施进行逐项检查，经安全确认后方可运转设备。岗位人员要严格按照岗位操作标准规范操作，杜绝不安全行为，实现班组岗位操作达标。

第二十七条　班组要按照作业规程实施正规循环作业，严禁两班交叉作业。严格按照工程质量管理制度、工程质量验收制度进行巡回检查，实现班组作业达标。

第二十八条　班组要开展安全生产标准化作业，加强作业现场精细化管理，确保安全监测监控系统、安全避险系统、仪器仪表等安全有效，各类材料、备品配件、工器具摆放整齐有序，实现作业动态达标。

第二十九条　班组成员在作业过程中要确保减尘措施到位、降尘设施有效、个体防护齐全佩戴规范，降噪设施完善，粉尘、高温、有毒有害气体监测到位。

第三十条　班组要按照煤矿作业现场应急处置方案，当作业现场出现瓦斯突出、瓦斯超限、透水、煤层自燃、顶板冒落、冲击地压、停风停电事故征兆或险情时，班组长在第一时间有序组织职工应急避险、撤出作业人员。

第三十一条　班组工会小组群众安全监督员和特聘煤矿安全群众监督员要积极开展作业现场的安全生产群众监督检查活动，监督协助班组长做好班组安全工作，对班组安全生产中存在的问题和发现的事故隐患及时指出或报告，并督促整改，对违章指挥、违章作业的行为要及时予以制止。

班组长应认真对待工会小组群众安全监督员和特聘煤矿安全群众监督员所提出的问题并加以整改。

第六章　素质提升

第三十二条　煤矿企业要严格执行班组长学历和职业资格准入制度，井工煤矿从事采煤、掘进、机电、运输、通风、地测等工作的班组长，任职前应当接受不少于72课时的专项安全培训并经考核合格方可上岗作业。班组长及班组成员每年必须进行专题安全培训，培训时间不得少于 20 学时，并经考核合格方可上岗作业。

班组特种作业人员应当经培训考核合格，持《特种作业人员操作资格证》上岗。

第三十三条　班组要按照区队制定学习计划和方案，加强对国家安全生产法律、法规、政策的学习，根据实际工作需要开展安全措施、作业规程、安全规程、职业健康、现场应急预案等应知应会的学习培训。班组要将碎片化学习和集中学习相结合，推行案例学习法，形成基于岗位的"工作学习化、学习工作化"的团队互动式学习模式。

第三十四条　煤矿企业应当由培训部门牵头负责，针对班组从事不同专业的人员，进行岗位培训需求分析，制订班组年度培训计划，开展具有针对性的培训，以提高班组员工的安全知识、意识、技能与素养，培训对象应当覆盖到班组所有人员。

煤矿企业应当组织开展班组应急处置专项培训，班组人员应当熟练掌握危险征兆辨识、避灾路线和自救器使用方法等专业知识。

煤矿企业应当开展安全风险分级管控专项培训，班组人员应当熟知作业场所和工作岗位存在的危险因素、防范措施以及事故应急措施。必须严格执行一工程一措施管理，措施在施工前必须组织全体班组成员培训，考核合格后方可施工。

第三十五条　煤矿企业应当采用"请进来、走出去""互联网＋"等多种方式，以员工为中心对企业班组人员进行培训。通过互动研讨、分享点评、实践演练、管理体验等形式，传授班组安全建设的新理念、新方法、新技术。

第三十六条　煤矿企业应对班组培训的组织实施过程，员工业务知识、专业技能、安全意识提升和应用效果进行评估；评估应当采用班组员工反馈、绩效改善、实操演练、现场应用和领导点评等方式进行。

第三十七条　煤矿企业可以建立班组安全建设内部培训讲师队伍，经常性地在各区队、各班组之间进行相互交流，通过讲认识、说做法、传经验，提升班组员工整体技能水平及对班组安全建设的认知水平。

第三十八条　煤矿企业要制定班组素质提升年度活动计划，积极开展技术比武、岗位练兵、案例分享、学习对标等主题活动，为员工搭建价值展示平台、才艺交流平台、技能提升平台。

第七章　自主管理

第三十九条　煤矿企业应创新班组组织机构，建立自主管理组织体系。在保留正式班组长前提下，有条件的班组可设立轮值班组长、设立若干轮值委员协助班组长负责班组安全生产、学习创新、团队建设等工作，赋予轮值班组长及委员特定的责任和权利，班组成员通过体验班组长与委员角色，参与班组安全管理，通过班组组织结构优化，实现煤矿安全互保联保，变班组长一人管理为全员管理，从而调动员工积极性、主动性，激发员工创造力，实现自主安全管理。

第四十条　煤矿企业应创新班组绩效分配机制，扩大班组的自主权。区队要把班组人员工资分配权下放到班组，班组工分、工资分配必须全部按劳分配、公开透明；班组要将材料、配件、水电等成本消耗和修旧利废、回收复用等内控指标逐步纳入核算内容，使班组成为自主管理的主体。区队要对班组进行监督指导。

第四十一条　煤矿企业应建立自主保安机制，煤矿班组管理机构、区队要通过创新组织机构和绩效分配机制，建立班组"自保、互保、联保"工作机制，充分调动班组成员自主保安主观能动性，使人人主动辨识评估、管控风险，人人自觉开展隐患自查自改，人人具备应急处置技能，实现作业过程无隐患、无三违、无事故"三无"管理目标。

第四十二条　鼓励班组制度公约化，使班组管理从一人担责到多人民主，从被动管理到自主管理，利用班组工作例会，由班组长发起讨论议题，引导班组成员共同制定形成班组公约，达到全员共同遵守班组公约，实现员工自主管理、体现员工主人翁精神，提高团队凝聚力。

第四十三条　班组要通过严明组织纪律，进行自我约束，实现自主管理标准化，通过开展岗位操作达标、班组作业达标、作业动态达标，实现作业现场、操作岗位和班组全员从经验管理向标准化管理的转变。

第四十四条 班组工会小组群众安全监督员和特聘煤矿安全群众监督员自主开展作业现场安全生产监督检查活动，煤矿企业各级、各部门要支持工会小组群众安全监督员和特聘煤矿安全群众监督员履行监督职责，认真对待所反映的问题，所反映的问题不得作为安全管理考核依据。

第八章 保障措施

第四十五条 煤矿企业应成立由企业主要负责人任组长的班组安全建设推进领导组，由相关职能管理部门组成的工作组，构建权责明晰、齐抓共管、管控有力、保障到位的工作格局，对班组建设工作进行统一规划、政策研究、措施制定、资金保障，促进班组建设的制度化、规范化。

第四十六条 煤矿企业要严格执行班组长、群众安全监督员和特聘煤矿安全群众监督员津贴制度。煤矿企业应当根据生产经营实际，区分采掘、辅助、地面等班组类型，分别制定班组长、群众安全监督员和特聘煤矿安全群众监督员津贴标准。

第四十七条 煤矿企业要加强班组安全建设的宣传、培训、安全竞赛和技术革新等工作，制定煤矿班组安全建设考核办法，采取行政、荣誉、经济等激励机制推进班组安全建设。可以建立优秀班组奖励基金，用于优秀班组、优秀班组长和优秀员工奖励。

煤矿企业应当积极开展班组安全建设创先争优活动，每年组织优秀班组、优秀班组长、优秀员工评选，对在安全生产工作中做出突出贡献的班组、班组长及员工给予表彰奖励。获得年度优秀班组长、优秀员工在职务晋升时给予优先考虑。

第四十八条 煤矿企业应当把班组安全文化建设作为矿井整体安全文化建设的重要组成部分，建立班组安全建设核心价值和共同愿景，开展文化主题活动、建立文化宣传阵地、打造班组特色文化，提高职工责任意识、法治意识、安全意识和防范技能，发挥群众安全监督组织、家属协管的作用，促进班组内部和谐，增强班组安全生产的内在动力。

第四十九条 煤矿企业要结合本单位实际，采取灵活多样措施，深入开展"安全、知识、技术、创新"班组创建活动，强化和促进班组安全建设的自主性、功能性、创造性，发挥班组在煤矿安全生产中的主体作用，在创造企业财富中的中坚作用，在安全创新驱动发展中的骨干作用。

第九章　附　则

第五十条　各省属煤炭集团公司、中央驻晋煤炭企业、地方煤炭主体企业应当依据本规定，结合各企业煤矿班组安全建设实际，制定具体的实施办法或细则，加强对所属煤矿（井）班组安全建设工作的检查考核。

第五十一条　各级煤矿安全监察机构、工会组织依照本规定对所管辖范围内煤矿企业班组安全建设工作进行监督检查和指导。

第五十二条　本规定自印发之日起施行，由山西煤矿安全监察局、山西省应急管理厅、山西省总工会负责解释。

参考文献

［1］王云飞．新时期影响群监员作用发挥的因素及对策探讨［J］．企业改革与管理，2019（12）：223—224.

［2］张八一，孙明．"九字工作法"培育优秀群监员［J］．劳动保护，2018（03）：95—97.

［3］怎样发挥企业工会群监员在安全生产中的作用？［J］．劳动保护，2018（02）：64.

［4］发挥"群监员"作用［J］．劳动保护，2014（05）：34—36.

［5］马成．肥矿集团工会制定群监员诚信履职安全承诺制度［J］．工会信息，2012（16）：46.

［6］殷学农，马洪涛．群监员，企业安全生产的"前沿哨兵"［J］．中国煤炭工业，2009（11）：46—47.

［7］张锦汉，郭文．如何发挥群监员的监督作用［J］．山东煤炭科技，2008（02）：165.

［8］尚滟佳，谢永忠．让群监员成为第一道防线［J］．劳动保护，2008（04）：49—51.

［9］徐耀先．要正确处理班组长与群监员的关系［J］．工会论坛（山东省工会管理干部学院学报），2005（03）：73.

［10］张恩才．做好群安工作 当好一名群监员［J］．煤矿安全，1997（02）：46.

［11］袁亮，杨大明，窦永山等．煤矿安全规程解读（2016）［M］．北京：煤炭工业出版社，2016

［12］法律出版社法规中心．2018新编中华人民共和国法律法规全书（第十一版加印修订版）［M］．北京：法律出版社，2018

［13］周连春，赵启峰．《煤矿安全规程》专家释义［M］．徐州：中国

矿业大学出版社，2016

〔14〕国家煤矿安全监察局．煤矿安全生产标准化基本要求及评分办法〔M〕．北京：煤炭工业出版社，2017

〔15〕李润宽，梁琲，王成帅，仝部雷．煤矿企业主要负责人安全生产知识和管理能力考试指南〔M〕．北京：煤炭工业出版社，2018

〔16〕中华全国总工会．特聘煤矿安全群众监督员工作实用手册〔M〕．北京：中国工人出版社，2012

〔17〕王中昌．特聘煤矿安全群众监督员培训教材〔M〕．徐州：中国矿业大学出版社，2012

后　记

　　煤矿群监工作一直是作为山西省最大产业工会——山西省煤矿工会工作的重中之重。近年来，山西省煤矿工会根据中国能源化学地质工会、山西省能源局、山西省总工会的工作部署，狠抓群众安全工作，每年均以一号文件安排部署煤矿群监工作。

　　山西省煤矿工会通过创新工作作风，开展送知识到基层、送培训到基层、送服务到基层工作，对各大集团公司、各市能源局群监员做到培训全覆盖，对全省近3万名群监员进行安全生产知识培训，做到培训全覆盖。

　　在培训过程中，在服务基层过程中，在调研过程中，我们发现不同所有制企业、不同类型矿井，群监员队伍良莠不齐，群监员素质提升工作不能同标准、同要求，如何分类实施，针对性培训和服务群监工作，整体提高群监员的监督检查能力，已成为当前亟须解决的难点之一。为此，我们深入煤矿企业进行调研，组织编写《特聘煤矿安全群众监督员工作手册》大纲，召开一次大纲编审会，就编写方向、编写内容统一意见。初稿形成以后，召开二次研讨会，对体例、内容进行调整、完善。在此期间，先后至山西西山晋兴能源有限责任公司斜沟煤矿、吕梁市能源局、山西大土河焦化有限责任公司、太原煤炭气化（集团）有限责任公司、山西焦煤集团东曲矿等基层单位进行相关研讨工作。

　　在手册编写过程中，得到中国能源化学地质工会、山西省能源局、山西省总工会、山西大同煤矿集团有限责任公司、山西焦煤集团有限责任公司、山西晋城无烟煤矿业集团有限责任公司、山西潞安矿业（集团）有限责任公司、山西阳泉煤业（集团）有限责任公司、晋能集团有限公司、山西煤炭进出口集团有限公司、中国中煤能源集团有限公司、山西省各市能源局、山西省煤炭职工培训中心、山西省煤炭职业中等专业学校、山西蓝丰人力资源服务有限公司、山西水利职业技术学院等单位的支持，在此一并感谢。

本手册还经山西省能源局政策法规处、山西煤矿安全监察局政策法规处统筹审阅。

由于时间仓促，水平有限，文稿中难免有内容存在差错，敬请关心煤矿群监员工作的各界人士提出宝贵的意见和建议。

编者

2020 年 3 月 1 日 于龙城太原

图书在版编目（CIP）数据

特聘煤矿安全群众监督员工作手册 / 山西省煤矿工会著. —北京：
中国工人出版社，2020.1
ISBN 978-7-5008-7345-7

Ⅰ.①特⋯　Ⅱ.①山⋯　Ⅲ.①煤矿—矿山安全—安全监察—手册
Ⅳ.①TD7-62

中国版本图书馆CIP数据核字（2020）第026087号

特聘煤矿安全群众监督员工作手册

出　版　人	王娇萍	
责任编辑	安　静	
责任印制	栾征宇	
出版发行	中国工人出版社	
地　　址	北京市东城区鼓楼外大街45号　邮编：100120	
网　　址	http://www.wp-china.com	
电　　话	（010）62005043（总编室）　（010）62005039（印制管理中心）	
	（010）62382916（工会与劳动关系分社）	
发行热线	（010）62005996　（010）82075964（传真）	
经　　销	各地书店	
印　　刷	北京美图印务有限公司	
开　　本	710毫米×1000毫米　1/16	
印　　张	23.5	
字　　数	280千字	
版　　次	2020年5月第1版　2020年5月第1次印刷	
定　　价	49.00元	

本书如有破损、缺页、装订错误，请与本社印制管理中心联系更换